大学数学

主　编　宜素环
副主编　单秀丽　孙　超

东北大学出版社
·沈　阳·

图书在版编目(CIP)数据

大学数学 / 宜素环主编. — 沈阳 : 东北大学出版社，2020.12
ISBN 978-7-5517-2590-3

Ⅰ. ①大… Ⅱ. ①宜… Ⅲ. ①高等数学—高等学校—教材 Ⅳ. ①O13

中国版本图书馆CIP数据核字(2020)第250208号

出 版 者：东北大学出版社
地址：沈阳市和平区文化路三号巷11号
邮编：110819
电话：024-83680267（社务部） 83687331（营销部）
传真：024-83683655（总编室） 83680180（营销部）
网址：http://www.neupress.com
E-mail:neuph@neupress.com
印 刷 者：沈阳市第二市政建设工程公司印刷厂
发 行 者：东北大学出版社
幅面尺寸：185 mm × 260 mm
印　　张：13.75
字　　数：324千字
出版时间：2020年12月第1版
印刷时间：2021年2月第1次印刷
策划编辑：牛连功
责任编辑：刘　莹
责任校对：鲍　宇
封面设计：潘正一
责任出版：唐敏志

ISBN 978-7-5517-2590-3　　定价：38.00元

前　言

高等数学与线性代数是高等学校理工科专业的两门重要的数学基础课程，对于各专业后续专业课程的学习及人才培养起到非常重要的作用。而目前学生普遍基础薄弱，初、高中数学内容脱节，对数学的学习有恐惧心理。因此，为满足当前实际教学需求，结合学生实际，编者从多年的教学实践出发，结合自身积累的宝贵教学经验，撰写了本教材。

本教材共分两个模块，即高等数学模块和线性代数模块，以满足学生的不同需求。主要特点体现在：

（1）初、高中的一些重要知识点，作为初等数学放在本教材第1章，方便知识内容的有序衔接。

（2）以微积分为主要内容的高等数学对全院不同层次的学生学习后续专业课都有所帮助，故放在了本教材的模块1。

（3）考虑到各系、专业课程体系对数学知识点的需求有所侧重，故本教材里融入了线性代数等相关章节的内容。一本教材，全院各系通用，省去了学生同时订购多本教材的麻烦，大大降低了成本。

本教材在体系与内容安排上，注重联系工科、文科各专业的实际，旨在培养学生把数学理论应用于工程实践的意识与能力，以适用于应用型人才的培养。本教材在确保知识结构严密的基础上，力图概念讲述简洁明了，理论论证深入浅出。其中，高等数学模块的第1，2，3章由宜素环老师编写，第4，5，6章由单秀丽老师编写，线性代数模块的第7，8，9，10章由孙超老师编写。教材的框架、校对、统稿、定稿由宜素环老师承担完成。感谢艾益民老师、付晓春老师及盘锦市第一完全中学的黄广跃老师对本教材提出的宝贵建议。在编写的过程中，编者参考了国内外众多教材和书籍，借鉴和吸收了相关成果，并得到了东北大学出版社及辽宁科技大学应用技术学院领导的大力支持，在此一并表示感谢。

由于编者水平有限，本教材中难免有不妥之处，恳请专家及广大师生提出宝贵意见。

编　者

2020年9月

目　录

模块1　高等数学

模块2 线性代数

模块1 高等数学

第1章　初等数学

一般说来，数学分为初等数学与高等数学两大部分. 从数学这门学科的建立直至17世纪，整个阶段，数学只能解释一些精致的现象和计算一些定量（如直边所围成的面积，以及固定的高度和距离等），这个阶段称为初等数学阶段. 初等数学，简称初数，是指通常在小学或中学阶段所学习的数学内容，与高等数学相对. 初等数学研究的是常量，高等数学研究的是变量. 高等数学是初等数学的继续和提高，而初等数学是高等数学不可或缺的基础.

本章将介绍初等数学中的集合，幂、指数、对数函数，三角、反三角函数，因式分解，方程、不等式的解法，排列与组合，二次曲线等内容，为高等数学的学习作好有效衔接.

1.1　集　合

1.1.1　集　合

1.1.1.1　集合概念

一般地，把研究对象统称为元素，把一些元素组成的总体叫集合（简称集）. 集合具有确定性（给定集合中的元素必须是确定的）和互异性（给定集合中的元素是互不相同的）. 比如“身材较高的人”不能构成集合，因为它的元素不是确定的.

通常用大字拉丁字母A，B，C，…表示集合，用小写拉丁字母a，b，c，…表示集合中的元素. 如果a是集合A中的元素，就说a属于A，记作 $a\in A$；否则就说a不属于A，记作 $a\notin A$.

（1）全体非负整数组成的集合叫作非负整数集（或自然数集），记作$\mathbf{N}$.

（2）所有正整数组成的集合叫作正整数集，记作$\mathbf{N}^{+}$或$\mathbf{N}_{+}$.

（3）全体整数组成的集合叫作整数集，记作$\mathbf{Z}$.

（4）全体有理数组成的集合叫作有理数集，记作$\mathbf{Q}$.

（5）全体实数组成的集合叫作实数集，记作$\mathbf{R}$.

1.1.1.2　集合的表示方法

（1）列举法：把集合的元素一一列举出来，并用“{　}”括起来表示集合.

（2）描述法：用集合所有元素的共同特征来表示集合.

（3）图示法.

1.1.1.3 集合间的基本关系

（1）子集：一般地，对于两个集合A和B，如果集合A中的任意一个元素都是集合B的元素，就说A和B有包含关系，称集合A为集合B的子集，记作 $A\subseteq B$（或 $B\supseteq A$）.

（2）相等：如果集合A是集合B的子集，且集合B是集合A的子集，此时集合A中的元素与集合B中的元素完全一样，因此集合A与集合B相等，记作$A=B$.

（3）真子集：如果集合A是集合B的子集，但存在一个元素属于B但不属于A，称集合A是集合B的真子集，记作$A\subsetneqq B$（或$B\supsetneqq A$）.

（4）空集：把不含任何元素的集合叫作空集，记作$\varnothing$，并规定，空集是任何集合的子集. 集合包括有限集（含有限个元素的集合）、无限集（含无限个元素的集合）和空集.

（5）由上述集合之间的基本关系，可以得到下面结论：

① 任何一个集合是它本身的子集，即 $A\subseteq A$；

② 对于集合A，B，C，若A是B的子集，B是C的子集，则A是C的子集；

③ 可以把相等的集合叫作等集，这样的话，子集包括真子集和等集.

1.1.1.4 集合的运算

（1）并集：一般地，由所有属于集合A或属于集合B的元素组成的集合称为A与B的并集，记作 $A\cup B$，即 $A\cup B=\{x|x\in A，或x\in B\}$（见图1.1）. 在求并集时，它们的公共元素在并集中只能出现一次.

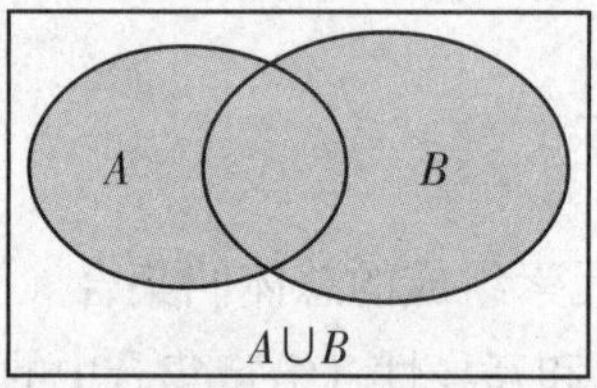

图1.1 并集图示

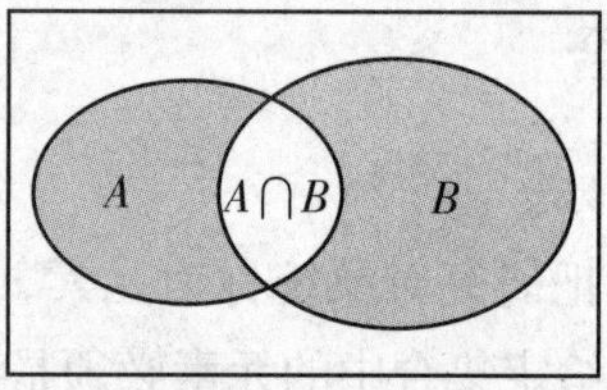

图1.2 交集图示

（2）交集：一般地，由所有属于集合A且属于集合B的元素组成的集合称为A与B的交集，记作 $A\cap B$，即 $A\cap B=\{x|x\in A，且x\in B\}$（见图1.2）.

（3）补集：

①全集：一般地，如果一个集合含有所研究问题中所涉及的所有元素，那么称这个集合为全集，通常记作U.

②补集：对于一个集合A，由全集U中不属于集合A的所有元素组成的集合称为集合A相对于全集U的补集. 简称为集合A的补集，记作 $\complement_U A$，即 $\complement_U A=\{x\in U，且x\notin A\}$（见图1.3）.

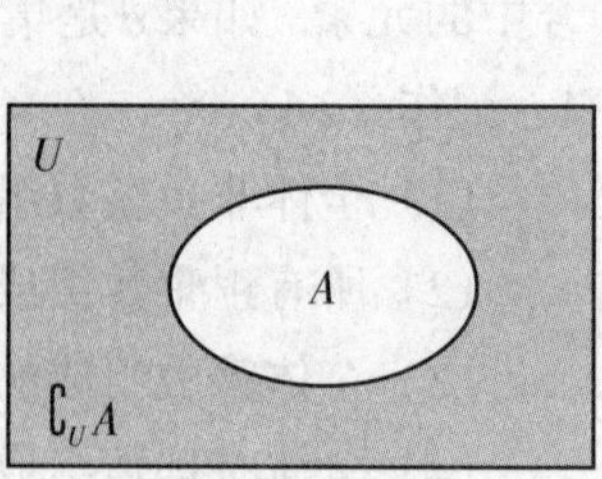

图1.3 补集图示

1.1.1.5 集合的运算律

设A，B，C为任意三个集合，则有集合的运算律：

交换律：$A\cap B=B\cap A$；$A\cup B=B\cup A$.

结合律：$(A\cap B)\cap C=A\cap(B\cap C)$；$(A\cup B)\cup C=A\cup(B\cup C)$.

分配律：$A\cap(B\cup C)=(A\cap B)\cup(A\cap C)$；$A\cup(B\cap C)=(A\cup B)\cap(A\cup C)$.

1.1.2　常量与变量

（1）变量的定义：在观察某一现象的过程中，常常会遇到各种不同的量，其中有的量在过程中不起变化，称之为常量；有的量在过程中是变化的，也就是可以取不同的数值，则称之为变量.

注：在过程中还有一种量，它虽然是变化的，但是它的变化相对于所研究的对象是极其微小的，所以把它看作常量.

（2）变量的表示：如果变量的变化是连续的，则常用区间来表示其变化范围. 在数轴上来说，区间是指介于某两点之间的线段上点的全体（见表1.1）.

表1.1　区间的说明

区间的名称	区间满足的不等式	区间的符号	区间在数轴上的表示
闭区间	$a\leqslant x\leqslant b$	$[a, b]$	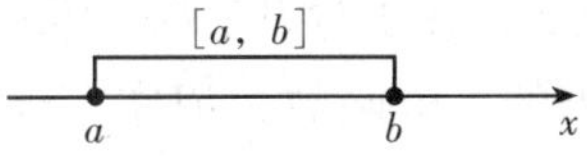
开区间	$a<x<b$	(a, b)	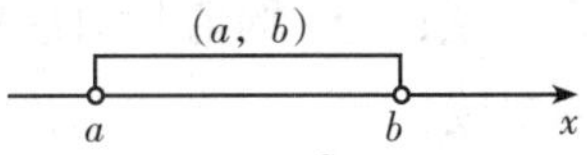
半开区间	$a<x\leqslant b$ 或 $a\leqslant x<b$	$(a, b]$ 或 $[a, b)$	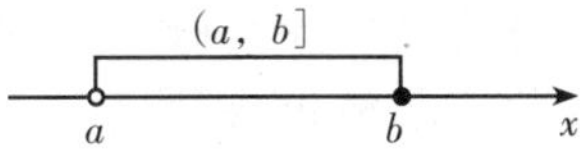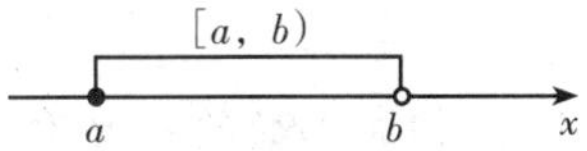

注：a，b，x 都是实数，且 $a<b$.

以上所述都是有限区间，除此之外，还有无限区间.

$[a, +\infty)$：表示不小于 a 的实数的全体，也可记作 $a\leqslant x<+\infty$.

$(-\infty, b)$：表示小于 b 的实数的全体，也可记作 $-\infty<x<b$.

$(-\infty, +\infty)$：表示全体实数，也可记作 $-\infty<x<+\infty$.

注：$-\infty$ 和 $+\infty$ 分别读作"负无穷大"和"无穷大"，它们不是数字，而是符号.

（3）邻域：设 α 与 δ 是两个实数，且 $\delta>0$. 满足不等式 $|x-\alpha|<\delta$ 的实数 x 的全体称为点 α 的 δ 邻域. 点 α 称为此邻域的中心，δ 称为此邻域的半径.

习题1.1

（1）学校开运动会，设 $A=\{x\,|\,x$ 是参加100米跑的同学$\}$，$B=\{x\,|\,x$ 是参加200米跑的同学$\}$，$C=\{x\,|\,x$ 是参加400米跑的同学$\}$. 学校规定，每个参加上述比赛的同学最多只能参加两项，请用集合的运算说明这项规定，并解释以下集合运算的含义.

① $A\cup B$；② $A\cap C$.

（2）$A=\{1, 3, 5\}$，$B=\{2, 4, 6\}$，$C=\{1, 2, 3, 4, 5, 6\}$，求 $A\cap B$，$A\cup B$，$A\cap C$，$B\cup C$.

（3）设$A=\{-1, 0, 1, 2\}$，$B=\{0, 2, 4, 6\}$，求 $A\cap B$，$A\cup B$.

（4）已知$A=\{x|x>3\}$，$B=\{x|x<5\}$，求 $A\cap B$，$A\cup B$.

（5）化简集合$A=\{x|x-3>2\}$，$B=\{x|x\geqslant 5\}$，并表示A和B的关系.

（6）设$A=\{x|-2<x\leqslant 2\}$，$B=\{x|0\leqslant x\leqslant 4\}$，求 $A\cap B$，$A\cup B$.

1.2　函数的概念与特性

1.2.1　函数的有关概念

1.2.1.1　函数的概念

设A，B是非空的数集，如果按照某种确定的对应关系f，使对于集合A中的任意一个数x，在集合B中都有唯一确定的数$f(x)$和它对应，那么就称f: $A\to B$为从集合A到集合B的一个函数，记作$y=f(x)$，$x\in A$. 其中，x叫作自变量，x的取值范围A叫作函数的定义域；与x的值相对应的y值叫作函数值，函数值的集合 $\{y=f(x)|x\in A\}$ 叫作函数的值域.

注：（1）“$y=f(x)$”是函数符号，可以用任意的字母表示，如“$y=g(x)$”；

（2）函数符号“$y=f(x)$”中的$f(x)$表示与x对应的函数值，是一个数，而不是f乘以x.

1.2.1.2　构成函数的三要素

构成函数的三要素为定义域、对应关系和值域.

1.2.1.3　求函数的定义域

（1）使算式有意义；

（2）使实际问题有意义.

1.2.2　函数的特性

函数的特性包括有界性、单调性、奇偶性和周期性.

1.2.2.1　函数的有界性

如果存在正数M，使得在区间I上，恒有$|f(x)|\leqslant M$，则称函数$f(x)$在I上有界；否则称函数$f(x)$在I上无界. 图形特点：函数$y=f(x)$的图形在直线$y=-M$和$y=M$之间（见图1.4）.

函数$f(x)$无界，就是说，对任何M，总存在$|f(x)|>M$.

例如，（1）$f(x)=\sin x$在（$-\infty$，$+\infty$）上有界，$|\sin x|\leqslant 1$.

（2）函数 $f(x)=\frac{1}{x}$ 在开区间（0，1）内无上界，或者说在开区间（0，1）内有下界，无上界.

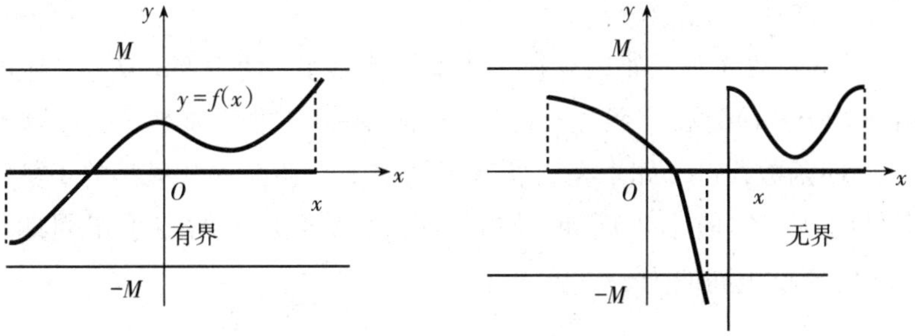

图1.4　函数的有界性表示

1.2.2.2　函数的单调性

设函数 $y=f(x)$ 的定义域为 D，区间 $I\subseteq D$. 如果对于区间 I 上任意两点 x_1 及 x_2，当 $x_1<x_2$ 时，恒有 $f(x_1)<f(x_2)$，则称函数 $f(x)$ 在区间 I 上是单调增加的；如果对于区间 I 上任意两点 x_1 及 x_2，当 $x_1<x_2$ 时，恒有 $f(x_1)>f(x_2)$，则称函数 $f(x)$ 在区间 I 上是单调减少的（见图1.5）.

单调增加和单调减少的函数统称为单调函数.

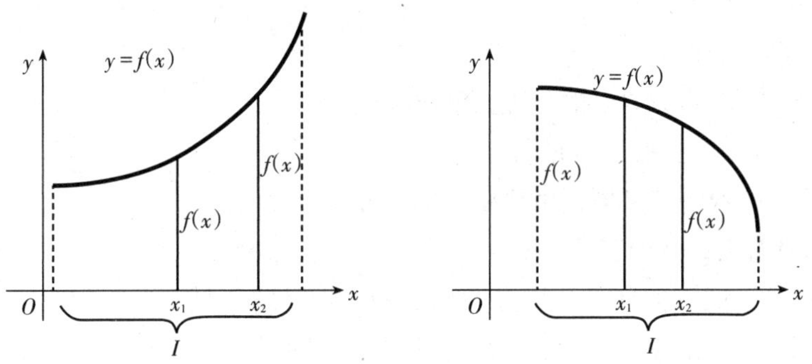

图1.5　函数的单调性表示

例如，函数 $y=x^2$ 在区间（$-\infty$，0］上是单调减少的，在区间［0，$+\infty$）上是单调增加的，在区间（$-\infty$，$+\infty$）上不是单调的.

1.2.2.3　函数的奇偶性

奇偶性定义：如果函数 $f(x)$ 的定义域内任意一个 x 都有 $f(-x)=f(x)$，那么函数 $f(x)$ 是偶函数，关于 y 轴对称；如果函数 $f(x)$ 的定义域内任意一个 x 都有 $f(-x)=-f(x)$，那么函数 $f(x)$ 是奇函数，关于原点对称.

奇偶函数的性质：

（1）奇函数在关于原点对称的区间上的单调性相同，偶函数在关于 y 轴对称的区间上单调性相反；

（2）在公共定义域内，两个奇函数的和函数是奇函数，两个奇函数的积是偶函数，两个偶函数的和是偶函数，两个偶函数的积函数是偶函数；

（3）一个奇函数和一个偶函数的积函数是奇函数.

1.2.2.4　函数的周期性

一般地，对于函数$f(x)$，如果存在一个非零常数T，使得当x取定义域的每一个值时，存在$f(x+T)=f(x)$，那么函数$f(x)$叫作周期函数，非零常数T叫作这个函数的周期. 对于一个周期函数$f(x)$，如果在它所有的周期中，存在一个最小的正数，那么这个最小正数就叫作$f(x)$的最小正周期. 如$y=\sin x$，$y=\cos x$的最小正周期为2π，$y=\tan x$，$y=\cot x$的最小正周期为π.

1.2.3　反函数

1.2.3.1　定义

一般地，对于函数$y=f(x)$，设它的定义域为D、值域为A，如果对A中任意一个值y，在D中总有唯一确定的x值与它对应，且满足$y=f(x)$，这样得到x关于y的函数，叫作$y=f(x)$的反函数，记作$x=f^{-1}(y)$，$y\in A$. 习惯上，自变量常用x表示，而函数用y表示，所以改写为$y=f^{-1}(x)$，$y\in A$.

注：并非所有的函数都有反函数. 反函数存在的条件：从定义域到值域上的一一映射确定的函数才有反函数.

1.2.3.2　求反函数的步骤

（1）把$y=f(x)$看作关于x的方程，解出$x=\varphi(y)$；

（2）在$x=\varphi(y)$中交换x，y的位置；

（3）注明反函数的定义域（由原函数的值域确定）.

1.2.3.3　原函数与反函数的联系

反函数的定义域、值域上分别是原函数的值域、定义域，若$y=f(x)$与$y=f^{-1}(x)$互为反函数，函数$y=f(x)$的定义域为D、值域为A，则$f(f^{-1}(y))=y$（$y\in A$），$f^{-1}(f(x))=x$（$x\in D$）(见表1.2).

表1.2　原函数与反函数的联系

项目	函数$y=f(x)$	反函数$y=f^{-1}(x)$
定义域	D	A
值域	A	D

1.2.3.4　互为反函数的函数图像间的关系

一般地，函数$y=f(x)$的图像和它的反函数$y=f^{-1}(x)$的图像关于直线$y=x$对称，其增减性相同.

如果点$(a，b)$在函数$y=f(x)$的图像上，那么点$(b，a)$必然在它的反函数$y=f^{-1}(x)$

的图像上.

例　求下列函数的反函数：

（1）$y=4x+2$（$x\in\mathbf{R}$）；（2）$y=x^3+1$（$x\in\mathbf{R}$）.

解　（1）由$y=4x+2$解得$x=\dfrac{y-2}{4}$，故函数$y=4x+2$的反函数是$y=\dfrac{x-2}{4}$（$x\in\mathbf{R}$）.

（2）由$y=x^3+1$（$x\in\mathbf{R}$）解得$x=\sqrt[3]{y-1}$，故函数$y=x^3+1$（$x\in\mathbf{R}$）的反函数是$y=\sqrt[3]{x-1}$（$x\in\mathbf{R}$）.

习题1.2

（1）判断下列函数在对应区间上的相关特性：

① $y=x^2+1$　$[-1,1]$；　② $y=x^3$　$[-1,1]$；

③ $y=3$　$[-\infty,+\infty]$；　④ $y=\sin x$　$[0,2\pi]$.

（2）求下列函数的反函数：

① $y=3x-2$（$x\in\mathbf{R}$）；　② $y=\sqrt{x}+1$　（$x\geqslant 0$）.

（3）已知函数$f(x)=\dfrac{6x+5}{x-1}$（$x\in\mathbf{R}$，且$x\neq 1$）存在反函数$y=f^{-1}(x)$，求$f^{-1}(7)$.

1.3　幂函数

1.3.1　幂的有关概念

幂的定义：表示相同因数积的运算叫作乘方，又叫作幂. 例如，$a\cdot a\cdot\cdots\cdot a=a^n$（$n$为正整数）.

a为底数，n为指数，a^n读作a的n次幂. 例如，a^2读作a的平方，a^3读作a的立方.

1.3.2　幂函数的概念与性质

1.3.2.1　定义

一般地，形如$y=x^\alpha$（其中α为有理数）的函数叫作幂函数.

注：对幂函数来说，底数（x）是自变量，指数（α）是常数，系数是1（见图1.6）.

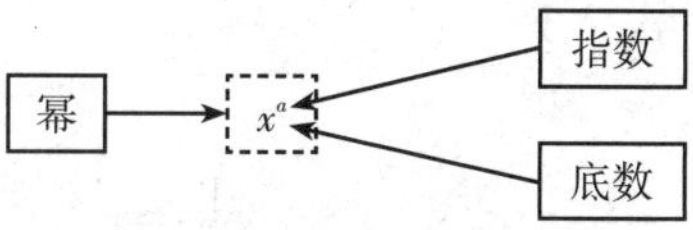

图1.6　幂函数的概念

常见的幂函数有：$y=x$，$y=x^2$，$y=x^3$，$y=\sqrt{x}=x^{\frac{1}{2}}$，$y=\frac{1}{x}=x^{-1}$（见图1.7）.

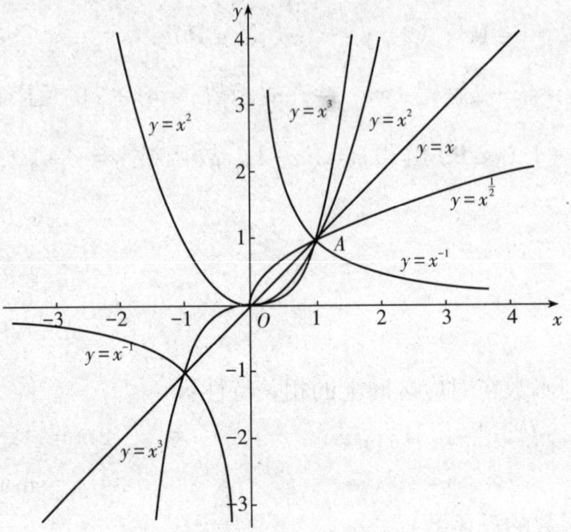

图1.7　常见的幂函数的图像

1.3.2.2　幂函数的共性

（1）所有幂函数图像在（0，+∞）内都有定义，并且图像都过（1，1）点.

（2）当α为奇数时，幂函数为奇函数；当α为偶数时，幂函数为偶函数.

1.3.2.3　幂函数的重要运算

（1）$x^{\alpha_1}\cdot x^{\alpha_2}=x^{\alpha_1+\alpha_2}$；（2）$\frac{x^{\alpha_1}}{x^{\alpha_2}}=x^{\alpha_1-\alpha_2}$；（3）$(x^{\alpha_1})^{\alpha_2}=x^{\alpha_1\alpha_2}$；（4）$x^{-\alpha}=\frac{1}{x^{\alpha}}$；

（5）$x^{\frac{1}{m}}=\sqrt[m]{x}$；（6）$x^{\frac{n}{m}}=\sqrt[m]{x^n}$；（7）$x^{-\frac{n}{m}}=\frac{1}{\sqrt[m]{x^n}}$；（8）$(x_1x_2)^{\alpha}=x_1^{\alpha}x_2^{\alpha}$.

例1　将下列幂函数化为标准幂函数形式：

（1）$\frac{1}{x}$；（2）$\frac{1}{x^2}$；（3）$\frac{1}{x^{10}}$.

解　（1）$\frac{1}{x}=x^{-1}$；（2）$\frac{1}{x^2}=x^{-2}$；（3）$\frac{1}{x^{10}}=x^{-10}$.

例2　将下列幂函数化为标准幂函数形式：

（1）$\sqrt{x}$；（2）$\sqrt{x^3}$；（3）$\sqrt[3]{x^5}$.

解　（1）$\sqrt{x}=x^{\frac{1}{2}}$；（2）$\sqrt{x^3}=x^{\frac{3}{2}}$；（3）$\sqrt[3]{x^5}=x^{\frac{5}{3}}$.

例3　将下列幂函数化为标准幂函数形式：

（1）$\frac{1}{\sqrt{x}}$；（2）$\frac{1}{\sqrt{x^3}}$；（3）$\frac{1}{\sqrt[3]{x}}$.

解　（1）$\frac{1}{\sqrt{x}}=x^{-\frac{1}{2}}$；（2）$\frac{1}{\sqrt{x^3}}=x^{-\frac{3}{2}}$；（3）$\frac{1}{\sqrt[3]{x}}=x^{-\frac{1}{3}}$.

例4　化简下列各式（其中$a>0$）：

（1）$a^2\sqrt{a}$；（2）$a^3\cdot\sqrt[3]{a^2}$；（3）$\sqrt{a\sqrt{a}}$.

解　（1）$a^2\sqrt{a}=a^2\cdot a^{\frac{1}{2}}=a^{\frac{5}{2}}$；

（2）$a^3\sqrt[3]{a^2}=a^3\cdot a^{\frac{2}{3}}=a^{\frac{11}{3}}$；

（3）$\sqrt{a\sqrt{a}}=\sqrt{aa^{\frac{1}{2}}}=\sqrt{a^{\frac{3}{2}}}=\left(a^{\frac{3}{2}}\right)^{\frac{1}{2}}=a^{\frac{3}{4}}$.

例5　根据幂函数的运算性质填空：

（1）$\left(1+\frac{1}{x}\right)^{x+3}=\left(1+\frac{1}{x}\right)^{(\quad)}\left(1+\frac{1}{x}\right)^{(\quad)}$；（2）$\left(1+\frac{1}{x}\right)^{3x}=\left[\left(1+\frac{1}{x}\right)^{x}\right]^{(\quad)}$；

（3）$\left(1+\frac{1}{x}\right)^{-5x}=\left[\left(1+\frac{1}{x}\right)^{x}\right]^{(\quad)}$；（4）$10^x e^x=(\qquad)^x$.

解　（1）$\left(1+\frac{1}{x}\right)^{x+3}=\left(1+\frac{1}{x}\right)^{x}\left(1+\frac{1}{x}\right)^{3}$；（2）$\left(1+\frac{1}{x}\right)^{3x}=\left[\left(1+\frac{1}{x}\right)^{x}\right]^{3}$；

（3）$\left(1+\frac{1}{x}\right)^{-5x}=\left[\left(1+\frac{1}{x}\right)^{x}\right]^{-5}$；（4）$10^x e^x=(10e)^x$.

习题1.3

（1）判断下列函数哪些是幂函数：

① $y=0.2^x$；　② $y=x^{\frac{1}{5}}$；　③ $y=x^{-3}$；　④ $y=x^{-2}$.

（2）下列函数哪些是幂函数？

① $y=2^x$；　② $y=x^2$；　③ $y=x^{\sqrt{2}}$；

④ $y=x^3$；　⑤ $y=2x$；　⑥ $y=x^2+1$；

⑦ $y=x^{-2}$；　⑧ $y=x^{-\frac{1}{2}}$；　⑨ $y=x^{\frac{2}{3}}$；　⑩ $y=x^{\frac{5}{3}}$.

（3）把下列函数写成标准幂函数的形式：

① $y=\sqrt[3]{x}$；　② $y=\frac{1}{x^2}$；　③ $y=\frac{1}{x^3}$.

（4）化简下列各式：

① $y=x^{\frac{1}{3}}\cdot x^{\frac{2}{3}}\cdot x^2\cdot x^0$；　② $y=\left(a^{\frac{2}{3}}b^{\frac{1}{2}}\right)^3\cdot\left(2a^{-\frac{1}{2}}b^{\frac{5}{8}}\right)^4$；

③ $y=\sqrt{x}\cdot\sqrt[3]{x^2}\cdot\sqrt[4]{x^3}$；　④ $y=\frac{\sqrt{x}}{x^2}-3x\sqrt{x^5}$.

（5）根据幂函数的运算性质填空：

① $\left(1+\frac{1}{x}\right)^{2x-3}=\left(1+\frac{1}{x}\right)^{(\quad)}\left(1+\frac{1}{x}\right)^{(\quad)}$；② $\left(1+\frac{1}{x}\right)^{5x}=\left[\left(1+\frac{1}{x}\right)^{x}\right]^{(\quad)}$；

③ $\left(1+\frac{1}{x}\right)^{-3x}=\left[\left(1+\frac{1}{x}\right)^{x}\right]^{(\quad)}$　④ $5^x e^x=(\qquad)^x$.

1.4 指数函数

1.4.1 指数函数定义

一般地，形如 $y=a^x$（$a>0$，且 $a\neq1$）的函数叫作指数函数. 指数函数的定义域为 **R**，值域为（0，+∞）.

例如，$y=2^x$，$y=\left(\frac{1}{2}\right)^x$，$y=3^x$，$y=\left(\frac{1}{3}\right)^x$，$y=0.8^x$ 都是指数函数.

1.4.2 指数函数图像与性质

指数函数的图像与性质如表1.3所列.

表1.3 指数函数的图像与性质

函数名称	指数函数	
定义	函数 $y=a^x$（$a>0$，且 $a\neq1$）叫作指数函数	
	$a>1$	$0<a<1$
图像	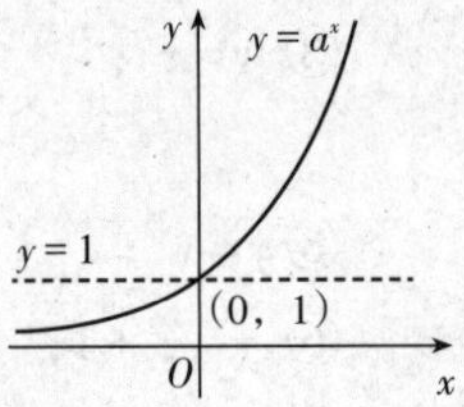	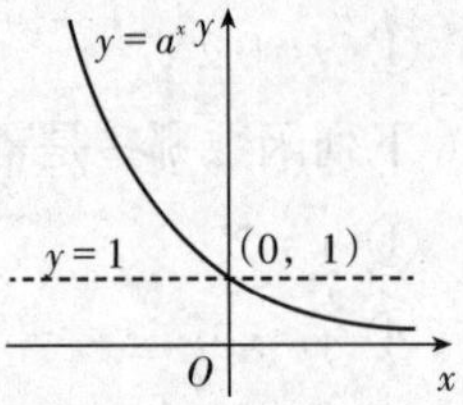
定义域	**R**	
值域	（0，+∞）	
过定点	图像过定点（0，1），即当 $x=0$ 时，$y=1$	
奇偶性	非奇非偶	
单调性	在 **R** 上是增函数	在 **R** 上是减函数
函数值	$a^x>1$（$x>0$） $a^x=1$（$x=0$） $a^x<1$（$x<0$）	$a^x<1$（$x>0$） $a^x=1$（$x=0$） $a^x>1$（$x<0$）
a	在第一象限内，a 越大图像越高；在第二象限内，a 越大图像越低	

注：对指数函数来说，指数（x）是自变量，底数（a）是常数，系数为1.

根据表1.3，当$a>1$时，指数函数有如下性质.

（1）定义域为$x\in\mathbf{R}$.

（2）整个函数图像在x轴的上方，即值域$y\in(0,+\infty)$.

（3）随x增大，y单调递增，此时$y=a^x$是增函数.

（4）$x>0$，$y>1$；$x<0$，$0<y<1$；$x=0$，$y=1$.

当$0<a<1$时，指数函数有如下性质.

（1）定义域为$x\in\mathbf{R}$.

（2）整个函数图像在x轴的上方，即值域$y\in(0,+\infty)$.

（3）随x增大，y单调递减，此时$y=a^x$是减函数.

（4）$x>0$，$0<y<1$；$x<0$，$y>1$；$x=0$，$y=1$.

例1　请完成下列x，y的对应值表格，并用描点法作出下列函数图像（答案略）.

（1）$y=3^x$；　（2）$y=\left(\frac{1}{3}\right)^x$.

x	-2	-1.5	-1	-0.5	0	0.5	1	1.5	2
$y=3^x$		0.192		0.577					
$y=\left(\frac{1}{3}\right)^x$		5.196		1.732					

例2　判断下列函数在$(-\infty,+\infty)$内的单调性.

（1）$y=4^x$；　（2）$y=3^{-x}$；　（3）$y=2^{\frac{x}{3}}$.

解　（1）因为$y=4^x$，底数$a=4>1$，所以，函数$y=4^x$在$(-\infty,+\infty)$内单调递增.

（2）因为$y=3^{-x}=(3^{-1})^x$，底数$a=\frac{1}{3}<1$，所以，函数$y=3^{-x}$在$(-\infty,+\infty)$内单调递减.

（3）因为$y=2^{\frac{x}{3}}=\left(\sqrt[3]{2}\right)^x$，底数$a=\sqrt[3]{2}>1$，所以，函数$y=2^{\frac{x}{3}}$在$(-\infty,+\infty)$内单调递增.

习题1.4

（1）以下给出了两组指数函数的图像，请根据图像总结指数函数的性质.

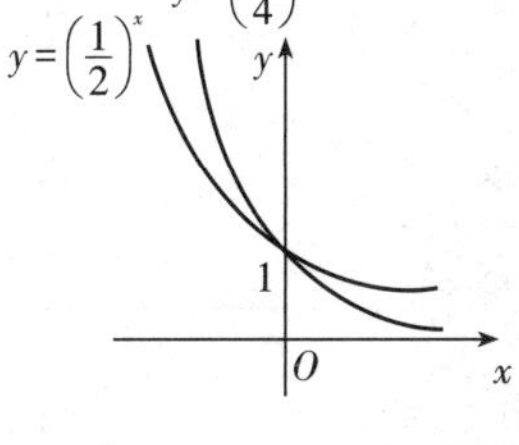

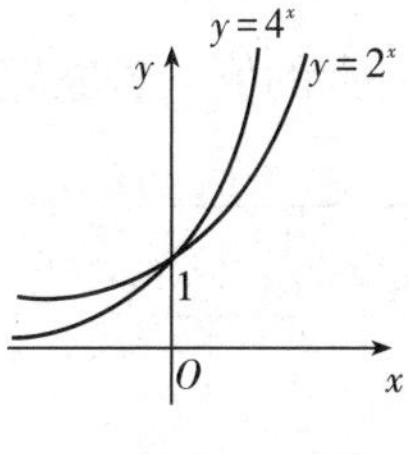

（2）填空：

① 若函数$y=(a-1)a^x$是指数函数，则$a=$________.

② 已知，指数函数 $f(x)=a^x$ 的图像经过点（2，9），则 $f(-2)=$ ________.

（3）下图是指数函数：① $y=a^x$；② $y=b^x$；③ $y=c^x$；④ $y=d^x$ 的图像，则 a，b，c，d 与1的大小关系是________________（用不等式表示）.

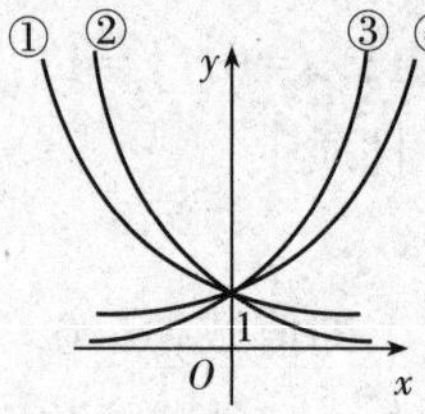

（4）已知函数的解析式为 $y=2^x$，求 x 满足下列条件时函数的值域：

① $x\in R$；　② $x\in[0,+\infty]$；　③ $x\in[-1,0]$；　④ $x\in[-3,2)$.

（5）比较下列各组数的大小：

① $1.5^{2.6}$，$1.5^{3.2}$；　② $0.8^{-0.1}$，$0.8^{-2.2}$；　③ $1.5^{0.6}$，$0.8^{3.2}$.

1.5　对数函数

1.5.1　对数的相关定义

1.5.1.1　对数的定义

若 $a^b=N$，则 b 就叫作以 a 为底的 N 的对数，记作 $b=\log_a N$（$a>0$，且 $a\neq 1$），N 叫作真数，a 叫作底数.

形如 $a^b=N$ 的式子叫作指数式，形如 $\log_a N=b$ 的式子叫作对数式. 当 $a>0$，且 $a\neq 1$，$N>0$ 时，$a^b=N\Leftrightarrow\log_a N=b$.

1.5.1.2　几个重要的对数恒等式（$a>0$，且 $a\neq 1$）

$\log_a 1=0$；$\log_a a=1$；$\log_a a^b=b$；　$a^{\log_a N}=N$（$N>0$）.

1.5.1.3　常用对数与自然对数

常用对数：$\lg N$，即 $\log_{10} N$.

自然对数：$\ln N$，即 $\log_e N$（其中 e = 2.71828…）.

例1　求下列对数的值（答案略）.

（1）$\log_3 3=$ ____________；　　（2）$\log_7 1=$ ____________；

（3）$\text{lb}32=$ ____________；　　（4）$\log_3\frac{1}{81}=$ ____________；

（5）$\lg 100=$ ____________；　　（6）$\text{lb}\,\frac{1}{8}=$ ____________；

（7）$\ln e^2=$ ____________；　　（8）$\ln\sqrt{e}=$ ____________.

1.5.1.4 对数的运算性质

如果$a>0$，$a\neq1$，$M>0$，$N>0$，那么

（1）加法：$\log_a M+\log_a N=\log_a(MN)$.

（2）减法：$\log_a M-\log_a N=\log_a\frac{M}{N}$.

（3）$\log_a M^n = n\log_a M$ （$n\in\mathbf{R}$）；$\log_a\sqrt[n]{M}=\frac{1}{n}\log_a M$.

（4）换底公式：$\log_a N=\frac{\log_b N}{\log_b a}$ $(b>0, 且b\neq1)$.

例如，$\log_a(x+\Delta x)-\log_a x=\log_a\frac{x+\Delta x}{x}=\log_a\left(1+\frac{\Delta x}{x}\right)$.

例2 用$\lg x$，$\lg y$，$\lg z$表示下列各式：

（1）$\lg(xyz)$；（2）$\lg\frac{x}{yz}$；（3）$\lg\frac{x^2\sqrt{y}}{z^3}$.

解 （1）$\lg(xyz)=\lg x+\lg y+\lg z$；

（2）$\lg\frac{x}{yz}=\lg x-(\lg y+\lg z)=\lg x-\lg y-\lg z$；

（3）$\lg\frac{x^2\sqrt{y}}{z^3}=\lg x^2+\lg\sqrt{y}-\lg z^3=2\lg x+\frac{1}{2}\lg y-3\lg z$；

例3 化简下列各式：

（1）$\log\frac{x^2-1}{x^2+1}$；（2）$\log_a\sqrt[3]{\frac{(x+1)(x-5)}{x-2}}$；

解 （1）$\log_a\frac{x^2-1}{x^2+1}=\log_a(x^2-1)-\log_a(x^2+1)$；

（2）$\log_a\sqrt[3]{\frac{(x+1)(x-5)}{x-2}}=\frac{1}{3}[\log_a(x+1)+\log_a(x-5)-\log_a(x-2)]$；

例4 计算下列各式的值：

（1）$\lg8+\lg125$；（2）$\lg800-\lg8$.

解 （1）$\lg8+\lg125=\lg(8\times125)=\lg1000=3$；

（2）$\lg800-\lg8=\lg\left(\frac{800}{8}\right)=\lg100=2$.

1.5.2 对数函数的相关概念

1.5.2.1 对数函数的定义

一般地，形如$y=\log_a x$的函数叫作对数函数，其中a为常数（$a>0$，且$a\neq1$）. 对数函数的定义域为（0，+∞），值域为（−∞，+∞）.

1.5.2.2 对数函数的图像与性质

对数函数的图像与性质如表1.4所列.

表1.4　对数函数的图像与性质

函数名称	对数函数	
定义	函数 $y=\log_a x$ $(a>0$，且 $a\neq 1)$ 叫作对数函数	
	$a>1$	$0<a<1$
图像	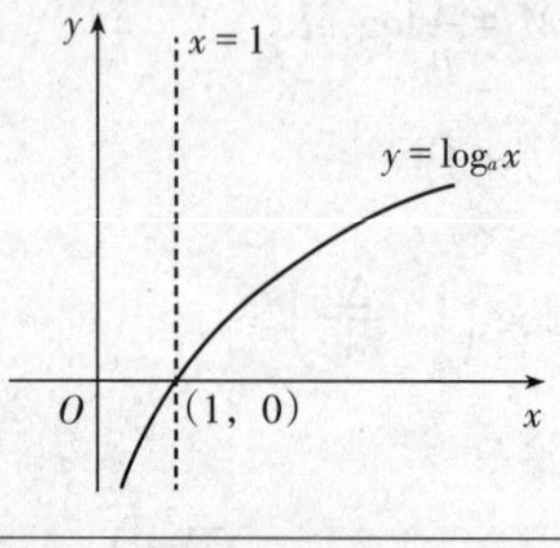	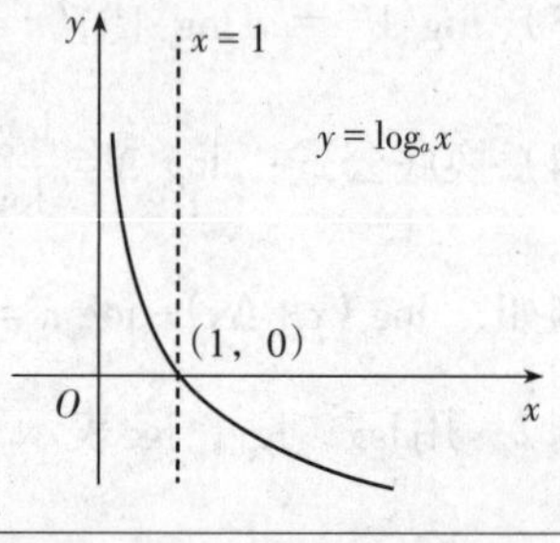
定义域	$(0, +\infty)$	
值域	**R**	
过定点	图像过定点 $(1, 0)$，即当 $x=1$ 时，$y=0$	
奇偶性	非奇非偶	
单调性	在 $(0, +\infty)$ 上是增函数	在 $(0, +\infty)$ 上是减函数
函数值	$\log_a x>0$ $(x>1)$ $\log_a x=0$ $(x=1)$ $\log_a x<0$ $(0<x<1)$	$\log_a x<0$ $(x>1)$ $\log_a x=0$ $(x=1)$ $\log_a x>0$ $(0<x<1)$
a	在第一象限内，a 越大图像越低；在第四象限内，a 越大图像越高	

根据表1.4，当 $a>1$ 时，对数函数有如下性质.

（1）定义域为 $x>0$.

（2）值域为 $y\in(-\infty, +\infty)$.

（3）当 $0<x<1$，$y<0$；$x>1$，$y>0$；$x=1$，$y=0$.

（4）随 x 增大，y 逐渐增大，是增函数.

当 $0<a<1$ 时，对数函数有如下性质.

（1）定义域为 $x>0$.

（2）值域为 $y\in(-\infty, +\infty)$.

（3）当 $0<x<1$ 时，$y>0$；$x>1$，$y<0$；$x=1$，$y=0$.

（4）随 x 增大，y 逐渐减小，是减函数.

注：常用恒等变形公式为 $(\log x)^2=\log^2 x$；$\log_a \frac{1}{x}=-\log_a x$.

例5　求下列函数的定义域：

（1）$y=\text{lb}(x+4)$；　　　　（2）$y=\sqrt{\ln x}$.

解（1）由 $x+4>0$ 得 $x>-4$，所以函数 $y=\text{lb}(x+4)$ 的定义域为 $(-4, +\infty)$；

（2）由 $\begin{cases}\ln x \geqslant 0, \\ x>0,\end{cases}$ 得 $\begin{cases}x \geqslant 1, \\ x>0,\end{cases}$ 所以函数 $y=\sqrt{\ln x}$ 的定义域为 $[1,+\infty)$.

1.5.2.3　$y=a^x$ 与 $y=\log_a x$ 互为反函数，图像关于 $y=x$ 对称.

例如，函数 $y=2^x$ 与函数 $y=\mathrm{lb}\,x$ 互为反函数，则它们的图像在同一直角坐标系中是关于直线 $y=x$ 对称的（见图1.8）.

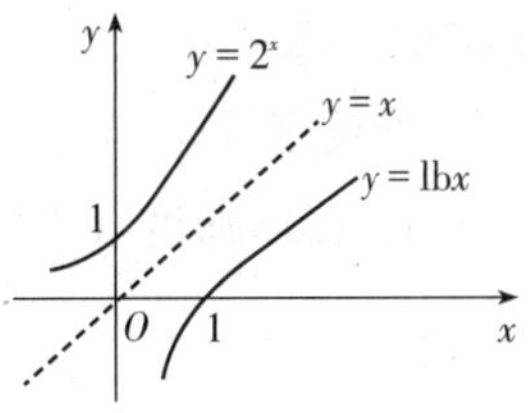

图1.8　函数 $y=2^x$ 与函数 $y=\mathrm{lb}x$ 的图像

习题1.5

（1）若函数 $y=\log_a x$ 的图像经过点（2，−1），则底 $a=$ __________.

（2）化简下列各式：

① $\log_a(x-1)(x+5)$；　② $\log_a\dfrac{x-2}{x+7}$；　③ $\log_a\sqrt{\dfrac{(x-3)(x+2)}{x-5}}$；

④ $e^{\ln x^2}$；　⑤ $e^{\ln\frac{1}{x}}$；　⑥ $e^{-\ln\frac{1}{x}}$.

（3）求定义域：

① $y=\log_3(x-5)$；　② $y=\sqrt{\ln(x-1)}$.

（4）计算：

① $\lg 2+\lg 50$；　② $\ln\dfrac{1}{e}+\ln e+\ln e^2$；　③ $\mathrm{lb}\,8+\log_{\frac{1}{2}}8$.

1.6　三角函数

1.6.1　角的概念

角的定义：一条射线由位置 OA，绕着它的端点 O，按照逆时针（或顺时针）方向旋转到另一位置 OB 形成的图形叫作角（见图1.9）.

按照逆时针方向旋转所形成的角叫作正角[见图1.9（1）]；按照顺时针方向旋转所成的角叫作负角［见图1.9（2）].

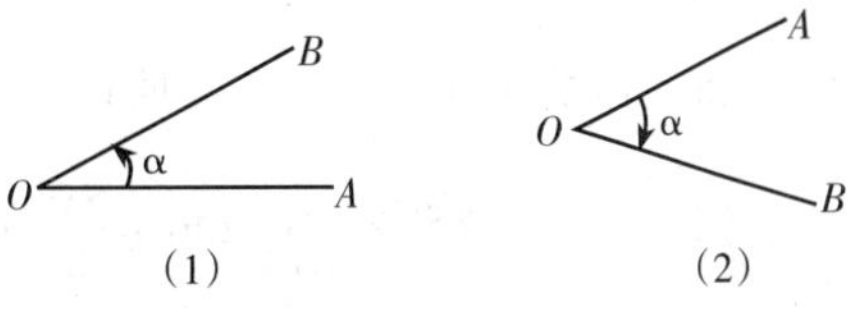

图1.9　正角与负角

1.6.2　角度制与弧度制

1.6.2.1　角度制

周角的 $\dfrac{1}{360}$ 为1度的角，用度作为单位来度量角的单位制叫作角度制.

1.6.2.2　弧度制

把长度等于半径长的弧所对的圆心角叫作1弧度的角，记作1 rad. 弧度的单位符号是rad，读作弧度（见图1.10）.

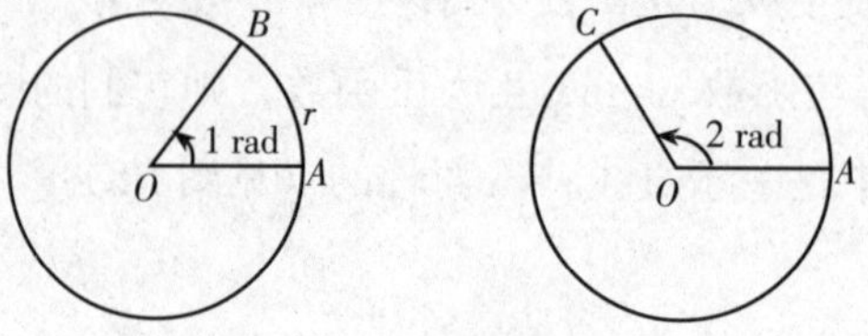

图1.10　角的弧度

如图1.10所示，弧 $\overset{\frown}{AB}$ 的长等于半径 r，$\angle AOB$ 的大小就是1弧度的角. 弧 $\overset{\frown}{AC}$ 的长度等于 $2r$，则 $\angle AOC = 2$ rad.

1.6.2.3　弧度制与角度制的互化

因半圆弧长是 πr, $\frac{\pi r}{r} = \pi$，故半圆所对的圆心角是 π 弧度. 同样道理，圆周所对的圆心角（称为周角）的大小是 2π 弧度. 由此得到两种单位制之间的换算关系为：

$360° = 2\pi$ rad，　　　　　$180° = \pi$ rad

$1° = \frac{\pi}{180}$ rad，　　　　　$1\text{ rad} = \frac{180}{\pi}\text{ rad} \approx 57.30° = 57°18'$.

用弧度制表示角的大小时，在不产生误解的情况下，通常可以省略单位"弧度"或"rad"的书写. 例如，1 rad，2 rad, $\frac{\pi}{2}$ rad 可以分别写作1，2，$\frac{\pi}{2}$. 下面给出一些特殊角的弧度与角度之间的换算（见表1.5）.

表1.5　特殊角的角度、弧度换算

度	0°	30°	45°	60°	90°	120°	135°	150°	180°	270°	360°
弧度	0	$\frac{\pi}{6}$	$\frac{\pi}{4}$	$\frac{\pi}{3}$	$\frac{\pi}{2}$	$\frac{2}{3}\pi$	$\frac{3}{4}\pi$	$\frac{5}{6}\pi$	π	$\frac{3}{2}\pi$	2π

例1　把下列各角的度数、弧度互化：

（1）150°；（2）120°；（3）$\frac{3\pi}{4}$ rad；（4）$\frac{5\pi}{3}$ rad.

解　因为 $1° = \frac{\pi}{180}$ rad，所以

（1）$150° = 150 \times \frac{\pi}{180}\text{ rad} = \frac{5\pi}{6}\text{ rad}$；　（2）$120° = 120 \times \frac{\pi}{180}\text{ rad} = \frac{2\pi}{3}\text{ rad}$；

（3）$\frac{3\pi}{4}\text{ rad} = \frac{3}{4} \times 180° = 135°$；　　　　（4）$\frac{5\pi}{3}\text{ rad} = \frac{5}{3} \times 180° = 300°$.

1.6.3　三角函数的定义及三角函数间的关系

1.6.3.1　三角函数的定义

把 α 角的顶点放在直角坐标系的原点，始边放在 x 轴的正半轴，则角 α 的大小就确定了终边所在的位置（见图1.11）. 在 α 角的终边上任取一点 $P(x,y)$，$|OP| = r = \sqrt{x^2 + y^2}$，

则：

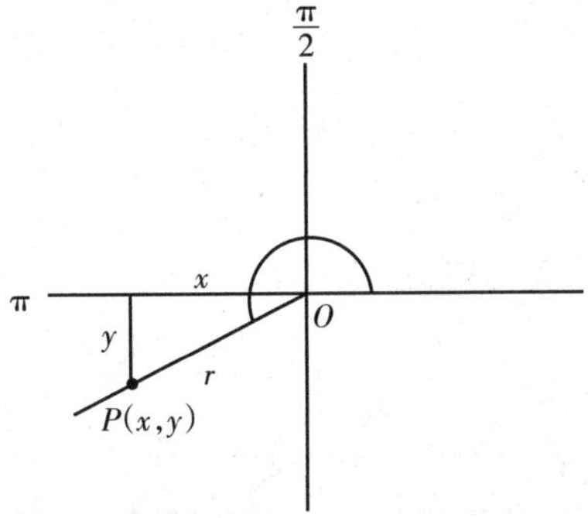

图1.11　三角函数的定义

$\sin\alpha=\frac{y}{r}=\frac{角\alpha的对边}{角\alpha的斜边}$（正弦）；　　$\cos\alpha=\frac{x}{r}=\frac{角\alpha的邻边}{角\alpha的斜边}$（余弦）；

$\tan\alpha=\frac{y}{x}=\frac{角\alpha的对边}{角\alpha的邻边}$（正切）；　　$\cot\alpha=\frac{x}{y}=\frac{角\alpha的邻边}{角\alpha的对边}$（余切）；

$\sec\alpha=\frac{r}{x}=\frac{角\alpha的斜边}{角\alpha的邻边}$（正割）；　　$\csc\alpha=\frac{r}{y}=\frac{角\alpha的斜边}{角\alpha的对边}$（余割）.

1.6.3.2　三角函数间的关系

（1）商数关系：$\tan\alpha=\frac{\sin\alpha}{\cos\alpha}$，$\cot\alpha=\frac{\cos\alpha}{\sin\alpha}$.

（2）倒数关系：$\sin\alpha=\frac{1}{\csc\alpha}$，$\cos\alpha=\frac{1}{\sec\alpha}$，$\tan\alpha=\frac{1}{\cot\alpha}$.

（3）平方关系：$\sin^2\alpha+\cos^2\alpha=1$，$1+\tan^2\alpha=\sec^2\alpha$，$1+\cot^2\alpha=\csc^2\alpha$.

例如，$\frac{\tan 5x}{\sin 2x}=\frac{\sin 5x}{\cos 5x}\cdot\frac{1}{\sin 2x}$.

1.6.4　三角函数的图像

1.6.4.1　正弦函数的图像（见图1.12）：$T=2\pi$

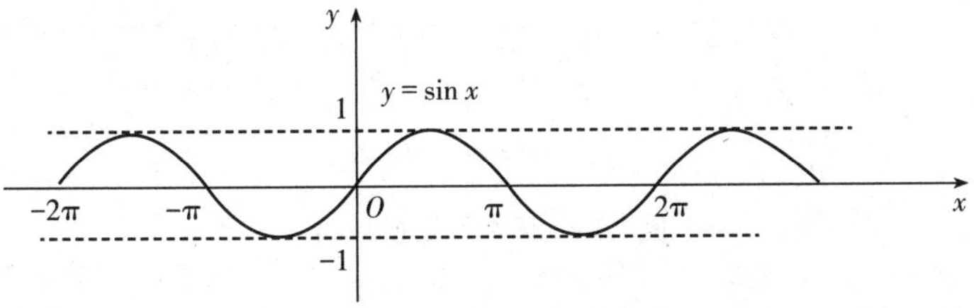

图1.12　正弦函数的图像

正弦函数的性质如下所述.

（1）定义域为 $x\in(-\infty,\ +\infty)$，值域为 $[-1,\ 1]$.

（2）在 $x=k\pi$ $(k\in\mathbf{Z})$ 时，$\sin x=0$，即正弦函数值为0的周期为π.

（3）在 $\left[-\frac{\pi}{2}+2k\pi,\ \frac{\pi}{2}+2k\pi\right]$ $(k\in\mathbf{Z})$，$y=\sin x$ 单调递增；在 $\left[\frac{\pi}{2}+2k\pi,\ \frac{3\pi}{2}+2k\pi\right]$

$(k\in\mathbf{Z})$，$y=\sin x$ 单调递减.

（4）在 $x=2k\pi+\frac{\pi}{2}$ $(k\in\mathbf{Z})$ 时，$y_{\max}=1$；在 $x=2k\pi+\frac{3\pi}{2}$ $(k\in\mathbf{Z})$ 时，$y_{\min}=-1$.

（5）$y=\sin x$ 为奇函数，其图像关于原点对称.

（6）$y=\sin x$ 为有界函数，$|y|\leqslant 1$.

1.6.4.2　余弦函数的图像（见图 1.13）：$T=2\pi$

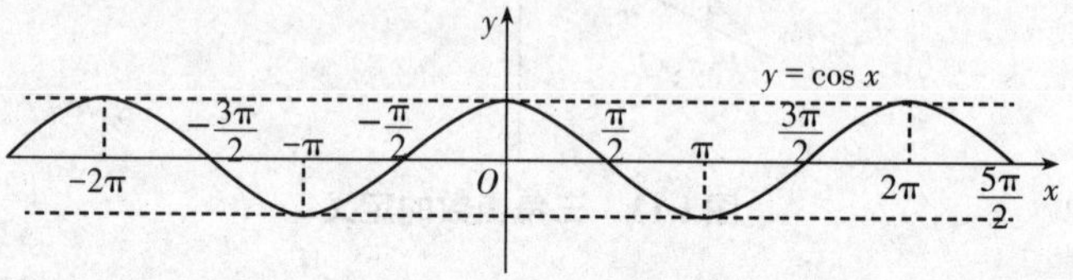

图 1.13　余弦函数的图像

余弦函数的性质如下所述.

（1）定义域为 $x\in(-\infty,\ +\infty)$，值域为 $[-1,\ 1]$.

（2）在 $x=k\pi+\frac{\pi}{2}$ $(k\in\mathbf{Z})$ 时，$\cos x=0$，即余弦函数值为 0 的周期为 π.

（3）在 $[2k\pi,\ 2k\pi+\pi]$ $(k\in\mathbf{Z})$，$y=\cos x$ 单调递减；在 $[2k\pi+\pi,\ 2k\pi+2\pi]$ $(k\in\mathbf{Z})$，$y=\cos x$ 单调递增.

（4）在 $x=2k\pi$ $(k\in\mathbf{Z})$ 时，$y_{\max}=1$；在 $x=2k\pi+\pi$ $(k\in\mathbf{Z})$ 时，$y_{\min}=-1$.

（5）$y=\cos x$ 为偶函数，其图像关于 y 轴对称.

（6）$y=\cos x$ 为有界函数，$|y|\leqslant 1$.

1.6.4.3　正切函数的图像（见图 1.14）：$T=\pi$

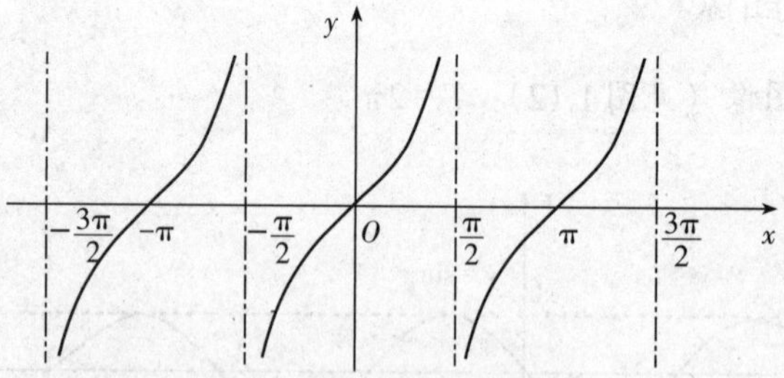

图 1.14　正切函数的图像

正切函数的性质如下所述.

（1）定义域为 $\left\{x\,\middle|\,x\neq k\pi+\frac{\pi}{2}\right\}$ $(k\in\mathbf{Z})$，值域为 $(-\infty,\ +\infty)$.

（2）在整个定义域内为增函数.

（3）$y=\tan x$ 为无界函数.

（4）$y=\tan x$ 为奇函数，函数图像关于原点对称.

1.6.4.4　余切函数的图像（见图1.15）：$T=\pi$

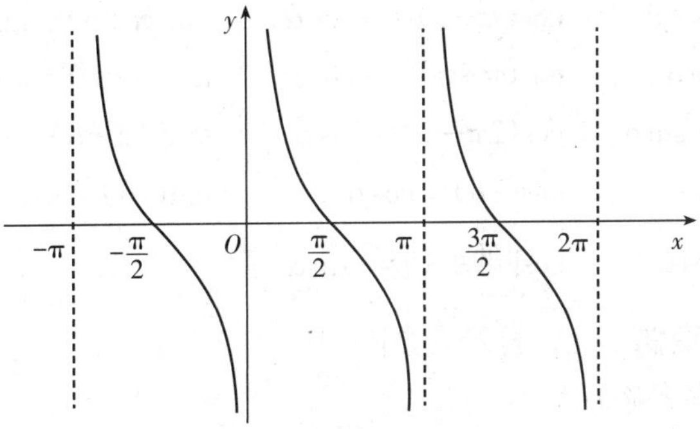

图1.15　余切函数的图像

余切函数的性质如下所述.

（1）定义域为$\{x|x\neq k\pi\}$ $(k\in \mathbf{Z})$，值域为（$-\infty$，$+\infty$）.

（2）在整个定义域内为减函数.

（3）$y=\cot x$为无界函数.

（4）$y=\cot x$为奇函数，函数图像关于原点对称.

1.6.5　特殊角的三角函数值

1.6.5.1　特殊角的三角函数值（见表1.6）

表1.6　特殊角度的三角函数值

角度α	0°	30°	45°	60°	90°	120°	135°	150°	180°
α的弧度	0	$\frac{\pi}{6}$	$\frac{\pi}{4}$	$\frac{\pi}{3}$	$\frac{\pi}{2}$	$\frac{2\pi}{3}$	$\frac{3\pi}{4}$	$\frac{5\pi}{6}$	π
$\sin\alpha$	0	$\frac{1}{2}$	$\frac{\sqrt{2}}{2}$	$\frac{\sqrt{3}}{2}$	1	$\frac{\sqrt{3}}{2}$	$\frac{\sqrt{2}}{2}$	$\frac{1}{2}$	0
$\cos\alpha$	1	$\frac{\sqrt{3}}{2}$	$\frac{\sqrt{2}}{2}$	$\frac{1}{2}$	0	$-\frac{1}{2}$	$-\frac{\sqrt{2}}{2}$	$-\frac{\sqrt{3}}{2}$	-1
$\tan\alpha$	0	$\frac{\sqrt{3}}{3}$	1	$\sqrt{3}$	不存在	$-\sqrt{3}$	-1	$-\frac{\sqrt{3}}{3}$	0
$\cot\alpha$	不存在	$\sqrt{3}$	1	$\frac{\sqrt{3}}{3}$	0	$-\frac{\sqrt{3}}{3}$	-1	$-\sqrt{3}$	不存在

记忆口诀：一全二正弦，三切四余弦，其余为负.（第一象限所有三角函数值为正，第二象限只有正弦值为正，第三象限正切值为正，第四象限余弦值为正.）

例2　填空（答案略）：

（1）$\sin\frac{\pi}{3}=$________________；（2）$\cos\frac{\pi}{6}=$________________；

（3）$\tan\frac{\pi}{4}=$________________；（4）$\cos\frac{2\pi}{3}=$________________；

（5）$\sin\frac{\pi}{2}=$________________；（6）$\cos 0=$________________.

1.6.5.2　诱导公式

角的形式主要有：$2k\pi+\alpha$，$\pi+\alpha$，$-\alpha$，$\pi-\alpha$，$\frac{\pi}{2}-\alpha$，$\frac{\pi}{2}+\alpha$，$\frac{3\pi}{2}-\alpha$，$\frac{3\pi}{2}+\alpha$等.

诱导公式主要有：

$\sin(\pi+\alpha)=-\sin\alpha$，　$\cos(\pi+\alpha)=-\cos\alpha$，　$\tan(\pi+\alpha)=\tan\alpha$，

$\sin(\pi-\alpha)=\sin\alpha$，　$\cos(\pi-\alpha)=-\cos\alpha$，　$\tan(\pi-\alpha)=-\tan\alpha$，

$\sin(2\pi-\alpha)=-\sin\alpha$，　$\cos(2\pi-\alpha)=\cos\alpha$，　$\tan(2\pi-\alpha)=-\tan\alpha$，

$\sin(-\alpha)=-\sin\alpha$，　$\cos(-\alpha)=\cos\alpha$，　$\tan(-\alpha)=-\tan\alpha$，

$\sin\left(\frac{\pi}{2}+\alpha\right)=\cos\alpha$，　$\cos\left(\frac{\pi}{2}+\alpha\right)=-\sin\alpha$ 等.

记忆口诀：奇变偶不变，符号看象限.

例3　填空（答案略）：

（1）$\sin\left(\pi-\frac{\pi}{3}\right)=$________；（2）$\cos\left(2\pi+\frac{\pi}{6}\right)=$________；

（3）$\tan\left(\frac{\pi}{2}+\frac{\pi}{4}\right)=$________；（4）$\cos\left(-\frac{2\pi}{3}\right)=$________.

1.6.6　三角函数的计算

1.6.6.1　两角和与差的公式（了解）

（1）$\sin(\alpha\pm\beta)=\sin\alpha\cos\beta\pm\cos\alpha\sin\beta$；

（2）$\cos(\alpha\pm\beta)=\cos\alpha\cos\beta\mp\sin\alpha\sin\beta$；

（3）$\tan(\alpha\pm\beta)=\dfrac{\tan\alpha\pm\tan\beta}{1\mp\tan\alpha\tan\beta}$.

1.6.6.2　二倍角公式（当$\alpha=\beta$时）

（1）$\sin2\alpha=2\sin\alpha\cos\alpha$；

（2）$\cos2\alpha=\cos^2\alpha-\sin^2\alpha=2\cos^2\alpha-1=1-2\sin^2\alpha$；

（3）$\tan2\alpha=\dfrac{2\tan\alpha}{1-\tan^2\alpha}$.

1.6.6.3　降幂公式

（1）$\sin^2\dfrac{\alpha}{2}=\dfrac{1-\cos\alpha}{2}$；

（2）$\cos^2\dfrac{\alpha}{2}=\dfrac{1+\cos\alpha}{2}$.

例如，$\sin^2x=\dfrac{1-\cos2x}{2}$；$\cos^2x=\dfrac{1+\cos2x}{2}$.

1.6.6.4　积化和差公式（了解）

（1）$\sin\alpha\cos\beta=\dfrac{1}{2}[\sin(\alpha+\beta)+\sin(\alpha-\beta)]$；

（2）$\cos\alpha\sin\beta=\dfrac{1}{2}[\sin(\alpha+\beta)-\sin(\alpha-\beta)]$；

（3）$\cos\alpha\cos\beta=\dfrac{1}{2}[\cos(\alpha+\beta)+\cos(\alpha-\beta)]$；

（4）$\sin\alpha\sin\beta=-\dfrac{1}{2}[\cos(\alpha+\beta)-\cos(\alpha-\beta)]$.

1.6.6.5　和差化积公式（了解）

（1）$\sin\alpha+\sin\beta=2\sin\frac{\alpha+\beta}{2}\cos\frac{\alpha-\beta}{2}$;

（2）$\sin\alpha-\sin\beta=2\cos\frac{\alpha+\beta}{2}\sin\frac{\alpha-\beta}{2}$;

（3）$\cos\alpha+\cos\beta=2\cos\frac{\alpha+\beta}{2}\cos\frac{\alpha-\beta}{2}$;

（4）$\cos\alpha-\cos\beta=-2\sin\frac{\alpha+\beta}{2}\sin\frac{\alpha-\beta}{2}$.

习题1.6

（1）把下列各角的度数弧度互化：

①135°；　②60°；　③ $\frac{\pi}{4}$；　④ $\frac{\pi}{2}$.

（2）计算：

① $\sin\frac{\pi}{3}+\cos\frac{\pi}{6}\cdot\tan\frac{\pi}{4}$;

② $\sin\frac{\pi}{2}-\tan\frac{\pi}{4}\cdot\cos 0$;

③ $\sin\frac{\pi}{3}\tan\frac{\pi}{3}+\tan\frac{\pi}{6}\cos\frac{\pi}{6}-\tan\frac{\pi}{4}\cos\frac{\pi}{2}$;

④ $\tan\frac{\pi}{6}\sin\frac{\pi}{6}+\sin\frac{\pi}{3}\cos\frac{\pi}{3}-\tan\frac{\pi}{4}\cos\frac{\pi}{4}$.

1.7　反三角函数

1.7.1　反三角函数的定义

$y=\sin x$，$y=\cos x$，$y=\tan x$，$y=\cot x$ 四种三角函数都是由 x 到 y 的多值对应，要使其有反函数，必须缩小自变量（x）的范围，使之成为由 x 到 y 的对应. 从方便的角度而言，这个 x 的范围应该是：① 离原点较近；② 包含所有的锐角；③ 能取到所有的函数值；④ 最好是连续区间.

从这条原则出发，给出如下定义：

(1) $y=\sin x$，$x\in\left[-\frac{\pi}{2},\ \frac{\pi}{2}\right]$ 的反函数记作 $y=\arcsin x$，$x\in[-1,\ 1]$，称为反正弦函数；

(2) $y=\cos x$，$x\in[0,\ \pi]$ 的反函数记作 $y=\arccos x$，$x\in[-1,\ 1]$，称为反余弦函数；

(3) $y=\tan x$，$x\in\left(-\frac{\pi}{2},\ \frac{\pi}{2}\right)$ 的反函数记作 $y=\arctan x$，$x\in\mathbf{R}$，称为反正切函数；

(4) $y=\cot x$，$x\in(0,\ \pi)$ 的反函数记作 $y=\operatorname{arccot} x$，$x\in\mathbf{R}$，称为反余切函数.

1.7.2 反三角函数的图像及性质

根据原函数与反函数图像对称的性质，分别给出四组反三角函数的图像（见图1.16至图1.19）.

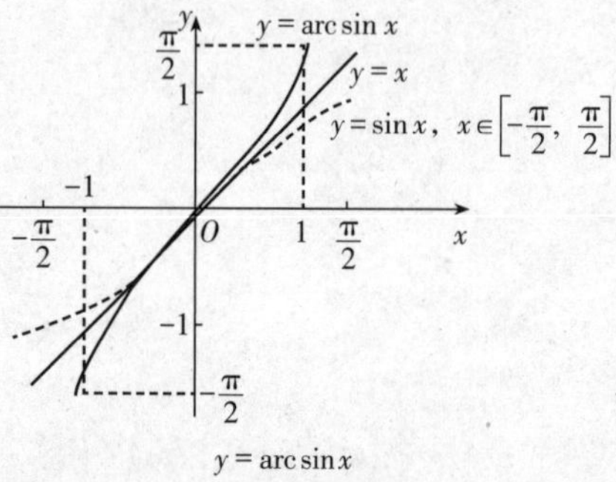

图1.16 反正弦函数的图像

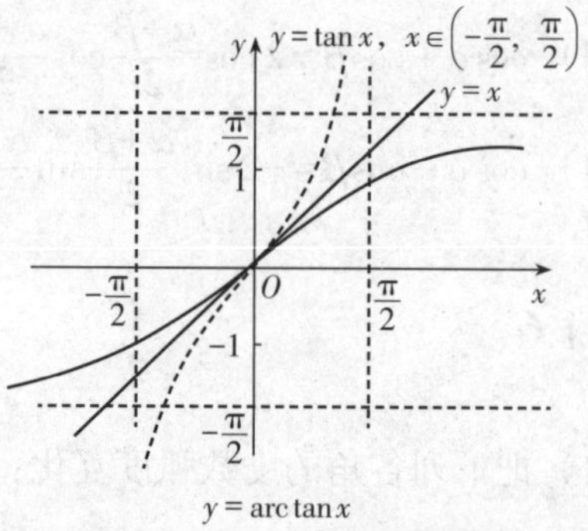

图1.17 反正切函数的图像

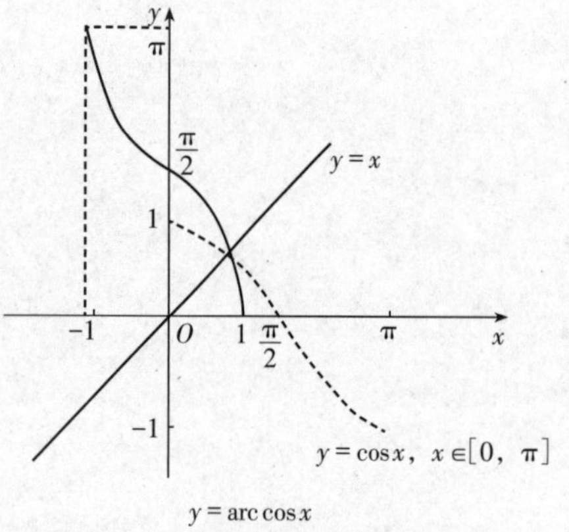

图1.18 反余弦函数的图像

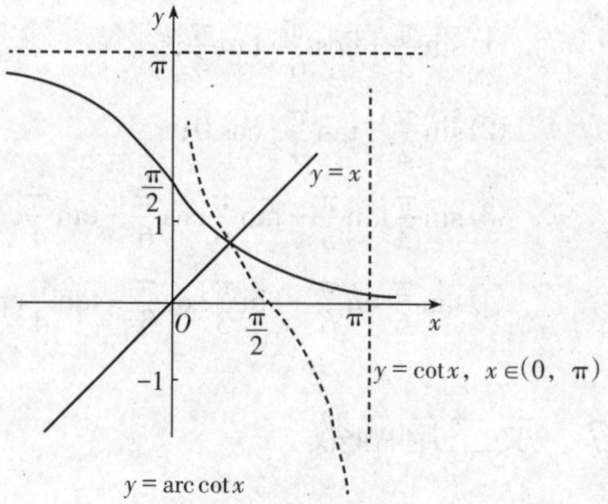

图1.19 反余切函数的图像

反三角函数的性质如下（见表1.7）.

表1.7 反三角函数的性质

函数	$y=\arcsin x$	$y=\arccos x$	$y=\arctan x$	$y=\operatorname{arccot} x$
定义域	$[-1, 1]$	$[-1, 1]$	**R**	**R**
值域	$\left[-\frac{\pi}{2}, \frac{\pi}{2}\right]$	$[0, \pi]$	$\left(-\frac{\pi}{2}, \frac{\pi}{2}\right)$	$(0, \pi)$
单调性	在$[-1, 1]$上单增	在$[-1, 1]$上单减	在**R**上单增	在**R**上单减
对称性	对称中心$(0, 0)$ 奇函数	对称中心$\left(0, \frac{\pi}{2}\right)$ 非奇非偶	对称中心$(0, 0)$ 奇函数	对称中心$\left(0, \frac{\pi}{2}\right)$ 非奇非偶
周期性	无	无	无	无

1.7.3 反三角函数的运算

1.7.3.1 三角的反三角运算

$\arcsin(\sin x)=x\ \left(x\in\left[-\frac{\pi}{2},\ \frac{\pi}{2}\right]\right)$；$\arccos(\cos x)=x\ \left(x\in[0,\ \pi]\right)$；

$\arctan(\tan x)=x\ \left(x\in\left(-\frac{\pi}{2},\ \frac{\pi}{2}\right)\right)$；$\operatorname{arccot}(\cot x)=x\ \left(x\in(0,\ \pi)\right)$.

1.7.3.2 x与$-x$的反三角函数值关系

$\arcsin(-x)=-\arcsin x\ \left(x\in[-1,\ 1]\right)$；$\arccos(-x)=\pi-\arccos x\ \left(x\in[-1,\ 1]\right)$；

$\arctan(-x)=-\arctan x\ (x\in\mathbf{R})$；$\operatorname{arccot}(-x)=\pi-\operatorname{arccot} x\ (x\in\mathbf{R})$.

1.7.3.3 恒等关系

$\arcsin x+\arccos x=\frac{\pi}{2}\ \left(x\in[-1,\ 1]\right)$；$\arctan x+\operatorname{arccot} x=\frac{\pi}{2}\ (x\in\mathbf{R})$.

例1 填空：

（1）$\arcsin\left(-\frac{\sqrt{3}}{2}\right)=$____________；（2）$\arccos\left(-\frac{1}{2}\right)=$____________；

（3）$\arctan 1=$____________；（4）$\operatorname{arccot}\left(-\sqrt{3}\right)=$____________.

解 （1）$-\frac{\pi}{3}$；（2）$\frac{2\pi}{3}$；（3）$\frac{\pi}{4}$；（4）$\frac{5\pi}{6}$.

例2 求下列函数的定义域：

（1）$y=\arcsin(x-1)$；（2）$y=\arccos(2x-3)$.

解 （1）由$-1\leqslant x-1\leqslant 1$得函数的定义域为$\{x|0\leqslant x\leqslant 2\}$；

（2）由$-1\leqslant 2x-3\leqslant 1$得函数的定义域为$\{x|1\leqslant x\leqslant 2\}$.

习题1.7

（1）填空：

① 函数$y=\arcsin x$的定义域是____________，值域是____________；

② 函数$y=\arccos x$的定义域是____________，值域是____________；

③ 函数$y=\arctan x$的定义域是____________，值域是____________；

④ 函数$y=\operatorname{arccot} x$的定义域是____________，值域是____________.

（2）填空：

① $\arctan 1=$____________；② $\arccos\left(\frac{\sqrt{3}}{2}\right)=$____________；

③ $\arcsin\left(\frac{1}{2}\right)=$____________；④ $\arctan\left(\frac{\sqrt{3}}{3}\right)=$____________.

（3）求下列函数的定义域：

① $y=\arctan(x-1)$；② $y=\arcsin(3x-1)$.

1.8 乘法公式、因式分解

1.8.1 主要公式

初中已经学习过的乘法公式.

（1）平方差公式：$(a+b)(a-b)=a^2-b^2$.

（2）完全平方公式：$(a+b)=a^2+2ab+b^2$，$(a-b)^2=a^2-2ab+b^2$.

还可以通过证明得到下列乘法公式.

（3）立方和公式：$a^3+b^3=(a+b)(a^2-ab+b^2)$.

（4）立方差公式：$a^3-b^3=(a-b)(a^2+ab+b^2)$.

（5）三数和平方公式：$(a+b+c)^2=a^2+b^2+c^2+2(ab+bc+ac)$（了解）.

（6）两数和立方公式：$(a+b)^3=a^3+3a^2b+3ab^2+b^3$（了解）.

（7）两数差立方公式：$(a-b)^3=a^3-3a^2b+3ab^2-b^3$（了解）.

例1 填空（答案略）：

（1）$\left(x+\dfrac{1}{x}\right)\left(x-\dfrac{1}{x}\right)=(\qquad\qquad)$；

（2）$\left(x+\dfrac{1}{x}\right)^2=(\qquad\qquad)$；

（3）$\left(x-\dfrac{1}{x}\right)^2=(\qquad\qquad)$；

（4）$\left(\sqrt{a}+\sqrt{b}\right)\left(\sqrt{a}-\sqrt{b}\right)=(\qquad\qquad)$.

例2 填空（答案略）：

（1）$\dfrac{1}{9}a^2-\dfrac{1}{4}b^2=\left(\dfrac{1}{3}a+\dfrac{1}{2}b\right)(\qquad\qquad)$；

（2）$(4m+\qquad)^2=16m^2+4m+(\qquad\qquad)$；

（3）$(a+2b-c)^2=a^2+4b^2+c^2+(\qquad\qquad)$.

例3 化简：

（1）$\dfrac{a^{3x}+1}{a^x+1}$；（2）$\dfrac{e^{2x}-1}{e^x+1}$.

解 （1）$\dfrac{a^{3x}+1}{a^x+1}=\dfrac{(a^x)^3+1}{a^x+1}=\dfrac{(a^x+1)(a^{2x}-a^x+1)}{a^x+1}=a^{2x}-a^x+1$；

（2）$\dfrac{e^{2x}-1}{e^x+1}=\dfrac{(e^x+1)(e^x-1)}{e^x+1}=e^x-1$.

例4　计算$(x+1)(x-1)(x^2+1)$.

解　原式$=(x^2-1)(x^2+1)=x^4-1$.

1.8.2　因式分解的基本方法

因式分解的基本方法有：公式法、提取公因式法、十字相乘法等.

1.8.2.1　公式法

例5　分解因式：（1）x^2-1；　（2）x^3-1.

解　（1）$x^2-1=(x+1)(x-1)$；

（2）$x^3-1=(x-1)(x^2+x+1)$.

1.8.2.2　提取公因式法

例6　分解因式：

（1）$a^2(b-5)+a(5-b)$；（2）x^3+9+3x^2+3x.

解　（1）$a^2(b-5)+a(5-b)=(b-5)(a^2-a)=a(b-5)(a-1)$；

（2）$x^3+9+3x^2+3x=(x^3+3x^2)+(3x+9)=x^2(x+3)+3(x+3)=(x+3)(x^2+3)$.

1.8.2.3　十字相乘法

首尾分解，交叉相乘，求和凑中，试验筛选，即$x^2+(m+n)x+mn=(x+m)(x+n)$.

例7　分解因式：

（1）x^2-3x+2；（2）$2x^2-7x+6$.

解　（1）见图1.20，将二次项x^2分解成图中的两个x的积，再将常数项2分解成-1与-2的乘积，而图中的对角线上的两个数乘积的和为$-3x$，就是x^2-3x+2中的一次项，所以有$x^2-3x+2=(x-1)(x-2)$.

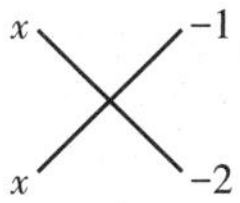

图1.20　例7（1）的分解方法

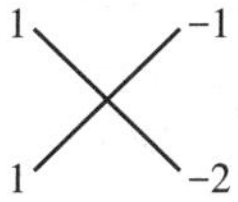

图1.21　二次三项式的分解方法

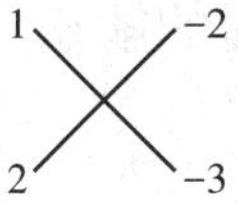

图1.22　例7（2）的分解方法

注：今后在分解与本例类似的二次三项式时，可以直接将图1.20中的两个x用1来表示（见图1.21）.

（2）见图1.22，得$2x^2-7x+6=(x-2)(2x-3)$.

例8　分解因式：

（1）x^2+3x-4；（2）x^4-1；（3）$2x^2+x-10$.

解　（1）$x^2+3x-4=(x+4)(x-1)$；

（2）$x^4-1=(x^2-1)(x^2+1)=(x-1)(x+1)(x^2+1)$；

（3）$2x^2+x-10=(x-2)(2x+5)$.

习题1.8

分解下列因式：

（1）$x^2+5x-6=$ ________；（2）$x^2-5x+6=$ ________；

（3）$x^2+5x+6=$ ________；（4）$2x^2+5x-3=$ ________；

（5）$x^2+6x+8=$ ________；（6）$x^2+7x+10=$ ________；

（7）$x^2+4x-12=$ ________；（8）$5x^2-7x-6=$ ________；

（9）$x^3-4x=$ ________；（10）$x^3-25x=$ ________.

1.9　一元一次、二元一次、一元二次方程的解法

1.9.1　方程的概念及种类

1.9.1.1　方程的概念

含有未知数的等式叫作方程，其中未知数的个数叫作元，未知数的最高阶数叫作方程的次数.

1.9.1.2　方程的种类

$$\text{方程的种类}\begin{cases}\text{一元一次方程}\\\text{二元一次方程}\\\text{一元二次方程}\end{cases}$$

1.9.2　方程的解法

1.9.2.1　一元一次方程的解法

（1）去分母：等式两边同乘以分母的最小公倍数；

（2）去括号：首先去小括号，然后去中括号，最后去大括号；

（3）移项：把含有未知数的项都移到方程的一边，其他项都移到方程的另一边（移项要变号）；

（4）合并同类项：把方程化成$ax=b$（$a\neq 0$）的形式；

（5）系数化为1：在方程两边都除以未知数的系数a，得到方程的解 $x=\dfrac{b}{a}$.

注：解方程时，上述有些变形步骤可能用不到，而且不一定要按照自上而下的顺序，有些步骤可以合并简化.

例1　解方程：

（1）$2(2x+1)=10x+7$；（2）$3-2(x+1)=2(x-3)$.

解　（1）去括号得：$4x+2=10x+7$，移项合并得：$-6x=5$，解得：$x=-\dfrac{5}{6}$；

（2）去括号得：$3-2x-2=2x-6$，移项合并得：$-4x=-7$，解得：$x=\frac{7}{4}$.

1.9.2.2　二元一次方程组的解法

形如$\begin{cases}a_{11}x+a_{12}y=b_1\\a_{21}x+a_{22}y=b_2\end{cases}$.

（1）代入法；（2）加减消元法.

例2　解方程组$\begin{cases}3x-y=1\\2x+y=4\end{cases}$.

解　原方程组可看作$\begin{cases}3x-y=1 ①\\2x+y=4 ②\end{cases}$. ①+②得$5x=5$，即$x=1$，代入任一方程得$y=2$，故方程组的解为$\begin{cases}x=1\\y=2\end{cases}$.

1.9.2.3　一元二次方程的解法

形如：$ax^2+bx+c=0$

（1）十字相乘法：首尾分解，交叉相乘，求和凑中，试验筛选.

（2）公式法：$x_{1,2}=\frac{-b\pm\sqrt{b^2-4ac}}{2a}$.

例3　解方程：

（1）$x^2-5x+6=0$；（2）$2x^2+5x-3=0$.

解　（1）该方程的根的判别式$\Delta=(-5)^2-4\times1\times6=1>0$，所以方程一定有两个不等的实数根，即

$$x_1=\frac{5+\sqrt{(-5)^2-24}}{2}=3,\quad x_2=\frac{5-\sqrt{(-5)^2-24}}{2}=2.$$

（2）用十字相乘法. 因式分解得$(x+3)(2x-1)=0$，即得方程的解为$x_1=-3$，$x_2=\frac{1}{2}$.

1.9.2.4　含绝对值的方程

例4　解方程$|x|-2=0$.

解　原方程可化为：$|x|=2$，当$x\geqslant0$时，得$x=2$；当$x\leqslant0$时，得$-x=2$，即$x=-2$. 所以原方程的解是$x=2$或$x=-2$.

习题1.9

解下列方程：

（1）$-5x+6+7x=1+2x-3+8x$；

（2）$5(x-5)+2x=-4$；

（3）$x^2+5x+6=0$；

（4）$2x^2+7x+6=0$；

（5）$x(x-1)=x$；

（6）$x^2-7x+10=0$；

（7）$2x^2-3x+3=4x-3$；

（8）$|2x|=6$.

1.10 不等式的性质及其解法

1.10.1 不等式的性质

不等式的性质如下.

(1) $a>b \Leftrightarrow b<a$.

(2) $a>b$，c为任意实数，则$a+c>b+c$.

(3) $a>b$，$b>c$，则$a>c$.

(4) $a>b$，$c>0$，则$ac>bc$.

(5) $a>b$，$c<0$，则$ac<bc$.

(6) $a>b$，$c>d$，则$a+c>b+d$.

(7) $a<b$，$c<d$，则$a+c<b+d$.

1.10.2 基本类型不等式的解法

1.10.2.1 整式不等式的解法（学习的重点）

(1) 一元一次不等式的解法.

解法要点：将不等式化为$ax>b$的形式，即

① $ax>b(a>0)$，则 $x>\dfrac{b}{a}$；② $ax>b(a<0)$，则 $x<\dfrac{b}{a}$；

③ $ax<b(a>0)$，则 $x<\dfrac{b}{a}$；④ $ax<b(a<0)$，则 $x>\dfrac{b}{a}$.

例1 解不等式：

(1) $3x-5>0$；(2) $-2x+10<0$；(3) $\begin{cases} x-3>0 \\ x-2<5 \end{cases}$.

解 (1) $\left\{x \middle| x>\dfrac{5}{3}\right\}$； (2) $\{x|x>5\}$； (3) $\{x|3<x<7\}$.

(2) 一元二次不等式的解法.

形式1：$ax^2+bx+c>0$（若$a<0$，两边同乘以-1，转化为$a>0$）.

形式2：$ax^2+bx+c<0$.

解法要点：

①先求出$ax^2+bx+c=0$的两根x_1，x_2（设$x_1<x_2$）；

②作图（见图1.23）；

③确定解：

$ax^2+bx+c>0$的解为$x<x_1$或$x>x_1$；

$ax^2+bx+c<0$的解为$x_1<x<x_2$.

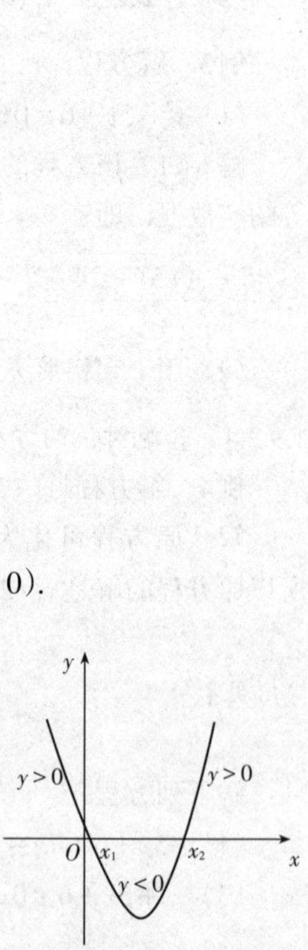

图1.23 ax^2+bx+c的图像

例2 解不等式：

（1）$x^2-x-6<0$；（2）$x^2-3x\geqslant 0$.

解 （1）解方程 $x^2-x-6=0$ 的两个根为 $x_1=3$，$x_2=-2$，故原不等式的解为 $\{x|-2<x<3\}$；

（2）解方程 $x^2-3x=0$ 的两个根为 $x_1=3$，$x_2=0$，故原不等式的解为 $\{x|x\leqslant 0或x\geqslant 3\}$.

1.10.2.2 分式不等式的解法

标准形式：$\dfrac{f(x)}{g(x)}>0$ 或 $\dfrac{f(x)}{g(x)}<0$.

解法要点：解分式不等式的关键是去分母，将分式不等式转化为整式不等式求解. 若分母的正负可定，可直接去分母；若分母的正负不定，则按照以下原则去分母：

$$\frac{f(x)}{g(x)}>0\Leftrightarrow f(x)g(x)>0;$$

$$\frac{f(x)}{g(x)}<0\Leftrightarrow f(x)g(x)<0.$$

1.10.2.3 根式不等式的解法

标准形式：$\sqrt{f(x)}>\sqrt{g(x)}$，$\sqrt{f(x)}>g(x)$，以及 $\sqrt{f(x)}<g(x)$.

解法要点：解根式不等式的关键是去根号，应抓住被开方数的取值范围，以及不等式乘方的条件这两大要点进行等价变换：

$$\sqrt{f(x)}>\sqrt{g(x)}\Leftrightarrow\begin{cases}f(x)\geqslant 0\\ g(x)\geqslant 0\\ f(x)>g(x)\end{cases};$$

$$\sqrt{f(x)}>g(x)\Leftrightarrow\begin{cases}g(x)\geqslant 0\\ f(x)\geqslant 0\\ f(x)>g^2(x)\end{cases}\quad 或\begin{cases}g(x)<0\\ f(x)\geqslant 0\end{cases};$$

$$\sqrt{f(x)}<g(x)\Leftrightarrow\begin{cases}g(x)>0\\ f(x)\geqslant 0\\ f(x)<g^2(x)\end{cases}.$$

1.10.2.4 含绝对值不等式的解法（关键是去掉绝对值）

（1）利用绝对值的定义：（零点分段法）$|x|=\begin{cases}x, & x\geqslant 0\\ -x, & x<0\end{cases}$.

（2）利用绝对值的几何意义：$|x|$ 表示 x 到原点的距离.

$|x|=a\ (a>0)$ 的解集为 $\{x|x=\pm a\}$.

$|x|<a\ (a>0)$ 的解集为 $\{x|-a<x<a\}$.

$|x|>a\ (a>0)$ 的解集为 $\{x|x>a 或 x<-a\}$.

注：$|ax+b|<c$，与 $|ax+b|>c\ (c>0)$ 型的不等式与上类似，不再赘述.

例3 解不等式：（1）$|2x-1|<3$；（2）$|3x+2|>1$.

解：（1）原不等式等价于$-3<2x-1<3$，故解集为$\{x|-1<x<2\}$；

（2）原不等式等价于$3x+2>1$或$3x+2<-1$，故解集为$\left\{x\middle|x<-1\text{或}x>-\frac{1}{3}\right\}$.

习题1.10

（1）解下列不等式：

① $\frac{1}{x}>\frac{1}{2}$；　② $\ln(2x-1)>\ln(x+5)$.

（2）求下列函数的定义域：

① $y=\sqrt{x^2-1}$；　② $y=\frac{1}{x^2-4}$；

③ $y=\text{lb}(x-1)+\text{lb}(x+4)$；　④ $y=\ln(x^2-12x+11)$；

⑤ $y=\frac{1}{x(x-3)}$；　⑥ $y=\ln\left(3-\sqrt{2x-1}\right)$.

1.11 直线方程的各种形式

1.11.1 斜率定义

已知两点$P(x_1, y_1)$，$P_0(x_2, y_2)$，如果$x_1\neq x_2$，那么直线PP_0的斜率为

$$k=\frac{y_2-y_1}{x_2-x_1}\ (x_1\neq x_2),$$

$$k=\frac{y_2-y_1}{x_2-x_1}=\frac{\text{纵坐标的增量}}{\text{横坐标的增量}}=\frac{\Delta y}{\Delta x}.$$

根据图1.24，有

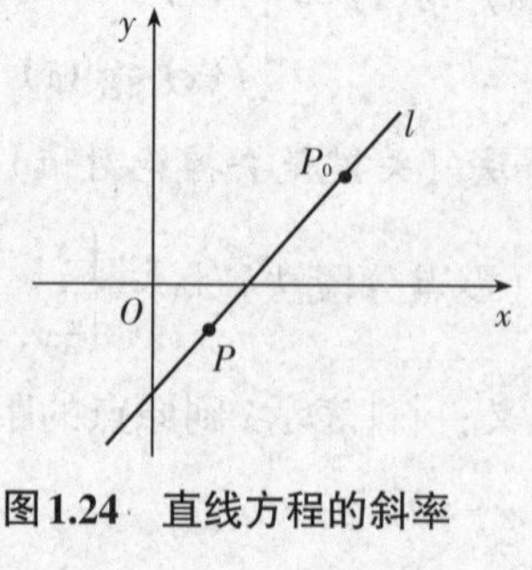

图1.24 直线方程的斜率

（1）如果$x_1=x_2$，那么直线PP_0的斜率不存在（与x轴垂直的直线不存在斜率）.

（2）由直线上任意两点确定的斜率总是相等的.

（3）直线的倾斜角：在平面直角坐标系中，对于一条与x轴相交的直线，如果把x

轴绕着交点按照逆时针方向旋转到和直线重合时所转的最小正角（记为α），那么α叫作直线的倾斜角.

① 当直线和x轴平行或重合时，直线的倾斜角为0°.

② 倾斜角的取值范围是$0°\leqslant\alpha\leqslant180°$.

（4）直线倾斜角与斜率的关系为：$k=\tan\alpha$.

（5）当直线l的斜率为0，直线与X轴平行；当直线l的斜率不存在时，直线与x轴垂直.

1.11.2　常见的直线方程

1.11.2.1　点斜式方程

经过点$M(x_0, y_0)$，且斜率为k的直线l的方程为

$$y-y_0=k(x-x_0).$$

1.11.2.2　截距式方程

设直线在y轴上的截距为b，即直线经过点$B(0, b)$，且斜率为k，则直线方程为

$$y=kx+b.$$

1.11.2.3　一般式方程

直线的点斜式方程与截距式方程都可化为二元一次方程的标准形式，即

$$Ax+By+C=0\quad（其中A，B不全为零）$$

把它称为直线的一般式方程.

（1）当$A\neq0$，$B\neq0$，方程化为$y=-\frac{A}{B}x-\frac{C}{B}$，它表示斜率为$k=-\frac{A}{B}$，截距为$b=-\frac{C}{B}$的直线.

（2）当$A=0$，$B\neq0$，方程化为$y=-\frac{C}{B}$，它表示经过点$P\left(0, -\frac{C}{B}\right)$且平行于$x$轴的直线.

（3）当$A\neq0$，$B=0$，方程化为$x=-\frac{C}{A}$，它表示经过点$P\left(-\frac{C}{A}, 0\right)$且平行于$y$轴的直线.

例1　根据条件写出下列直线方程：

（1）过点（5，2），斜率为3的直线；

（2）斜率为$-\frac{1}{2}$，且在y轴上的截距为5的直线；

（3）过点$M(-2, 1)$和$N(4, 3)$的直线.

解　（1）$3x-y-13=0$；（2）$y=-\frac{1}{2}x+5$；（3）$x-3y+5=0$.

例2　描述下列直线的位置特点：

（1）$y=0$；（2）$y=3$；（3）$x=0$；（4）$x=-4$.

解　（1）x轴；（2）平行于x轴；（3）y轴；（4）平行于y轴（垂直于x轴）.

1.11.3 两直线的位置关系

当l_1，l_2的斜率都存在时，设l_1：$y=k_1x+b_1$，l_2：$y=k_2x+b_2$，则

（1）当$k_1\neq k_2$，两直线相交.

（2）当$k_1=k_2$，$b_1\neq b_2$，两直线平行；当$k_1=k_2$，$b_1=b_2$，两直线重合.

（3）当$k_1k_2=-1$，两直线垂直.

例3 判断下列直线的位置关系：

（1）$l_1: x+2y+1=0$，$l_2: 2x-4y=0$；

（2）l_1：$y=\frac{4}{3}x-5$，　l_2：$4x-3y+1=0$；

（3）l_1：$y=\frac{2}{3}x$，　l_2：$6x+4y+1=0$；

（4）l_1：$y=-5$，　l_2：$y+1=0$.

解 （1）相交；（2）平行；（3）垂直；（4）平行.

1.11.4 点到直线的距离

点$P_0(x_0, y_0)$到直线$l: Ax+By+C=0$的距离公式为

$$d=\frac{|Ax_0+By_0+C|}{\sqrt{A^2+B^2}}.$$

例4 求点$M(5, 7)$到直线$4x-3y-1=0$的距离.

解 代入点到直线的距离公式得$\frac{2}{5}$.

习题1.11

（1）在同一坐标系下，作出直线$y=1$，$x=1$，$y=x$，$y=2x+1$的图像.

（2）根据下列条件，写出直线的方程：

① 经过点$A(8, -2)$，斜率为-1；

② 截距为2，斜率为1；

③ 经过点$A(4, 2)$，平行于x轴；

④ 经过点$A(4, 2)$，平行于y轴.

（3）判断下列直线的位置关系：

① $l_1: 2x-3y+10=0$，　$l_2: 3x+4y-2=0$；

② $l_1: 3x+y+1=0$，　$l_2: 6x+2y+1=0$；

③ $l_1: 2x-3=0$，　$l_2: 3x+4=0$；

④ $l_1: 2x+y-5=0$，　$l_2: 2x+y-7=0$.

1.12　等差、等比数列

1.12.1　数列的相关概念

数列的定义：按照一定的次序排成的一列数叫作数列.

数列中的每一个数叫作数列的项.

只有有限项的数列叫作有穷数列，有无限多项的数列叫作无穷数列.

由于从数列的第1项开始，各项的项数依次与正整数相对应，所以无穷数列的一般形式可以写作

$$a_1,\ a_2,\ a_3,\ \cdots,\ a_n,\ \cdots\ (n\in\mathbf{N}^+)$$

简记作$\{a_n\}$. a_1表示第1项，a_2表示第2项，……. 当n由小至大依次取正整数值时，a_n依次可以表示数列中的各项，因此，通常把第n项a_n叫作数列$\{a_n\}$的通项或者一般项.

例1　设数列$\{a_n\}$的通项公式为$a_n=\dfrac{1}{2^n}$，写出数列的前5项.

分析　当知道数列的通项公式，求数列中的某一项时，只需将通项公式中的n换成该项的项数，并计算出结果.

解　$a_1=\dfrac{1}{2^1}=\dfrac{1}{2}$，$a_2=\dfrac{1}{2^2}=\dfrac{1}{4}$，$a_3=\dfrac{1}{2^3}=\dfrac{1}{8}$，$a_4=\dfrac{1}{2^4}=\dfrac{1}{16}$，$a_5=\dfrac{1}{2^5}=\dfrac{1}{32}$.

例2　根据下列各无穷数列的前4项，分别写出数列的一个通项公式：

（1）5，10，15，20，…；（2）$\dfrac{1}{2}$，$\dfrac{1}{4}$，$\dfrac{1}{6}$，$\dfrac{1}{8}$，…；（3）−1，1，−1，1，….

解　（1）$a_n=5n$；（2）$a_n=\dfrac{1}{2n}$；（3）$a_n=(-1)^n$.

1.12.2　等差数列

1.12.2.1　等差数列的定义

一般地，如果一个数列从第2项起，每一项与它的前一项的差等于同一个常数，那么这个数列叫作等差数列. 这个常数叫作等差数列的公差，公差通常用字母d表示.

判断：（1）1，3，5，7，9，2，4，6，8，10

（2）5.5，5，5，5，5，…

（3）a，$3a$，$5a$，$7a$，$9a$，…

以上是否是等差数列？

1.12.2.2　等差数列的注意事项

（1）公差d一定是由后项减前项所得，而不能用前项减后项来求.

（2）若$d=0$，则该数列为常数列.

1.12.2.3　等差数列求和公式

（1）通项公式：$a_n=a_1+(n-1)d$.

（2）求和公式：$S_n=\dfrac{(a_1+a_n)n}{2}=a_1n+\dfrac{n(n-1)d}{2}$.

例3 求等差数列1，4，7，10，…的前100项的和.

解 $a_1=1$，$d=3$，$S_{100}=100\times1+\dfrac{100\times99}{2}\times3=14950$.

例4 已知$\{a_n\}$为等差数列，$a_{15}=8$，$a_{60}=20$，则$a_{75}=$________，$S_{15}=$________.

解 由$\begin{cases}a_{15}=a_1+14d=8\\a_{60}=a_1+59d=20\end{cases}\Rightarrow a_1=\dfrac{64}{15}$，$d=\dfrac{4}{15}$，

故$a_{75}=a_1+74d=\dfrac{64}{15}+74\times\dfrac{4}{15}=24$，$S_{15}=\dfrac{15(a_1+a_{15})}{2}=\dfrac{15\left(\dfrac{64}{15}+8\right)}{2}=92$.

1.12.3 等比数列

1.12.3.1 等比数列的定义

一般地，如果一个数列从第2项起，每一项与它的前一项的比等于同一个常数，这个数列叫作等比数列. 这个常数叫作等比数列的公比，公比通常用字母q表示（$q\neq0$）.

1.12.3.2 等比数列的注意事项

（1）等比数列的首项不为0.

（2）等比数列的每一项都不为0.

（3）当$q=1$时，a_n为常数列.

1.12.3.3 等比数列求和公式

（1）通项公式：$a_n=a_1q^{n-1}$.

（2）求和公式：$S_n=\dfrac{a_1-a_nq}{1-q}=\dfrac{a_1(1-q^n)}{1-q}$（$q\neq1$）.

例5 求等比数列$\dfrac{1}{9}$，$\dfrac{2}{9}$，$\dfrac{4}{9}$，$\dfrac{8}{9}$，…的前10项的和.

解 $a_1=\dfrac{1}{9}$，$q=2$，$S_{10}=\dfrac{\dfrac{1}{9}\times(1-2^{10})}{1-2}=\dfrac{341}{3}$.

例6 已知$\{a_n\}$为正的等比数列，$a_2=2$，$a_6=162$，则$a_{10}=$________，$S_6=$________.

解 由$\begin{cases}a_2=a_1q=2\\a_6=a_1q^5=162\end{cases}\Rightarrow a_1=\dfrac{2}{3}$，$q=3$，

故$a_{10}=a_1q^9=13122$，$S_6=\dfrac{\dfrac{2}{3}(1-3^6)}{1-3}=\dfrac{728}{3}$.

习题1.12

（1）已知下列各数列的通项公式，分别写出各数列的前4项：

① $a_n=2(n+3)$；　　② $a_n=(n+2)^2$；

③ $a_n=(-1)^{n+1}(n+1)$；　　　　④ $a_n=\dfrac{2n-1}{2^n}$.

（2）根据下列各无穷数列的前5项，写出数列的一个通项公式：

① 2，2，2，2，2，…；　　　　② 4，9，16，25，36，…；

③ $\dfrac{1}{1\times2}$，$\dfrac{1}{2\times3}$，$\dfrac{1}{3\times4}$，$\dfrac{1}{4\times5}$，$\dfrac{1}{5\times6}$，….

（3）在等差数列$\{a_n\}$中，$a_{20}=18$，$d=-3$，求a_{10}.

（4）在等差数列$\{a_n\}$中，$a_3=15$，$a_9=-9$，求S_{30}.

（5）已知等比数列$\{a_n\}$的公比为2，$S_4=1$，求S_8.

（6）在等比数列$\{a_n\}$中，$a_3=1$，$a_4=\dfrac{5}{2}$，求a_7.

（7）等比数列$\{a_n\}$的首项是1，公比为−2，求其前8项的和.

1.13　简单的排列与组合

引例1　由太原去北京既可以乘火车，也可以乘汽车，还可以乘飞机. 如果一天之内火车有4个班次，汽车有17个班次，飞机有6个班次，那么，每天由太原去北京有多少种不同的方法？

解决这个问题需要分类进行研究. 由太原去北京共有3种方案. 第1种方案是乘火车，有4种方法；第2种方案是乘汽车，有17种方法；第3种方案是乘飞机，有6种方法. 并且，每一种方法都能够完成这件事（从太原去北京）. 所以共有$4+17+6=27$（种）.

引例2　从张三、李四、王五3个候选人中，选出2个人分别担任班长和团支部书记，会有多少种选举结果呢？

解决这个问题需要分步骤进行研究. 首先选出班长，其次选出团支部书记. 只有各步骤都完成，才能完成选举这件事. 即班长可以从3个人中选出1个人担当，共有3种结果. 对前面的每种结果，后面都有2种结果，因此共有$3\times2=6$（种）.

1.13.1　加法原理与乘法原理（分类计数原理与分步计数原理）

1.13.1.1　加法原理

完成一件事，有n类办法. 在第1类办法中，有m_1种不同的方法；在第2类办法中，有m_2种不同的方法；……；在第n类办法中，有m_n种不同的方法，则完成这件事有$N=m_1+m_2+\cdots+m_n$种不同的方法（如引例1）.

1.13.1.2　乘法原理

完成一件事，需要分成n个步骤. 在第1步中，有m_1种不同的方法；在第2步中，有m_2种不同的方法；……；在第n步中，有m_n种不同的方法，则完成这件事有$N=m_1\times m_2\times\cdots\times m_n$种不同的方法（如引例2）.

1.13.2　排列与排列数

1.13.2.1　排列

从n个不同元素中取出m（$m \leqslant n$）个元素，按照一定的顺序排成一列，叫作从n个不同元素中取出m个元素的一个排列. $m<n$时叫作选排列，$m=n$时叫作全排列.

1.13.2.2　排列数

从n个不同元素中取出m（$m \leqslant n$）个元素的所有排列的个数，叫作从n个不同元素中取出m个元素的排列数，用符号P_n^m表示.

假定有顺序排列的m个空位（见图1.25），根据分步计数原理，全部填满空位的方法总数为$n(n-1)(n-2)\cdots(n-m+1)$，由此得到，从n个不同元素中取出m（$m \leqslant n$）个元素的排列数P_n^m为

$$\mathrm{P}_n^m=n(n-1)(n-2)\cdots(n-m+1)=\frac{n!}{(n-m)!}$$

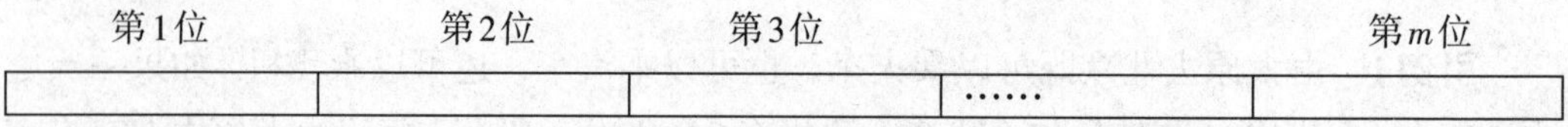

图1.25　排列数

例1　计算：

（1）$\mathrm{P}_5^2=$________；（2）$\mathrm{P}_4^4=$________；

（3）$\mathrm{P}_5^3=$________；（4）$\mathrm{P}_4^3=$________.

解　（1）$\mathrm{P}_5^2=5\times4=20$；（2）$\mathrm{P}_4^4=4\times3\times2\times1=24$；

（3）$\mathrm{P}_5^3=5\times4\times3=60$；（4）$\mathrm{P}_4^3=4\times3\times2=24$.

例2　用0，1，2，3，4，5可以组成多少个没有重复数字的3位数？

分析　因为百位上的数字不能为0，所以第1步先排百位上的数字，第2步从剩余的数字中任取2个数排列.

解　由分步计数原理可知，所求三位数的个数为

$$\mathrm{P}_5^1\cdot\mathrm{P}_5^2=5\times(5\times4)=100.$$

1.13.3　组合与组合数

1.13.3.1　组合

从n个不同元素中，任取m（$m \leqslant n$）个不同元素，组成一组，叫作从n个不同元素中取出m个不同元素的一个组合.

1.13.3.2　组合数

从n个不同元素中取出m（$m \leqslant n$）个不同元素的所有组合的个数，叫作从n个不同元素中取出m个不同元素的组合数，用符号C_n^m表示.

据$\mathrm{P}_n^m=\mathrm{C}_n^m\cdot\mathrm{P}_m^m$,则有$\mathrm{C}_n^m=\dfrac{\mathrm{P}_n^m}{\mathrm{P}_m^m}=\dfrac{n(n-1)(n-2)\cdots(n-m+1)}{m!}=\dfrac{n!}{m!(n-m)!}$

性质1：$C_n^m=C_n^{n-m}\ (m\leqslant n)$.

性质2：$C_{n+1}^m=C_n^m+C_n^{m-1}\ (m\leqslant n)$.

例3　计算：

（1）$C_7^4=$____________；（2）$C_4^4=$____________；

（3）$C_5^0=$____________；（4）$C_5^2=$____________.

解　（1）$C_7^4=C_7^3=\dfrac{7\times6\times5}{3!}=35$；（2）$C_4^4=\dfrac{4\times3\times2\times1}{4!}=1$；

（3）$C_5^0=\dfrac{5!}{0!(5-0)!}=\dfrac{5!}{5!}=1$；（4）$C_5^2=\dfrac{5\times4}{2!}=10$.

例4　圆周上有10个点，以任意3点为顶点画圆内接三角形，一共可以画多少个？

分析　因为只要选出3个点，三角形就唯一确定，与3个点的排列顺序无关，所以本题求的是从10个不同元素中任取3个不同元素的组合数.

解　可以画出的圆内接三角形的个数为

$$C_{10}^3=\frac{10\times9\times8}{3!}=120\text{（个）}.$$

习题1.13

（1）判断下列问题是排列问题，还是组合问题：

① 从A，B，C，D这4个景点选出2个进行游览；

② 从甲、乙、丙、丁4个学生中选出2个人担任班长和团支部书记.

（2）① 7位同学站成1排，共有多少种不同的排法？

② 7位同学站成2排（前3后4），共有多少种不同的排法？

③ 7位同学站成1排，其中甲站在中间的位置，共有多少种不同的排法？

④ 7位同学站成1排，甲、乙只能站在两端的排法共有多少种？

（3）将6本不同的书分给甲、乙、丙3名同学，每人各得2本，共多少种不同的分法？

（4）4名男生和6名女生组成至少有1个男生参加的3人实践活动小组，共有多少种组成方法？

（5）口袋内装有大小相同的7个白球和1个黑球.

① 从口袋内取出3个球，共有多少种取法？

② 从口袋内取出3个球，必含有1个黑球，共有多少种取法？

③ 从口袋内取出3个球，一定不含黑球，共有多少种取法？

1.14　复　数

对于实系数一元二次方程$ax^2+bx+c=0$，当$b^2-4ac<0$时，没有实数根. 能否将实

数集进行扩充，使得其在新的数集中呢？

1.14.1 引入数i

引入一个新数i，i叫作虚数单位，并规定：

（1）$i^2=-1$；

（2）实数可以与其进行四则运算. 运算时，原有的加、乘运算律仍然成立.

根据前面规定，-1可以开平方，而且-1的平方根是$\pm i$.

1.14.2 复数的定义

1.14.2.1 定义

形如$a+bi(a,\ b\in\mathbf{R})$的数叫作复数，其中a叫作复数的实部，b叫作复数的虚部.

（1）当虚部$b=0$时，复数$a+bi=a$就是实数.

（2）当虚部$b\neq0$时，$a+bi$叫作虚数. 特别地，当$a=0$时，虚数bi叫作纯虚数.

全体复数组成的集合叫作复数集，常用大写字母C来表示，即$C=\{z|z=a+bi,\ a,\ b\in\mathbf{R}\}$.

引入复数后，数的范围得到扩充（见图1.26）.

$$\text{复数}z=a+bi\ (a,b\in\mathbf{R})\begin{cases}\text{实数}\ (b=0)\\ \text{虚数}\ (b\neq0)\begin{cases}\text{一般虚数}\ (b\neq0,\ a\neq0)\\ \text{纯虚数}\ (b\neq0,\ a=0)\end{cases}\end{cases}$$

图1.26 复数的构成

1.14.2.2 复数相等与共轭复数

如果两个复数的实部和虚部分别相等，就说这两个复数相等. 即a，b，c，$d\in\mathbf{R}$，则$a+bi=c+di\Rightarrow a=c$，且$b=d$.

注：两个复数只能说相等或不相等，而不能比较大小. 如果两个复数都是实数，就可以比较大小. 当两个复数不全是实数时，不能比较大小. 如果两个复数的实部相等，虚部互为相反数，那么这两个复数互为共轭复数. 复数$z=a+bi$（$a,b\in\mathbf{R}$）的共轭复数用$\bar{z}$来表示，即$\bar{z}=a-bi$.

例1 说出下列复数的实部与虚部，它们之间能比较大小吗？（答案略）

$-2+\frac{1}{3}i$，$\sqrt{2}+i$，$\frac{\sqrt{2}}{2}$，$-\sqrt{3}i$，0.

例2 指出下列各数中，哪些是实数，哪些是虚数，哪些是纯虚数.（答案略）

$2+\sqrt{7}$，0.618，$\frac{2}{7}i$，0，i，i^2，$5i+8$，$3-9\sqrt{2}i$，$i(1-\sqrt{3})$，$\sqrt{2}-\sqrt{2}i$.

例3 填空：

（1）若复数$z=(x^2-1)+(x-1)i$为纯虚数，则实数$x=$________.

（2）① 实数$m=$________时，复数$z=m+1+(m-1)i$是实数；

② 实数$m\neq$________时，复数$z=m+1+(m-1)i$是虚数；

③ 实数$m=$__________时，复数$z=m+1+(m-1)\mathrm{i}$是纯虚数.

解　(1) -1.

(2) ① 1；② 1；③ -1.

例4　求下列复数的共轭复数：

(1) $11+6\mathrm{i}$；(2) $-3-8\mathrm{i}$；(3) $-5\mathrm{i}$；(4) 100.

解　(1) $11-6\mathrm{i}$；(2) $-3+8\mathrm{i}$；(3) $5\mathrm{i}$；(4) 100.

1.14.3　复数的表示方法

1.14.3.1　复平面

任何一个实数a都可以用数轴上的一个点表示. 任何一个复数$a+b\mathrm{i}$（$a,b\in\mathbf{R}$）与直角坐标平面内的点$Z(a,\ b)$之间也是一一对应关系. $z=a+b\mathrm{i}$（$a,b\in\mathbf{R}$）叫作复数的代数形式.

复平面的定义：建立直角坐标系来表述复数的平面叫作复平面. 在复平面内，x轴上的点都表示实数，y轴上除去原点以外的点都表示纯虚数，因此，一般将x轴称为实轴，将y轴称为虚轴.

1.14.3.2　向量表示

如果将（a，b）作为向量的坐标，复数z又对应唯一一个向量. 那么坐标平面内的向量也是复数的一种表示形式，叫作向量表示.

1.14.3.3　三角形式

复数z对应复平面内的点Z（见图1.27）. 设$\angle XOZ=\theta$，$|OZ|=r$，则$a=r\cos\theta$，$b=r\sin\theta$，所以$z=r(\cos\theta+\mathrm{i}\sin\theta)$，这种形式叫作三角形式，其中$\theta$叫作$z$的辐角.

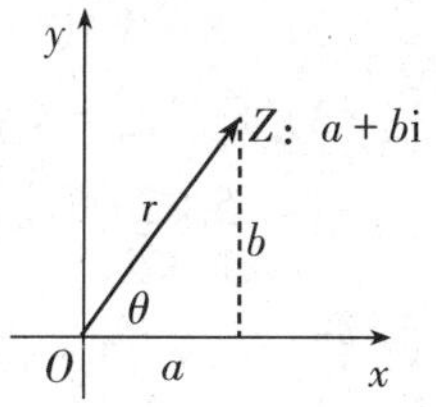

图1.27　复数的三角形式

若$-\pi<\theta\leqslant\pi$，则θ称为z的辐角主值，记作$\theta=\arg z$. r记作z的模，也记作$|z|$，即$|z|=\sqrt{a^2+b^2}$.

1.14.4　复数的运算

1.14.4.1　复数代数形式的运算

复数的加（减）法与多项式加（减）法是类似的，就是把复数的实部与实部、虚部与虚部分别相加（减）.

(1) $(a+b\mathrm{i})+(c+d\mathrm{i})=(a+c)+(b+d)\mathrm{i}$.

(2) $(a+b\mathrm{i})-(c+d\mathrm{i})=(a-c)+(b-d)\mathrm{i}$.

两个复数相乘可以按照多项式相乘的法则来计算. 在所得结果中，把i^2换成-1，并把实部与虚部分别合并.

(3) $(a+b\mathrm{i})(c+d\mathrm{i})=(ac-bd)+(ab+bc)\mathrm{i}$.

复数的除法是将分式的分子与分母同乘以分母的共轭复数，使分母变为实数.

（4） $\dfrac{a+bi}{c+di}=\dfrac{(a+bi)(c-di)}{(c+di)(c-di)}$.

1.14.4.2　复数三角形式的运算（了解）

设 $z_1=r_1(\cos\theta_1+\mathrm{i}\sin\theta_1)$，$z_2=r_2(\cos\theta_2+\mathrm{i}\sin\theta_2)$，则

（1） $z_1\cdot z_2=r_1\cdot r_2[\cos(\theta_1+\theta_2)+\mathrm{i}\sin(\theta_1+\theta_2)]$.

乘积的模等于两个复数的模的乘积，乘积的辐角等于两个复数的辐角的和. 特别地，当 $z_1=z_2=r(\cos\theta+\mathrm{i}\sin\theta)$ 时，有

$$z_1\cdot z_2=[r(\cos\theta+\mathrm{i}\sin\theta)]^2=r^2(\cos2\theta+\mathrm{i}\sin2\theta).$$

（2） $\dfrac{z_1}{z_2}=\dfrac{r_1}{r_2}[\cos(\theta_1-\theta_2)+\mathrm{i}\sin(\theta_1-\theta_2)]$.

两个复数的商仍然是复数. 它的模等于被除数的模除以除数的模所得的商，辐角等于被除数的辐角减去除数的辐角所得的差.

例5　把下列复数化为三角形式：

（1） $z_1=-1+\sqrt{3}\mathrm{i}$；　　（2） $z_2=-4\mathrm{i}$.

解　（1） $z_1=2\left(\cos\dfrac{2\pi}{2}+\mathrm{i}\sin\dfrac{2\pi}{3}\right)$；　　（2） $z_2=4\left[\cos\left(-\dfrac{\pi}{2}\right)+\mathrm{i}\sin\left(-\dfrac{\pi}{2}\right)\right]$.

例6　计算：

（1） $(4+3\mathrm{i})+(7+9\mathrm{i})$；

（2） $(8+3\mathrm{i})(1-2\mathrm{i})$；

（3） 已知 $z_1=4+2\mathrm{i}$，$z_2=5-6\mathrm{i}$，求 $z_1\cdot z_2$；

（4） $\dfrac{5+2\mathrm{i}}{1-2\mathrm{i}}$；（5） $2\left(\cos\dfrac{2\pi}{3}+\mathrm{i}\sin\dfrac{2\pi}{3}\right)\cdot3\left(\cos\dfrac{\pi}{6}+\mathrm{i}\sin\dfrac{\pi}{6}\right)$.

解　（1） $11+12\mathrm{i}$；（2） $7+5\mathrm{i}$；（3） $32-14\mathrm{i}$；

（4） $\dfrac{1}{5}+\dfrac{12}{5}\mathrm{i}$；（5） $6\left(\cos\dfrac{5\pi}{6}+\mathrm{i}\sin\dfrac{5\pi}{6}\right)$.

习题1.14

（1） 若复数 $z=(m^2-3m-4)+(m^2-5m-6)\mathrm{i}$ 表示纯虚数，求实数 m 的取值.

（2） 已知复数 $z_1=1+\sqrt{3}\mathrm{i}$，$z_2=\sqrt{2}+\sqrt{2}\mathrm{i}$，$z_3=2\mathrm{i}$：

① 求出它们的共轭复数；② 把 z_1，z_2，z_3 表示成三角形式.

（3） 计算：

① $(5-6\mathrm{i})+(-2-\mathrm{i})-(3+4\mathrm{i})$；② $(13+4\mathrm{i})-(3-4\mathrm{i})$；③ $(1+\mathrm{i})^2$；

④ $(3+4\mathrm{i})(3-4\mathrm{i})$；⑤ $(7-6\mathrm{i})(-3\mathrm{i})$；⑥ $(1+2\mathrm{i})(3-4\mathrm{i})(-2-\mathrm{i})$；

⑦ $\mathrm{i}(1+2\mathrm{i})(1-2\mathrm{i})$；⑧ $\dfrac{1+\mathrm{i}}{1-\mathrm{i}}$；⑨ $(1+2\mathrm{i})\div(3+4\mathrm{i})$.

1.15 二次曲线及其方程

2000多年前，古希腊数学家最先开始研究圆锥曲线，并获得了大量的成果. 古希腊数学家阿波罗尼采用平面切割圆锥的方法来研究曲线. 用垂直于锥轴的平面去截圆锥，得到的是圆；把平面渐渐倾斜，得到椭圆；当平面倾斜到“和且仅和”圆锥的一条母线平行时，得到抛物线；当平面再倾斜一些，就得到双曲线. 因此，用一个平面去截一个圆锥面，得到的交线称为圆锥曲线.

二次曲线即圆锥曲线，包括圆、椭圆、双曲线、抛物线.

1.15.1 圆

1.15.1.1 定义

圆是平面内到定点的距离为定长的点的轨迹. 定点叫作圆心，定长叫作半径（见图1.28）.

1.15.1.2 标准方程

$(x-a)^2+(y-b)^2=r^2$，这个方程叫作以点$C(a, b)$为圆心，以r为半径的圆的标准方程. 特别地，当圆心为坐标原点$O(0, 0)$时，半径为r的圆的标准方程为$x^2+y^2=r^2$. 当圆心为坐标原点$O(0, 0)$时，半径为1的圆称为单位圆，方程为$x^2+y^2=1$（见图1.29）.

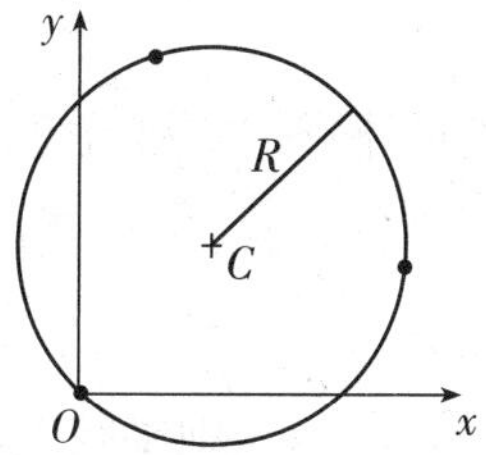

图1.28 圆的定义

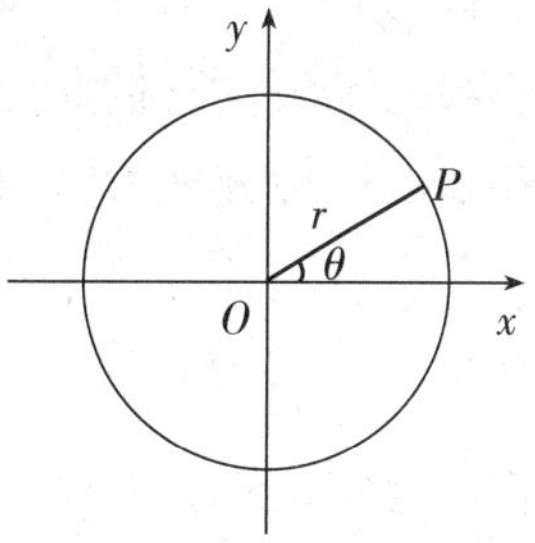

图1.29 圆的标准方程

1.15.1.3 参数方程（圆心在原点）（了解）

$$\begin{cases} x=r\cos\theta \\ y=r\sin\theta \end{cases}.$$

例1 填空：

（1）已知圆的方程为$(x-1)^2+(y-1)=25$，则圆心为________，半径为________；

（2）写出圆心在（1，0），半径为3的圆的方程____________________；

（3）一个点到定圆上最近点的距离为4、最远点的距离为9，则此圆的直径是__________.

解 （1）（1，1），5；（2）$(x-1)^2+y^2=9$；（3）5或13.

1.15.2 椭圆

1.15.2.1 定义

将平面内与两个定点F_1，F_2的距离之和为常数$2a$（大于$|F_1F_2|$）的点的轨迹叫作椭圆. 这两个点叫作椭圆的焦点，两个焦点的距离叫作焦距.（见图1.30）

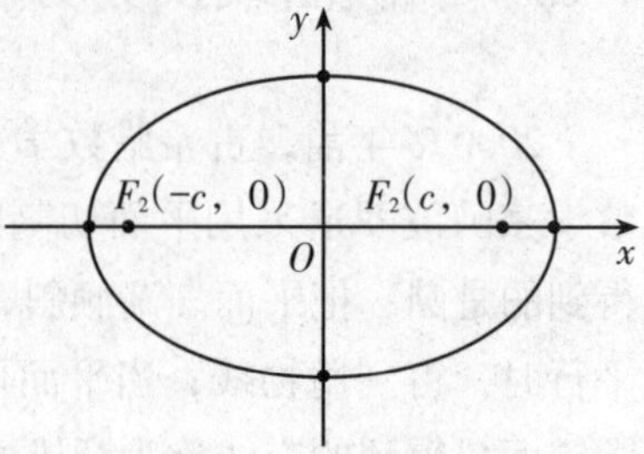

图1.30 椭圆的定义

1.15.2.2 标准方程

$$\frac{x^2}{a^2}+\frac{y^2}{b^2}=1\ (a>b>0).$$

这个方程叫作焦点在x轴上的椭圆的标准方程. 它所表示的椭圆的焦点是$F_1(-c,\ 0)$，$F_2(c,\ 0)$，并且$a^2-c^2=b^2$.（$2a$，$2b$分别为椭圆的长轴和短轴.）

例2 判断下列各椭圆的焦点位置，并说出焦点坐标和焦距.

（1）$\frac{x^2}{3}+\frac{y^2}{4}=1$； （2）$\frac{x^2}{4}+\frac{y^2}{2}=1$；

（3）$3x^2+4y^2=1$； （4）$x^2+\frac{y^2}{4}=1$.

解 （1）焦点坐标为$(0,\ -1)$，$(0,\ 1)$，焦距为2；

（2）焦点坐标为$\left(-\sqrt{2},\ 0\right)$,$\left(\sqrt{2},\ 0\right)$，焦距为$2\sqrt{2}$；

（3）焦点坐标为$\left(-\frac{1}{2\sqrt{3}},\ 0\right)$，$\left(\frac{1}{2\sqrt{3}},\ 0\right)$，焦距为$\frac{1}{\sqrt{3}}$；

（4）焦点坐标为$\left(0,\ -\sqrt{3}\right)$，$\left(0,\ \sqrt{3}\right)$，焦距为$2\sqrt{3}$.

例3 求适合下列条件的椭圆标准方程.

（1）两个焦点的坐标分别为（−4，0），（4，0），椭圆上一点P到两焦点距离的和等于10.

（2）$a+b=10$，$c=2\sqrt{5}$.

解 （1）由题意得$a=5$，$c=4$. 又可得$b=\sqrt{a^2-c^2}=3$，则椭圆方程为$\frac{x^2}{25}+\frac{y^2}{9}=1$.

（2）由$a^2-c^2=b^2$得$(10-b)^2-\left(2\sqrt{5}\right)^2=b^2$，从而得$a=6$，$b=4$，故椭圆方程为$\frac{x^2}{36}+\frac{y^2}{16}=1$.

1.15.3 双曲线

1.15.3.1 定义

将平面内与两个定点F_1，F_2的距离之差的绝对值为常数$2a$（小于$|F_1F_2|$）的点的轨迹叫作双曲线. 这两个点叫作双曲线的焦点，两个焦点的距离叫作焦距.（见图1.31）

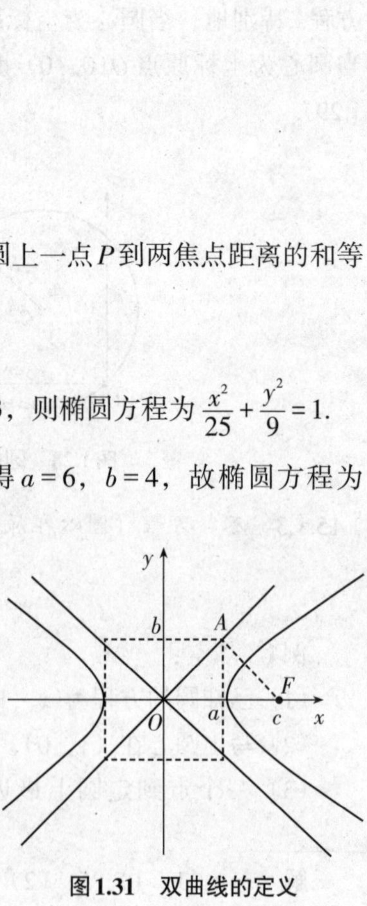

图1.31 双曲线的定义

1.15.3.2　标准方程

$$\frac{x^2}{a^2}-\frac{y^2}{b^2}=1\ (a>0,\ b>0).$$

这个方程叫作焦点在x轴上的双曲线的标准方程. 它所表示的双曲线的焦点是$F_1(-c,\ 0)$，$F_2\ (c,\ 0)$，并且$c^2-a^2=b^2$.（$2a$，$2b$分别对应双曲线的实轴长度与虚轴长度.）

渐近线方程为：$\frac{x^2}{a^2}-\frac{y^2}{b^2}=0$，即$y=\pm\frac{b}{a}x$.

例4　填空：

（1）写出焦点在x轴，实轴长与虚轴长分别为8和6的双曲线标准方程__________；

（2）双曲线$\frac{x^2}{4}-\frac{y^2}{3}=1$的渐近线方程是__________.

解　（1）$\frac{x^2}{16}-\frac{y^2}{9}=1$；（2）由$\frac{x^2}{4}-\frac{y^2}{3}=0$得渐近线方程为$y=\pm\frac{\sqrt{3}}{2}x$.

1.15.4　抛物线

1.15.4.1　定义

将平面内与一个定点F和一条定直线l的距离相等的点的轨迹叫作抛物线. 定点F叫作抛物线的焦点，定直线l为抛物线的准线.（见图1.32）

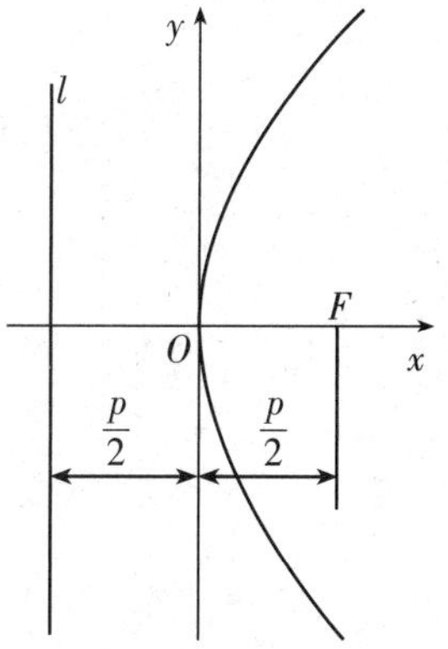

图1.32　抛物线的定义

1.15.4.2　标准方程

$$y^2=2px\ (p>0).$$

这个方程叫作抛物线的标准方程. 其中，$p>0$，它所表示的抛物线的焦点在x轴的正半轴上，焦点坐标为$\left(\frac{p}{2},\ 0\right)$，准线方程为$x=-\frac{p}{2}$.

例5　填空：

（1）过点（3，1）的抛物线的标准方程是__________；

（2）焦点同时在x轴和直线$x-y-1=0$上的抛物线的标准方程是__________.

解　（1）将点的坐标（3，1）代入，得$p=\frac{1}{6}$，故抛物线方程为$y^2=\frac{1}{3}x$.

（2）联立方程$\begin{cases}x-y-1=0\\y=0\end{cases}$，得抛物线焦点坐标$\left(\frac{p}{2},\ 0\right)=(1,\ 0)$，故$p=2$，则抛物线方程为$y^2=4x$.

习题1.15

（1）写出符合下列条件的圆的标准方程：

① 圆心在（1，0），半径为3；　② 圆心在原点，直径为10.

（2）写出符合下列条件的椭圆的标准方程：

① $a=4$，$c=3$，焦点在x轴上；　② $a+b=8$，$c=4$.

（3）平面内两定点距离之和等于8，一个动点到这两个定点的距离之和等于10，建立适当的坐标系，写出动点的轨迹方程.

（4）写出焦点在x轴，实轴长与虚轴长分别为10和8的双曲线标准方程.

（5）写出双曲线$y^2-x^2=2$的渐近线方程.

（6）求准线为$x=-3$的抛物线的标准方程.

第2章　函数与极限

在研究实际问题时，常常会遇到各种各样的量. 这些量之间往往存在着某些内在关系，其中有一种被称为函数关系. 函数是数学的主要研究对象，是最重要、最基本的数学概念之一. 极限理论是研究函数的重要方法和工具，在微积分学中扮演着重要的角色，它是由寻求某些问题的精确回答而产生的. 微分学和积分学中的一些基本概念是通过极限概念给出的，一些基本性质和法则也是通过极限的方法推导出来的.

本章将介绍函数与极限的概念、性质、运算，以及与极限密切相关的无穷小量、无穷大量、函数连续性等有关知识.

2.1　函数的定义域、初等函数

2.1.1　函数的定义域

第1章介绍了函数的相关定义，即设数集 $D\subseteq A$，则称映射 f: $D\to A$ 为定义在 D 上的函数，简记为 $y=f(x)$，其中 x 称为自变量，y 称为因变量，D 称为定义域，记作 D_f，即 $D_f=D$.

函数是从实数集到实数集的映射，其值域总在 A 内，因此构成函数的要素是定义域 D_f 及对应法则 f. 如果两个函数的定义域相同、对应法则也相同，那么这两个函数就是相同的，否则就是不同的.

函数的定义域通常按照以下两种情形来确定：一种是对有实际背景的函数，根据实际背景中变量的实际意义确定；另一种是仅是抽象的数学公式，其定义域就是使得公式有意义的自变量的取值范围. 为此要求：

（1）分母不为0；

（2）偶次根式的被开方数非负；

（3）对数的真数大于0；

（4）正切符号下的式子不等于 $k\pi+\dfrac{\pi}{2}$，$k\in\mathbf{Z}$；余切符号下的式子不等于 $k\pi$，$k\in\mathbf{Z}$；

（5）反正弦、反余弦符号下的式子的绝对值不大于1；

（6）多项式函数的定义域为 $(-\infty, +\infty)$；

（7）一个解析式包含多个函数代数和的应取各部分的交集.

例 1 求函数 $f(x)=\sqrt{x^2-5x+6}$ 的定义域.

解 要使该函数式有数学意义，必须使 $x^2-5x+6\geqslant 0$. 解此不等式，可得 $x\leqslant 2$ 或 $x\geqslant 3$，所以，函数的定义域为 $\{x|x\leqslant 2或x\geqslant 3\}$.

例 2 求函数 $f(x)=\dfrac{1}{x^2-9}+\ln(x-2)$ 的定义域.

解 由 $f(x)$ 的结构可知，当 $\begin{cases}x^2-9\neq 0\\x-2>0\end{cases}$ 时，$f(x)$ 有意义. 可得 $x>2$ 且 $x\neq 3$，所以，函数的定义域为 $D=(2,3)\cup(3,+\infty)$.

例 3 $f(x)=\dfrac{x^2}{x}$ 与 $g(x)=x$ 为同一函数吗?

解 前者定义域为 $x\neq 0$，后者的定义域为全体实数，因而 $f(x)$ 与 $g(x)$ 不是同一函数.

例 4 $f(x)=2\lg x$ 与 $g(x)=\lg x^2$ 为同一函数吗?

解 虽然 $x>0$ 时 $2\lg x=\lg x^2$，但前者定义域为 $x>0$，后者的定义域为 $x\neq 0$，因而 $f(x)$ 与 $g(x)$ 不是同一函数.

2.1.2 基本初等函数及图像

2.1.2.1 基本初等函数

幂函数：$y=x^{\mu}$（$\mu\in\mathbf{R}$）.

指数函数：$y=a^x$（$a>0$，且 $a\neq 1$）.

对数函数：$y=\log_a x$（$a>0$，且 $a\neq 1$，特别地，当 $a=\mathrm{e}$ 时，记为 $y=\ln x$）.

三角函数：$y=\sin x$，$y=\cos x$，$y=\tan x$，$y=\cot x$，$y=\sec x$，$y=\csc x$.

反三角函数：$y=\arcsin x$，$y=\arccos x$，$y=\arctan x$，$y=\operatorname{arccot} x$.

具体性质及图像详见表2.1.

2.1.2.2 复合函数

一般地，若 y 是 u 的函数，即 $y=f(u)$，而 u 是 x 的函数，即 $u=\varphi(x)$，且 $\varphi(x)$ 的函数值的全部或部分在 $f(u)$ 的定义域内，那么，y 通过 u 的联系也是 x 的函数，称后一个函数是由函数 $y=f(u)$ 及 $u=\varphi(x)$ 复合而成的函数，简称复合函数，记作 $y=f(\varphi(x))$. 其中 u 叫作中间变量.

注：并不是任意两个函数都能复合；复合函数还可以由更多函数构成.

表2.1　基本初等函数的图像及性质

函数	函数的记号	函数的图像	函数的性质
幂函数	$y=x^a$ （a为任意实数）	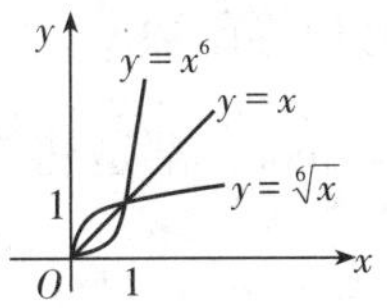	令$a=m/n$ ① 当m为偶数、n为奇数时，y是偶函数； ② 当m，n都是奇数时，y是奇函数； ③ 当m为奇数、n为偶数时，y在（$-\infty$，0）无意义
指数函数	$y=a^x$（$a>0$，$a\neq1$）	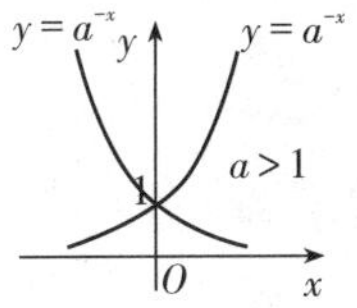	① 不论x为何值，y总为正数； ② 当$x=0$时，$y=1$
对数函数	$y=\log_a x$（$a>0$，$a\neq1$）	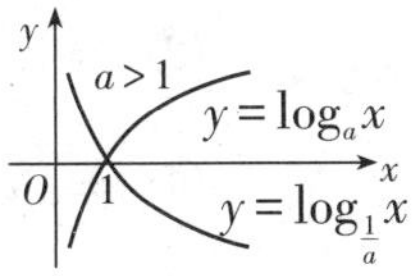	① 图形总位于y轴右侧，并过点（1，0）； ② 当$a>1$时，在区间（0，1）的值为负，在区间（1，$+\infty$）的值为正，在定义域内单调增
三角函数	$y=\sin x$ （正弦函数） 这里只写出了正弦函数	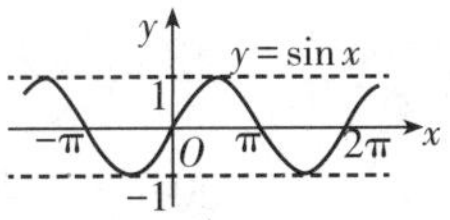	① 正弦函数是以2π为周期的周期函数； ② 正弦函数是奇函数，且$\lvert\sin x\rvert\leq1$
反三角函数	$y=\arcsin x$ （反正弦函数） 这里只写出了反正弦函数	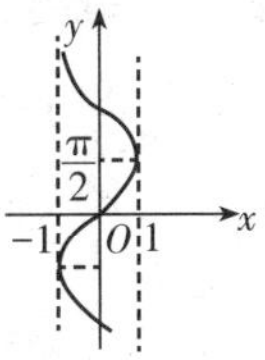	由于此函数为多值函数，因此此函数值限制在$\left[-\frac{\pi}{2},\ \frac{\pi}{2}\right]$上，并称其为反正弦函数的主值

例5　求函数$y=u^2$与$u=\cos x$的复合函数.

解　以$\cos x$代替$y=u^2$中的u，得$y=\cos^2 x$，$x\in(-\infty,\ +\infty)$.

分析　函数$y=\arcsin u$与函数$u=2+x^2$是不能复合成一个函数的. 因为对于$u=2+x^2$的定义域（$-\infty$，$+\infty$）中的任何x值所对应的u值（都大于或等于2），使$y=\arcsin u$都没有定义.

注：在函数复合过程中，不仅要清楚如何把几个函数复合成一个函数，而且必须清楚函数复合的相反过程，即复合函数的拆分.

例6　对下列复合函数进行拆分：

（1）$y=\lg\sin x$；　（2）$y=(2x+1)^5$.

解　（1）拆分为$y=\lg u$，$u=\sin x$；（2）拆分为$y=u^5$，$u=2x+1$.

注：拆分复合函数时，引进的各层中间变量应是基本初等函数，最后一层可以是基本初等函数和常数间的四则运算.

2.1.3 初等函数的概念

一般地，由常数和基本初等函数经过有限次的四则运算和有限次的函数复合步骤所构成并可用一个式子表示的函数，称为初等函数.

例如，$y=\sqrt{1-x^2}$，$y=\sin^2 x$，$y=\sqrt{\cot\frac{x}{2}}$ 都是初等函数.

习题2.1

（1）请在同一坐标系中作出幂函数 $y=x^3$，$y=x^2$，$y=x$，$y=\sqrt{x}$，$y=\frac{1}{x}$ 的图像.

（2）求下列函数的定义域：

① $y=\frac{1}{x-5}+\frac{1}{2x-3}$；　② $y=\sqrt{x^2-2x-3}$；

③ $y=\frac{2x}{x^2-3x+2}$；　④ $y=\arcsin(2x-1)+\arccos(x-1)$；

⑤ $y=x^2-7x+3$；　⑥ $y=\ln(x^2-3x-10)$；

⑦ $y=\frac{\sqrt{x-2}}{x-3}$；　⑧ $y=\sqrt{2x-1}+\ln(2x-1)$；

⑨ $y=\ln(x+1)-\frac{1}{\sqrt{x+2}}$；　⑩ $y=\frac{1}{\sqrt{1-x}}+\sqrt{x+4}$.

（3）写出由下列函数组成的复合函数，并写出 x 的变化范围：

① $y=\arcsin v$，$v=(1-x)^2$；　② $y=\ln u$，$u=1-x^2$；

③ $y=\sqrt{u}$，$u=\ln v$，$v=\sqrt{x^2+2x}$；　④ $y=\sqrt{1+u^2}$，$u=\cos x$.

（4）指出下列函数的复合过程：

① $y=\mathrm{e}^{1-x}$；　② $y=\sin\sqrt{1+2x}$；　③ $y=3^{\tan^2 x}$；

④ $y=(2x-1)^{10}$；　⑤ $y=\sqrt{x^2+1}$；　⑥ $y=\cos(3x-5)$.

2.2 数列极限的概念与性质

极限概念是由于求某些实际问题的精确解答而产生的. 例如，我国古代数学家刘徽（公元3世纪）利用圆内接正多边形来推算圆面积的方法——割圆术，就是极限思想在几何学上的应用.

引例 设有一圆，首先作内接正四边形，它的面积记为A_1；再作内接正八边形，它的面积记为A_2；再作内接正十六边形，它的面积记为A_3；如此下去，每次边数加倍，一般把内接正 $8\times 2^{n-1}$ 边形的面积记为 A_n. 这样，就得到一系列的内接正多边的面积：

$$A_1,\ A_2,\ A_3,\ \cdots,\ A_n,\ \cdots$$

设想 n 无限增大（记为 $n\to\infty$，读作 n 趋于无穷大），即内接正多边形的边数无限增加. 在这个过程中，内接正多边形无限地接近于圆，同时 A_n 也无限地接近于某一确定的数值，这个确定的数值就理解为圆的面积. 这个确定的数值在数学上称为有次序的数（数列）A_1，A_2，A_3，…，A_n，…当 $n\to\infty$ 时的极限.

2.2.1　数列的概念

2.2.1.1　数列的定义

如果按照某一法则，使得对任何一个正整数 n，有一个确定的数 x_n，则得到一列有次序的数 x_1, x_2, x_3, …, x_n, …. 这一列有次序的数叫作数列，记为 $\{x_n\}$. 其中，第 n 项 x_n 叫作数列的一般项.

例如，

$\left\{\frac{n}{n+1}\right\}$: $\frac{1}{2}$, $\frac{2}{3}$, $\frac{3}{4}$, …, $\frac{n}{n+1}$, …;

$\{2^n\}$: 2, 4, 8, …, 2^n, …;

$\left\{\frac{1}{2^n}\right\}$: $\frac{1}{2}$, $\frac{1}{4}$, $\frac{1}{8}$, …, $\frac{1}{2^n}$, …;

$\{(-1)^{n+1}\}$: 1, −1, 1, …, $(-1)^{n+1}$, …;

$\left\{\frac{n+(-1)^{n-1}}{n}\right\}$: 2, $\frac{1}{2}$, $\frac{4}{3}$, …, $\frac{n+(-1)^{n-1}}{n}$, ….

它们的一般项依次为 $\frac{n}{n+1}$, 2^n, $\frac{1}{2^n}$, $(-1)^{n+1}$, $\frac{n+(-1)^{n-1}}{n}$.

2.2.1.2　数列的几何定义

数列 $\{x_n\}$ 可以看作数轴上的一个动点，它依次取数轴上的点 x_1, x_2, x_3, …, x_n, ….

2.2.1.3　数列与函数

数列 $\{x_n\}$ 可以看作自变量为正整数 n 的函数 $x_n=f(n)$，它的定义域是全体正整数.

2.2.2　数列的极限

2.2.2.1　数列的极限的通俗定义

一般地，对于数列 $\{x_n\}$，如果当 n 无限增大时，数列的一般项 $\{x_n\}$ 无限地接近于某一确定的数值 a，则称常数 a 是数列 $\{x_n\}$ 的极限，或称数列 $\{x_n\}$ 收敛于 a，记为 $\lim\limits_{n\to\infty}x_n=a$. 如果数列没有极限，则称数列是发散的.

例如，数列 $\{2^n\}$, $\{(-1)^{n+1}\}$ 就是发散的.

注：x_n 无限地接近于 a 等价于 $|x_n-a|$ 无限地接近于0.

2.2.2.2　数列的极限的精确定义

如果数列 $\{x_n\}$ 与常数 a 有下列关系：对于任意给定的正数 ε，不论它多么小，总存在正整数 N，使得对于 $n>N$ 时的一切 x_n，不等式

$$|x_n-a|<\varepsilon$$

都成立，则称常数 a 是数列 $\{x_n\}$ 的极限，或者称数列 $\{x_n\}$ 收敛于 a，记为

$$\lim_{n\to\infty} x_n = a \quad 或 \quad x_n \to a\ (n\to\infty).$$

如果数列没有极限，就说数列是发散的.

$\lim\limits_{n\to\infty} x_n = a \Leftrightarrow \forall\varepsilon>0$，$\exists N\in\mathbf{N}^+$，当 $n>N$ 时，有 $\lvert x_n - a\rvert<\varepsilon$.

例1 证明 $\lim\limits_{n\to\infty}\dfrac{n+(-1)^{n-1}}{n}=1$.

分析 $\lvert x_n-1\rvert=\left\lvert\dfrac{n+(-1)^{n-1}}{n}-1\right\rvert=\dfrac{1}{n}$. 对于 $\forall\varepsilon>0$，要使 $\lvert x_n-1\rvert<\varepsilon$，只要 $\dfrac{1}{n}<\varepsilon$，即 $n>\dfrac{1}{\varepsilon}$.

证明 因为 $\forall\varepsilon>0$，$\exists N=\left[\dfrac{1}{\varepsilon}\right]\in\mathbf{N}^+$，当 $n>N$ 时，有

$$\lvert x_n-1\rvert=\left\lvert\frac{n+(-1)^{n-1}}{n}-1\right\rvert=\frac{1}{n}<\varepsilon,$$

所以 $\lim\limits_{n\to\infty}\dfrac{n+(-1)^{n-1}}{n}=1$.

例2 证明 $\lim\limits_{n\to\infty}\dfrac{(-1)^n}{(n+1)^2}=0$.

分析 $\lvert x_n-0\rvert=\left\lvert\dfrac{(-1)^n}{(n+1)^2}-0\right\rvert=\dfrac{1}{(n+1)^2}<\dfrac{1}{n+1}$. 对于 $\forall\varepsilon>0$，要使 $\lvert x_n-0\rvert<\varepsilon$，只要 $\dfrac{1}{n+1}<\varepsilon$，即 $n>\dfrac{1}{\varepsilon}-1$.

证明 因为 $\forall>0$，$\exists N=\left[\dfrac{1}{\varepsilon}-1\right]\in\mathbf{N}^+$，当 $n>N$ 时，有

$$\lvert x_n-0\rvert=\left\lvert\frac{(-1)^n}{(n+1)^2}-0\right\rvert=\frac{1}{(n+1)^2}<\frac{1}{n+1}<\varepsilon,$$

所以 $\lim\limits_{n\to\infty}\dfrac{(-1)^n}{(n+1)^2}=0$.

例3 设 $\lvert q\rvert<1$，证明等比数列 1，q，q^2，…，q^{n-1}，… 的极限是0.

分析 对于任意给定的 $\varepsilon>0$，要使 $\lvert x_n-0\rvert=\lvert q^{n-1}-0\rvert=\lvert q\rvert^{n-1}<\varepsilon$,则 $n>1+\log_{\lvert q\rvert}\varepsilon$，故可取 $N=1+\log_{\lvert q\rvert}\varepsilon$.

证明 因为对于任意给定的 $\varepsilon>0$，存在 $N=\log_{\lvert q\rvert}\varepsilon+1$，当 $n>N$ 时，有

$$\lvert q^{n-1}-0\rvert=\lvert q\rvert^{n-1}<\varepsilon,$$

所以 $\lim\limits_{n\to\infty}q^{n-1}=0$.

2.2.3 收敛数列的性质

定理1（极限的唯一性） 数列 $\{x_n\}$ 不能收敛于两个不同的极限.

证明　假设同时有 $\lim\limits_{n\to\infty}x_n=a$ 及 $\lim\limits_{n\to\infty}x_n=b$，且 $a<b$. 按照极限的定义，对于 $\varepsilon=\frac{b-a}{2}>0$，存在充分大的正整数 N，使得当 $n>N$ 时，同时有

$$|x_n-a|<\varepsilon=\frac{b-a}{2} \quad 及 \quad |x_n-b|<\varepsilon=\frac{b-a}{2},$$

因此同时有

$$x_n<\frac{b+a}{2} \quad 及 \quad x_n>\frac{b+a}{2},$$

这是不可能的，所以只能有 $a=b$.

数列的有界性：对于数列 $\{x_n\}$，如果存在着正数 M，使得对于一切 x_n 都满足不等式

$$|x_n|\leqslant M,$$

则称数列 $\{x_n\}$ 是有界的；如果这样的正数 M 不存在，就说数列 $\{x_n\}$ 是无界的.

定理2（收敛数列的有界性）　如果数列 $\{x_n\}$ 收敛，那么数列 $\{x_n\}$ 一定有界.

证明　设数列 $\{x_n\}$ 收敛，且收敛于 a. 根据数列极限的定义，对于 $\varepsilon=1$，存在正整数 N，使对于 $n>N$ 时的一切 x_n，不等式 $|x_n-a|<1$ 都成立. 于是，当 $n>N$ 时，

$$|x_n|=|(x_n-a)+a|\leqslant|x_n-a|+|a|<1+|a|.$$

取 $M=\max\{|x_1|,\ |x_2|,\ \cdots,\ |x_n|,\ 1+|a|\}$，那么数列 $\{x_n\}$ 中的一切 $\{x_n\}$ 都满足不等式 $|x_n|\leqslant M$. 这就证明了数列 $\{x_n\}$ 是有界的.

定理3（收敛数列的保号性）　如果数列 $\{x_n\}$ 收敛于 a，且 $a>0$（或 $a<0$），那么存在正整数 N，当 $n>N$ 时，有 $x_n>0$（或 $x_n<0$）.

证明　就 $a>0$ 的情形证明. 由数列极限的定义，对于 $\varepsilon=\frac{a}{2}>0$，$\exists N\in\mathbf{N}^+$，当 $n>N$ 时，有 $|x_n-a|<\frac{a}{2}$，从而 $x_n>a-\frac{a}{2}=\frac{a}{2}>0$.

推论　如果数列 $\{x_n\}$ 从某项起有 $x_n\geqslant 0$（或 $x_n\leqslant 0$），且数列 $\{x_n\}$ 收敛于 a，那么 $a\geqslant 0$（或 $a\leqslant 0$）.

证明　就 $x_n\geqslant 0$ 的情形证明. 设数列 $\{x_n\}$ 从 N_1 项起，即当 $n>N_1$ 时，有 $x_n\geqslant 0$. 现在用反证法证明. 设 $a<0$，则由定理可知，$\exists N_2\in\mathbf{N}^+$，当 $n>N_2$ 时，有 $x_n<0$. 取 $N=\max\{N_1,\ N_2\}$，当 $n>N$ 时，按照假定有 $x_n\geqslant 0$，按照定理3，则 $x_n<0$，这引起矛盾，所以必有 $a\geqslant 0$.

子数列：在数列 $\{x_n\}$ 中任意抽取无限多项并保持这些项在原数列中的先后次序，这样得到的一个数列称为原数列 $\{x_n\}$ 的子数列.

例如，数列 $\{x_n\}$：1，−1，1，−1，…，$(-1)^{n+1}$，…的一子数列为 $\{x_{2n}\}$：−1，−1，−1，…，$(-1)^{2n+1}$，…

定理4（收敛数列与其子数列间的关系）　如果数列 $\{x_n\}$ 收敛于 a，那么它的任一子数列也收敛，且极限也是 a.

证明 设数列 $\{x_{n_k}\}$ 是数列 $\{x_n\}$ 的任一子数列. 因为数列 $\{x_n\}$ 收敛于 a，所以 $\forall\varepsilon>0$，$\exists N\in\mathbf{N}^{+}$，当 $n>N$ 时，有 $|x_n-a|<\varepsilon$. 取 $K=N$，则当 $k>K$ 时，$n_k^3 k>K=N$. 于是 $|x_{n_k}-a|<\varepsilon$，这就证明了 $\lim\limits_{k\to\infty}x_{n_k}=a$.

讨论如下问题.

（1）对于某一正数 ε_0，如果存在正整数 N，使得当 $n>N$ 时，有 $|x_n-a|<\varepsilon_0$，是否有 $x_n\to a\,(n\to\infty)$？

（2）如果数列 $\{x_n\}$ 收敛，那么数列 $\{x_n\}$ 一定有界. 发散的数列是否一定无界？有界的数列是否收敛？

（3）数列的子数列如果发散，原数列是否发散？数列的两个子数列收敛，但其极限不同，原数列的收敛性如何？发散的数列的子数列都发散吗？

（4）数列1，-1，1，-1，…，$(-1)^{n+1}$，…是发散的吗？

习题2.2

下列数列中，哪些收敛？哪些发散？对收敛数列，通过观察 $\{x_n\}$ 的变化趋势，写出极限.

（1）$x_n=\dfrac{1}{2n}$；（2）$x_n=(-1)^n\dfrac{1}{n}$；（3）$x_n=2+\dfrac{1}{n^2}$；（4）$x_n=\dfrac{n-1}{n+1}$.

2.3 函数的极限

2.3.1 函数极限的定义

函数的自变量有几种不同的变化趋势：

（1）x 无限地接近 x_0：$x\to x_0$；

（2）x 从 x_0 的左侧（即小于 x_0）无限地接近 x_0：$x\to x_0^-$；

（3）x 从 x_0 的右侧（即大于 x_0）无限地接近 x_0：$x\to x_0^+$；

（4）x 的绝对值 $|x|$ 无限地增大：$x\to\infty$；

（5）x 小于零且绝对值 $|x|$ 无限地增大：$x\to-\infty$；

（6）x 大于零且绝对值 $|x|$ 无限地增大：$x\to+\infty$.

2.3.1.1 自变量趋于有限值时函数的极限

通俗定义：如果当 x 无限地接近于 x_0，函数 $f(x)$ 的值无限地接近于常数 A，则称当 x 趋于 x_0 时，$f(x)$ 以 A 为极限，记作 $\lim\limits_{x\to x_0}f(x)=A$ 或 $f(x)\to A$（当 $x\to x_0$）.

精确定义：设函数 $f(x)$ 在点 x_0 的某一去心邻域内有定义. 如果存在常数 A，对于任意给定的正数 ε（不论它多么小），总存在正数 δ，使得当 x 满足不等式 $0<|x-x_0|<\delta$

时，对应的函数值 $f(x)$ 都满足不等式 $\left|f(x)-A\right|<\varepsilon$，那么常数 A 就叫作函数 $f(x)$ 当 $x\to x_0$ 时的极限，记作

$$\lim_{x\to x_0} f(x)=A \quad 或 \quad f(x)\to A\ （当\ x\to x_0\ ）.$$

$$\boxed{\lim_{x\to x_0} f(x)=A \Leftrightarrow \forall\varepsilon>0，\exists\delta>0，当\ 0<\left|x-x_0\right|<\delta\ 时，\left|f(x)-A\right|<\varepsilon.}$$

例1　证明 $\lim\limits_{x\to x_0} c=c$.

证明　$\left|f(x)-A\right|=|c-c|=0$，$\forall\varepsilon>0$，可任取 $\delta>0$，当 $0<\left|x-x_0\right|<\delta$ 时，有 $\left|f(x)-A\right|=|c-c|=0<\varepsilon$，所以 $\lim\limits_{x\to x_0} c=c$.

例2　证明 $\lim\limits_{x\to x_0} x=x_0$.

分析　$\left|f(x)-A\right|=\left|x-x_0\right|$. $\forall\varepsilon>0$，要使 $\left|f(x)-A\right|<\varepsilon$，只要 $\left|x-x_0\right|<\varepsilon$.

证明　因为 $\forall\varepsilon>0$，$\exists\delta>0$，当 $0<\left|x-x_0\right|<\delta$ 时，有 $\left|f(x)-A\right|=x-x_0<\varepsilon$，所以 $\lim\limits_{x\to x_0} x=x_0$.

例3　证明 $\lim\limits_{x\to 1}(2x-1)=1$.

分析　$\left|f(x)-A\right|=\left|(2x-1)-1\right|=2|x-1|$. $\forall\varepsilon>0$，要使 $\left|f(x)-A\right|<\varepsilon$，只要 $|x-1|<\dfrac{\varepsilon}{2}$.

证明　因为 $\forall\varepsilon>0$，$\exists\delta=\dfrac{\varepsilon}{2}$，当 $0<|x-1|<\delta$ 时，有 $\left|f(x)-A\right|=\left|(2x-1)-1\right|=2|x-1|<\varepsilon$，所以 $\lim\limits_{x\to 1}(2x-1)=1$.

例4　证明 $\lim\limits_{x\to 1}\dfrac{x^2-1}{x-1}=2$.

分析　注意函数在 $x-1$ 是没有定义的，但这与函数在该点是否有极限并无关系. 当 $x\neq 1$ 时，$\left|f(x)-A\right|=\left|\dfrac{x^2-1}{x-1}-2\right|=|x-1|$. $\forall\varepsilon>0$，要使 $\left|f(x)-A\right|<\varepsilon$，只要 $|x-1|<\varepsilon$.

证明　因为 $\forall\varepsilon>0$，$\exists\delta=\varepsilon$，当 $0<|x-1|<\delta$ 时，有 $\left|f(x)-A\right|=\left|\dfrac{x^2-1}{x-1}-2\right|=|x-1|<\varepsilon$，所以 $\lim\limits_{x\to 1}\dfrac{x^2-1}{x-1}=2$.

单侧极限：

若当 $x\to x_0^-$ 时，$f(x)$ 无限地接近于某常数 A，则常数 A 叫作函数 $f(x)$ 当 $x\to x_0$ 时的左极限，记作 $\lim\limits_{x\to x_0^-} f(x)=A$ 或 $f\left(x_0^-\right)=A$；

若当 $x\to x_0^+$ 时，$f(x)$ 无限地接近于某常数 A，则常数 A 叫作函数 $f(x)$ 当 $x\to x_0$ 时的右极限，记作 $\lim\limits_{x\to x_0^+} f(x)=A$ 或 $f\left(x_0^+\right)=A$.

讨论如下问题：

（1）左右极限的 $\varepsilon-\delta$ 定义如何叙述.

（2）当 $x\to x_0$ 时函数 $f(x)$ 的左右极限与当 $x\to x_0$ 时函数 $f(x)$ 的极限之间的关系是怎样的.

注：左极限的$\varepsilon-\delta$定义如下.

$\lim\limits_{x \to x_0^-} f(x)=A \Leftrightarrow \forall\varepsilon>0$，$\exists\delta>0$，$\forall x$：$x_0-\delta<x<x_0$，有$|f(x)-A|<\varepsilon$.

$\lim\limits_{x \to x_0^+} f(x)=A \Leftrightarrow \forall\varepsilon>0$，$\exists\delta>0$，$\forall x$：$x_0<x<x_0+\delta$，有$|f(x)-A|<\varepsilon$.

$\lim\limits_{x \to x_0} f(x)=A \Leftrightarrow \lim\limits_{x \to x_0^-} f(x)=A$ 且 $\lim\limits_{x \to x_0^+} f(x)=A$.

例如，函数 $f(x)=\begin{cases} x-1, & x<0 \\ 0, & x=0 \\ x+1, & x>0 \end{cases}$ 当$x\to 0$时的极限不存在.

这是因为，$\lim\limits_{x\to 0^-} f(x) \neq \lim\limits_{x\to 0^-}(x-1)=-1$，$\lim\limits_{x\to 0^+} f(x)=\lim\limits_{x\to 0^+}(x+1)=1$，$\lim\limits_{x\to 0^-} f(x)\neq \lim\limits_{x\to 0^+} f(x)$.（见图2.1）

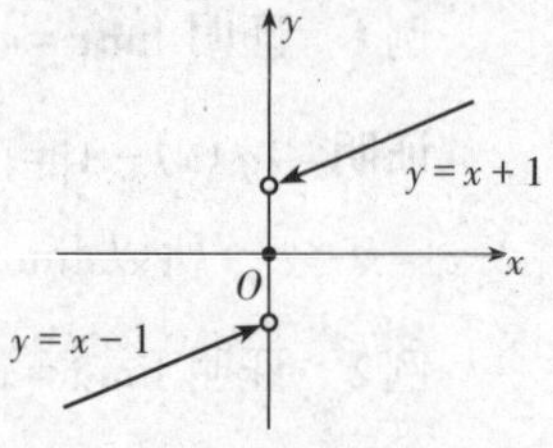

图2.1　函数 $f(x)$ 的极限图像

2.3.1.2　自变量趋于无穷大时函数的极限

设 $f(x)$ 当$|x|$大于某一正数时有定义. 如果存在常数A，对于任意给定的正数ε，总存在正数X，使得当x满足不等式$|x|>X$时，对应的函数数值 $f(x)$ 都满足不等式

$$|f(x)-A|<\varepsilon,$$

则常数A叫作函数$f(x)$当$x\to\infty$时的极限，记为 $\lim\limits_{x\to\infty} f(x)=A$ 或$f(x)\to A(x\to\infty)$.

$\lim\limits_{x\to\infty} f(x)=A \Leftrightarrow \forall\varepsilon>0$，$\exists X>0$，当$|x|>X$时，有$|f(x)-A|<\varepsilon$.

类似地，可定义 $\lim\limits_{x\to-\infty} f(x)=A$ 和 $\lim\limits_{x\to+\infty} f(x)=A$.

结论：$\lim\limits_{x\to\infty} f(x)=A \Leftrightarrow \lim\limits_{x\to-\infty} f(x)=A$ 且 $\lim\limits_{x\to+\infty} f(x)=A$.

极限 $\lim\limits_{x\to\infty} f(x)=A$ 的定义的几何意义见图2.2.

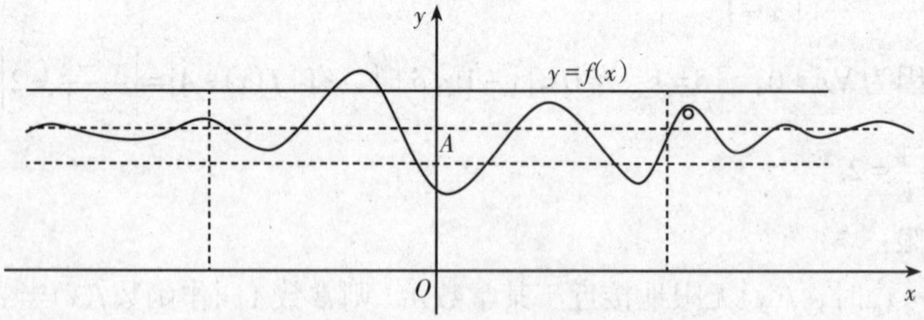

图2.2　$\lim\limits_{x\to\infty} f(x)=A$ 的定义的几何意义

例　证明 $\lim\limits_{x\to\infty}\dfrac{1}{x}=0$.

分析　$|f(x)-A|=\left|\dfrac{1}{x}-0\right|=\dfrac{1}{|x|}$. $\forall\varepsilon>0$，要使$|f(x)-A|<\varepsilon$，只要$|x|>\dfrac{1}{\varepsilon}$.

证明　因为$\forall\varepsilon>0$，$\exists X=\dfrac{1}{\varepsilon}>0$，当$|x|>X$时，有$|f(x)-A|=\left|\dfrac{1}{x}-0\right|=\dfrac{1}{|x|}<\varepsilon$，所以 $\lim\limits_{x\to\infty}\dfrac{1}{x}=0$. 直线$y=0$是函数 $y=\dfrac{1}{x}$ 的水平渐近线.

一般地，如果 $\lim\limits_{x\to\infty}f(x)=c$，则直线 $y=c$ 称为函数 $y=f(x)$ 的图形的水平渐近线.

2.3.2　函数极限的性质

定理1（函数极限的唯一性） 如果极限 $\lim\limits_{x\to x_0}f(x)$ 存在，则极限唯一.

定理2（函数极限的局部有界性） 如果 $f(x)\to A(x\to x_0)$，那么存在常数 $M>0$ 和 δ，使得当 $0<|x-x_0|<\delta$ 时，有 $|f(x)|\leqslant M$.

证明 因为 $f(x)\to A(x\to x_0)$，所以对于 $\varepsilon=1$，$\exists\delta>0$，当 $0<|x-x_0|<\delta$ 时，有 $|f(x)-A|<\varepsilon=1$，于是

$$|f(x)|=|f(x)-A+A|\leqslant|f(x)-A|+|A|<1+|A|.$$

这就证明了在 x_0 的去心邻域 $\{x|0<|x-x_0|<\delta\}$ 内，$f(x)$ 是有界的.

定理3（函数极限的局部保号性） 如果 $f(x)\to A(x\to x_0)$，而且 $A>0$（或 $A<0$），那么存在常数 $\delta>0$，使当 $0<|x-x_0|<\delta$ 时，有 $f(x)>0$ ［或 $f(x)>0$］.

证明 就 $A>0$ 的情形证明. 因为 $\lim\limits_{x\to x_0}f(x)=A$，所以对于 $\varepsilon=\frac{A}{2}$，$\exists\delta>0$，当 $0<|x-x_0|<\delta$ 时，有

$$|f(x)-A|<\varepsilon=\frac{A}{2}\Rightarrow A-\frac{A}{2}<f(x)\Rightarrow f(x)>\frac{A}{2}>0.$$

定理3′ 如果 $f(x)\to A(x\to x_0)$ $(A\neq0)$，那么存在点 x_0 的某一去心邻域，在该邻域内，有 $|f(x)|>\frac{1}{2}|A|$.

推论 如果在 x_0 的某一去心邻域内 $f(x)\geqslant0$ ［或 $f(x)\leqslant0$］，而且 $f(x)\to A(x\to x_0)$，那么 $A\geqslant0$（或 $A\leqslant0$）.

证明 设 $f(x)\geqslant0$. 假设上述论断不成立，即设 $A<0$，那么根据定理1，就有 x_0 的某一去心邻域，在该邻域内 $f(x)\leqslant0$，这与 $f(x)\geqslant0$ 的假定矛盾，所以 $A\geqslant0$.

定理4（函数极限与数列极限的关系） 如果当 $x\to x_0$ 时，$f(x)$ 的极限存在，$\{x_n\}$ 为 $f(x)$ 的定义域内任一收敛于 x_0 的数列，且满足 $x_n\neq x_0$（$n\in\mathbf{N}^+$），那么相应的函数值数列 $\{f(x_n)\}$ 必收敛，且

$$\lim_{n\to\infty}f(x_n)=\lim_{x\to x_0}f(x).$$

证明 设 $f(x)\to A(x\to x_0)$，则 $\forall\varepsilon>0$，$\exists\delta>0$，当 $0<|x-x_0|<\delta$ 时，有 $|f(x)-A|<\varepsilon$. 又因为 $x_n\to x_0$ $(n\to\infty)$，故对 $\delta>0$，$\exists N\in\mathbf{N}^+$，当 $n>N$ 时，有 $|x_n-x_0|<\delta$. 由假设，$x_n\neq x_0$ $(n\in\mathbf{N}^+)$，故当 $n>N$ 时，$0<|x_n-x_0|<\delta$，$|f(x_n)-A|<\varepsilon$，即 $\lim\limits_{n\to\infty}f(x_n)=\lim\limits_{x\to x_0}f(x)$.

习题2.3

（1）讨论函数 $f(x)=\begin{cases}x+1, & x<0\\ 2-x, & x\geqslant 0\end{cases}$ 在点 $x=0$ 处的极限是否存在，并作出函数图像.

（2）讨论函数 $f(x)=\begin{cases}3x+2, & x\leqslant 0\\ x^2-2, & x>0\end{cases}$ 在点 $x=0$ 处的极限是否存在.

2.4 无穷小与无穷大

2.4.1 无穷小

2.4.1.1 无穷小的定义

如果函数 $f(x)$ 当 $x\to x_0$（或 $x\to\infty$）时的极限为零，那么称函数 $f(x)$ 为当 $x\to x_0$（或 $x\to\infty$）时的无穷小. 特别地，以零为极限的数列 $\{x_n\}$ 称为 $n\to\infty$ 时的无穷小.

讨论：很小很小的数是否是无穷小？0是否为无穷小？

提示：在 $x\to x_0$（或 $x\to\infty$）过程中，极限为零. 很小很小的数只要它不是零，作为常数函数在自变量的任何变化过程中，其极限就是这个常数本身，不会为零.

2.4.1.2 无穷小与函数极限的关系

定理1 在自变量的同一变化过程 $x\to x_0$（或 $x\to\infty$）中，函数 $f(x)$ 具有极限 A 的充分必要条件是 $f(x)=A+a$，其中 a 是无穷小.

证明 设 $\lim\limits_{x\to x_0}f(x)=A$，$\forall\varepsilon>0$，$\exists\delta>0$，使当 $0<|x-x_0|<\delta$ 时，有 $|f(x)-A|<\varepsilon$.

令 $a=f(x)-A$，则 a 是 $x\to x_0$ 时的无穷小，且 $f(x)=A+a$. 这就证明了 $f(x)$ 等于它的极限 A 与一个无穷小 a 之和.

反之，设 $f(x)=A+a$，其中 A 是常数，a 是 $x\to x_0$ 时的无穷小，于是

$$|f(x)-A|=|a|.$$

因 a 是 $x\to x_0$ 时的无穷小，$\forall\varepsilon>0$，$\exists\delta>0$，使当 $0<|x-x_0|<\delta$，有

$$|a|<\varepsilon \quad 或 \quad |f(x)-A|<\varepsilon.$$

这就证明了 A 是 $f(x)$ 当 $x\to x_0$ 时的极限，类似地可证明 $x\to\infty$ 时的情形.

例如，因为 $\dfrac{1+x^3}{2x^3}=\dfrac{1}{2}+\dfrac{1}{2x^3}$，而 $\lim\limits_{x\to\infty}\dfrac{1}{2x^3}=0$，所以 $\lim\limits_{x\to\infty}\dfrac{1+x^3}{2x^3}=\dfrac{1}{2}$.

2.4.2 无穷大

2.4.2.1 无穷大的定义

如果当 $x\to x_0$（或 $x\to\infty$）时，对应的函数值的绝对值 $|f(x)|$ 无限增大，就称函数

$f(x)$ 为当 $x \to x_0$（或 $x \to \infty$）时的无穷大，记作 $\lim\limits_{x \to x_0} f(x) = \infty$ ［或 $\lim\limits_{x \to \infty} f(x) = \infty$］.

注：当 $x \to x_0$（或 $x \to \infty$）时为无穷大的函数 $f(x)$，按照函数极限定义，极限是不存在的. 为了便于叙述函数的这一性态，也说"函数的极限是无穷大"，并记作

$$\lim_{x \to x_0} f(x) = \infty \quad [\text{或} \lim_{x \to \infty} f(x) = \infty].$$

讨论：无穷大的精确定义如何叙述？很大很大的数是否是无穷大？

提示：$\lim\limits_{x \to x_0} f(x) = \infty \Leftrightarrow \forall M > 0$，$\exists \delta > 0$，当 $0 < |x-1| < \delta$ 时，有 $|f(x)| > M$.

正无穷大与负无穷大：$\lim\limits_{\substack{x \to x_0 \\ (x \to \infty)}} f(x) = +\infty$，　$\lim\limits_{\substack{x \to x_0 \\ (x \to \infty)}} f(x) = -\infty$.

例　证明 $\lim\limits_{x \to 1} \dfrac{1}{x-1} = \infty$.

证明　因为 $\forall M > 0$，$\exists \delta = \dfrac{1}{M}$，当 $0 < |x-1| < \delta$ 时，有 $\left|\dfrac{1}{x-1}\right| > M$，所以 $\lim\limits_{x \to 1} \dfrac{1}{x-1} = \infty$.

提示　要使 $\left|\dfrac{1}{x-1}\right| = \dfrac{1}{|x-1|} > M$，只要使 $|x-1| < \dfrac{1}{M}$.

2.4.2.2　垂直渐近线

如果 $\lim\limits_{x \to x_0} f(x) = \infty$，则称直线 $x = x_0$ 是函数 $y = f(x)$ 的图形的垂直渐近线.

例如，直线 $x = 1$ 是函数 $y = \dfrac{1}{x-1}$ 的垂直渐近线（见图2.3）.

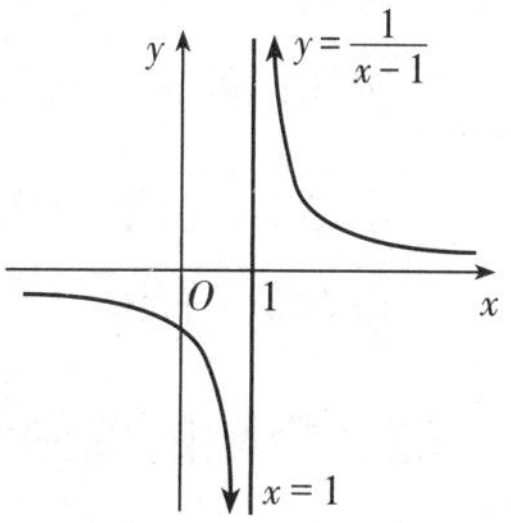

图2.3　直线 $x = 1$ 与函数 $y = \dfrac{1}{x-1}$ 的图像

2.4.2.3　无穷大与无穷小之间的关系

定理2　在自变量的同一变化过程中，如果 $f(x)$ 为无穷大，则 $\dfrac{1}{f(x)}$ 为无穷小；反之，如果 $f(x)$ 为无穷小，且 $f(x) \neq 0$，则 $\dfrac{1}{f(x)}$ 为无穷大.

简要证明　如果 $\lim\limits_{x \to x_0} f(x) = 0$，且 $f(x) \neq 0$，那么对于 $\varepsilon = \dfrac{1}{M}$，$\exists \delta > 0$，当 $0 < |x - x_0| < \delta$ 时，有 $|f(x)| < \varepsilon = \dfrac{1}{M}$，由于当 $0 < |x - x_0| < \delta$ 时，$f(x) \neq 0$，即 $\left|\dfrac{1}{f(x)}\right| > M$，所以 $\dfrac{1}{f(x)}$ 为 $x \to x_0$ 时的无穷大. 如果 $\lim\limits_{x \to x_0} f(x) = \infty$，那么对于 $M = \dfrac{1}{\varepsilon}$，$\exists \delta > 0$，当 $0 < |x - x_0| < \delta$ 时，有 $|f(x)| > M = \dfrac{1}{\varepsilon}$，即 $\left|\dfrac{1}{f(x)}\right| < \varepsilon$，所以为 $x \to x_0$ 时的无穷小.

习题2.4

（1）当 $x \to 0$ 时，指出下列哪些量为无穷小量，哪些量为无穷大量.

① $\sin^2 x$；　② $\sqrt{1+x}$；　③ x^2；　④ $e^x - 1$；

⑤ $1 - \cos x$；　⑥ $\dfrac{1}{x}$；　⑦ $\ln(1+x)$；　⑧ $\tan x$；

⑨ $\arcsin x$；　⑩ $\arctan x$.

（2）当$x\to+\infty$时，指出下列哪些量为无穷小量，哪些量为无穷大量.

① $\sin x$；　② $\sqrt{1+x}$；　③ x^2；　④ e^x-1；

⑤ $\frac{1}{x^2}$；　⑥ $\frac{1}{x}$；　⑦ $\ln(1+x)$；　⑧ $\frac{1}{x^2+1}$.

2.5 极限运算法则

2.5.1 无穷小的运算性质

定理1 有限个无穷小的和也是无穷小.

例如，当$x\to0$时，x与$\sin x$都是无穷小，$x+\sin x$也是无穷小.

定理2 有界函数与无穷小的乘积是无穷小.

例如，当$x\to\infty$时，$\frac{1}{x}$是无穷小，$\arctan x$是有界函数，所以$\frac{1}{x}\arctan x$也是无穷小.

推论1 常数与无穷小的乘积是无穷小.

推论2 有限个无穷小的乘积也是无穷小.

2.5.2 极限的四则运算法则

定理3 如果$\lim f(x)=A$，$\lim g(x)=B$，那么

（1）$\lim\big(f(x)\pm g(x)\big)=\lim f(x)\pm\lim g(x)=A\pm B$；

（2）$\lim f(x)\cdot g(x)=\lim f(x)\cdot\lim g(x)=A\cdot B$；

（3）$\lim\frac{f(x)}{g(x)}=\frac{\lim f(x)}{\lim g(x)}=\frac{A}{B}\ (B\neq0)$.

证明 （1）因为$\lim f(x)=A$，$\lim g(x)=B$，根据极限与无穷小的关系，有

$$f(x)=A+\alpha,\ g(x)=B+\beta,$$

其中α及β为无穷小. 于是

$$f(x)\pm g(x)=(A+\alpha)\pm(B+\beta)=(A\pm B)+(\alpha\pm\beta),$$

即$f(x)\pm g(x)$可表示为常数$(A\pm B)$与无穷小$(\alpha\pm\beta)$之和. 因此

$$\lim\big(f(x)\pm g(x)\big)=\lim f(x)\pm\lim g(x)=A\pm B.$$

（2）（3）的证明过程略.

推论1 如果$\lim f(x)$存在，而c为常数，则

$$\lim\big(cf(x)\big)=c\lim f(x).$$

推论2 如果$\lim f(x)$存在，而n是正整数，则

$$\lim\big(f(x)\big)^n=\big(\lim f(x)\big)^n.$$

定理4 如果 $f(x)\geqslant g(x)$，而 $\lim f(x)=a$， $\lim g(x)=b$，那么 $a\geqslant b$.

例1 求 $\lim\limits_{x\to 1}(2x-1)$.

解 $\lim\limits_{x\to 1}(2x-1)=\lim\limits_{x\to 1}2x-\lim\limits_{x\to 1}1=2\lim\limits_{x\to 1}x-1=2\cdot 1-1=1$.

讨论：若 $P(x)=a_0x^n+a_1x^{n-1}+\cdots+a_{n-1}x+a_n$，则 $\lim\limits_{x\to x_0}P(x)=?$

提示：
$$\begin{aligned}\lim_{x\to x_0}P(x)&=\lim_{x\to x_0}\left(a_0x^n\right)+\lim_{x\to x_0}\left(a_1x^{n-1}\right)+\cdots+\lim_{x\to x_0}\left(a_{n-1}x\right)+\lim_{x\to x_0}a_n\\&=a_0\lim_{x\to x_0}x^n+a_1\lim_{x\to x_0}x^{n-1}+\cdots+a_{n-1}\lim_{x\to x_0}x+\lim_{x\to x_0}a_n\\&=a_0\left(\lim_{x\to x_0}x\right)^n+a_1\left(\lim_{x\to x_0}x\right)^{n-1}+\cdots+a_n\\&=a_0x_0^n+a_1x_0^{n-1}+\cdots+a_n=P\left(x_0\right).\end{aligned}$$

若 $P(x)=a_0x^n+a_1x^{n-1}+\cdots+a_n$，则 $\lim\limits_{x\to x_0}P(x)=P\left(x_0\right)$.

例2 求 $\lim\limits_{x\to 2}\dfrac{x^3-1}{x^2-5x+3}$.

解 $\lim\limits_{x\to 2}\dfrac{x^3-1}{x^2-5x+3}=\dfrac{\lim\limits_{x\to 2}\left(x^3-1\right)}{\lim\limits_{x\to 2}\left(x^2-5x+3\right)}=\dfrac{\lim\limits_{x\to 2}x^3-\lim\limits_{x\to 2}1}{\lim\limits_{x\to 2}x^2-\lim\limits_{x\to 2}5x+\lim\limits_{x\to 2}3}=\dfrac{2^3-1}{2^2-10+3}=-\dfrac{7}{3}$.

提问 如下写法是否正确？

$$\lim_{x\to 2}\frac{x^3-1}{x^2-5x+3}=\frac{\lim\limits_{x\to 2}x^3-1}{\lim\limits_{x\to 2}x^2-5x+3}=\frac{2^3-1}{2^2-10+3}=-\frac{7}{3}.$$

$$\lim_{x\to 2}\frac{x^3-1}{x^2-5x+3}=\frac{\lim\limits_{x\to 2}\left(x^3-1\right)}{\lim\limits_{x\to 2}\left(x^2-5x+3\right)}=\frac{\lim\limits_{x\to 2}\left(2^3-1\right)}{\lim\limits_{x\to 2}\left(2^2-10+3\right)}=-\frac{7}{3}.$$

例3 求 $\lim\limits_{x\to 3}\dfrac{x-3}{x^2-9}$.

解 $\lim\limits_{x\to 3}\dfrac{x-3}{x^2-9}=\lim\limits_{x\to 3}\dfrac{x-3}{(x-3)(x+3)}=\lim\limits_{x\to 3}\dfrac{1}{x+3}=\dfrac{\lim\limits_{x\to 3}1}{\lim\limits_{x\to 3}(x+3)}=\dfrac{1}{6}$.

例4 求 $\lim\limits_{x\to 1}\dfrac{2x-3}{x^2-5x+4}$.

解 $\lim\limits_{x\to 1}\dfrac{x^2-5x+4}{2x-3}=\dfrac{1^2-5\cdot 1+4}{2\cdot 1-3}=0$，根据无穷大与无穷小的关系得 $\lim\limits_{x\to 1}\dfrac{2x-3}{x^2-5x+4}=\infty$.

提问 如下写法是否正确？

$$\lim_{x\to 1}\frac{2x-3}{x^2-5x+4}=\frac{\lim\limits_{x\to 1}(2x-3)}{\lim\limits_{x\to 1}\left(x^2-5x+4\right)}=\frac{-1}{0}=\infty.$$

讨论：有理函数的极限 $\lim\limits_{x\to x_0}\dfrac{P(x)}{Q(x)}=?$

提示：当 $Q(x_0)\neq 0$ 时， $\lim\limits_{x\to x_0}\dfrac{P(x)}{Q(x)}=\dfrac{P\left(x_0\right)}{Q\left(x_0\right)}$.

当 $Q(x_0)=0$ 且 $P(x_0)\neq 0$ 时， $\lim\limits_{x\to x_0}\dfrac{P(x)}{Q(x)}=\infty$.

当$Q(x_0)=P(x_0)=0$时，先将分子分母的公因式约去.

例5 求$\lim\limits_{x\to\infty}\dfrac{3x^3+4x^2+2}{7x^3+5x^2-3}$.

解 先用x^3去除分子及分母，然后取极限：

$$\lim_{x\to\infty}\frac{3x^3+4x^2+2}{7x^3+5x^2-3}=\lim_{x\to\infty}\frac{3+\dfrac{4}{x}+\dfrac{2}{x^3}}{7+\dfrac{5}{x}-\dfrac{3}{x^2}}=\frac{3}{7}.$$

例6 求$\lim\limits_{x\to\infty}\dfrac{3x^2-2x-1}{2x^3-x^2+5}$.

解 先用x^3去除分子及分母，然后取极限：

$$\lim_{x\to\infty}\frac{3x^2-2x-1}{2x^3-x^2+5}=\lim_{x\to\infty}\frac{\dfrac{3}{x}-\dfrac{2}{x^2}-\dfrac{1}{x^3}}{2-\dfrac{1}{x}+\dfrac{5}{x^3}}=\frac{0}{2}=0.$$

例7 求$\lim\limits_{x\to\infty}\dfrac{2x^3-x^2+5}{3x^2-2x-1}$.

解 因为$\lim\limits_{x\to\infty}\dfrac{3x^2-2x-1}{2x^3-x^2+5}=0$，所以$\lim\limits_{x\to\infty}\dfrac{2x^3-x^2+5}{3x^2-2x-1}=\infty$.

讨论：有理函数的极限$\lim\limits_{x\to\infty}\dfrac{a_0x^n+a_1x^{n-1}+\cdots+a_n}{b_0x^m+b_1x^{m-1}+\cdots+b_m}=?$

提示：$\lim\limits_{x\to\infty}\dfrac{a_0x^n+a_1x^{n-1}+\cdots+a_n}{b_0x^m+b_1x^{m-1}+\cdots+b_m}=\begin{cases}0, & n<m\\ \dfrac{a_0}{b_0}, & n=m\\ \infty, & n>m\end{cases}.$

例8 求$\lim\limits_{x\to\infty}\dfrac{\sin x}{x}$.

解 当$x\to\infty$时，分子及分母的极限都不存在，因此关于商的极限的运算法则不能应用.

因为$\dfrac{\sin x}{x}=\dfrac{1}{x}\cdot\sin x$，是无穷小与有界函数的乘积，所以$\lim\limits_{x\to\infty}\dfrac{\sin x}{x}=0$.

定理5（复合函数的极限运算法则） 设函数$y=f\big(g(x)\big)$是由函数$y=f(u)$与函数$u=g(x)$复合而成，$y=f\big(g(x)\big)$在点x的某去心邻域内有定义，若$\lim\limits_{x\to x_0}g(x)=u_0$，$\lim\limits_{u\to u_0}f(u)=A$，且在$x_0$的某去心邻域内$g(x)\neq u_0$，则

$$\lim_{x\to x_0}f\big(g(x)\big)=\lim_{u\to u_0}f(u)=A.$$

注：把定理中$\lim\limits_{x\to x_0}g(x)=u_0$换成$\lim\limits_{x\to x_0}g(x)=\infty$或$\lim\limits_{x\to\infty}g(x)=\infty$，而把$\lim\limits_{u\to u_0}f(u)=A$换成$\lim\limits_{u\to\infty}f(u)=A$，可得类似结果.把定理中$g(x)\to u_0(x\to x_0)$换成$g(x)\to\infty(x\to x_0)$或$g(x)\to\infty(x\to\infty)$，而把$f(u)\to A(u\to u_0)$换成$f(u)\to A(u\to\infty)$，可得类似结果.

例9　求 $\lim\limits_{x\to 3}\sqrt{\dfrac{x^2-9}{x-3}}$.

解　$y=\sqrt{\dfrac{x^2-9}{x-3}}$ 是由 $y=\sqrt{u}$ 与 $u=\dfrac{x^2-9}{x-3}$ 复合而成的.

因为 $\lim\limits_{x\to 3}\dfrac{x^2-9}{x-3}=6$，所以 $\lim\limits_{x\to 3}\sqrt{\dfrac{x^2-9}{x-3}}=\lim\limits_{u\to 6}\sqrt{u}=\sqrt{6}$.

习题2.5

求下列极限：

（1）$\lim\limits_{x\to 1}(x^2-3x+4)$；　（2）$\lim\limits_{x\to 1}\dfrac{x^2-4}{x+1}$；　（3）$\lim\limits_{x\to 0}\dfrac{x^2-1}{2x^2-x+1}$；　（4）$\lim\limits_{x\to\infty}\dfrac{\sin x}{x^3+1}$；

（5）$\lim\limits_{x\to 1}\dfrac{x^2-4x-5}{x^2-1}$；　（6）$\lim\limits_{x\to 3}\dfrac{x^2-9}{x^2-10x+21}$；　（7）$\lim\limits_{x\to 3}\left(\dfrac{1}{x-3}-\dfrac{6}{x^2-9}\right)$；

（8）$\lim\limits_{x\to 16}\dfrac{x^2-15x-16}{\sqrt{x}-4}$；　（9）$\lim\limits_{x\to\infty}\dfrac{x^4-5x^2+1}{1-x^2-2x^4}$；　（10）$\lim\limits_{x\to\infty}\dfrac{x^3-5x^2+1}{2x^4-x^2+1}$；

（11）$\lim\limits_{x\to\infty}\dfrac{x^3-7x+1}{x^2-3x+4}$；　（12）$\lim\limits_{x\to+\infty}\left(\sqrt{x+1}-\sqrt{x}\right)$.

2.6　极限存在准则　两个重要极限

2.6.1　极限存在准则

2.6.1.1　准则 I

如果数列 $\{x_n\}$，$\{y_n\}$，$\{z_n\}$ 满足下列条件：

（1）$y_n\leqslant x_n\leqslant z_n$　$(n=1,\ 2,\ 3,\ \cdots)$；

（2）$\lim\limits_{n\to\infty}y_n=a$，$\lim\limits_{n\to\infty}z_n=a$.

那么，数列 $\{x_n\}$ 的极限存在，且 $\lim\limits_{n\to\infty}x_n=a$.

证明　因为 $\lim\limits_{n\to\infty}y_n=a$，$\lim\limits_{n\to\infty}z_n=a$，所以根据数列极限的定义，$\forall\varepsilon>0$，$\exists N_1>0$，当 $n>N_1$ 时，有 $|y_n-a|<\varepsilon$；又 $\exists N_2>0$，当 $n>N_2$ 时，有 $|z_n-a|<\varepsilon$. 现取 $N=\max\{N_1,N_2\}$，则当 $n>N$ 时，有

$$|y_n-a|<\varepsilon,\quad |z_n-a|<\varepsilon$$

同时成立，即

$$a-\varepsilon<y_n<a+\varepsilon,\quad a-\varepsilon<z_n<a+\varepsilon$$

同时成立. 又因 $y_n\leqslant x_n\leqslant z_n$，所以当 $n>N$ 时，有

$$a-\varepsilon<y_n\leqslant x_n\leqslant z_n<a+\varepsilon,$$

即 $|x_n-a|<\varepsilon$. 这就证明了 $\lim\limits_{n\to\infty}x_n=a$.

2.6.1.2　准则Ⅰ′

如果函数 $f(x)$，$g(x)$ 及 $h(x)$ 满足下列条件：

（1）$g(x)\leqslant f(x)\leqslant h(x)$；

（2）$\lim g(x)=A$，$\lim h(x)=A$.

那么，$\lim f(x)$ 存在，且 $\lim f(x)=A$.

注：如果上述极限过程是 $x\to x_0$，要求函数在 x_0 的某一去心邻域内有定义；上述极限过程是 $x\to\infty$，要求函数当 $|x|>M$ 时有定义，则准则Ⅰ及准则Ⅰ′称为夹逼准则.

2.6.2　两个重要极限

2.6.2.1　$\lim\limits_{x\to 0}\dfrac{\sin x}{x}=1$

下面根据准则Ⅰ′证明第一个重要极限：$\lim\limits_{x\to 0}\dfrac{\sin x}{x}=1$.

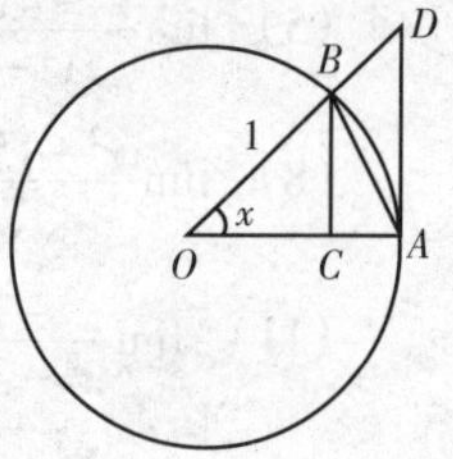

图2.4　$\lim\limits_{x\to 0}\dfrac{\sin x}{x}=1$ 的证明

证明　函数 $\dfrac{\sin x}{x}$ 对于一切 $x\neq 0$ 都有定义. 根据图2.4，圆为单位圆，$BC\perp OA$，$DA\perp OA$. 圆心角 $\angle AOB=x\left(0<x<\dfrac{\pi}{2}\right)$. 显然，$\sin x=B$，$x=\overset{\frown}{AB}$，$\tan x=AD$. 因为

$$S_{\triangle AOB}<S_{扇形AOB}<S_{\triangle AOD},$$

所以

$$\frac{1}{2}\sin x<\frac{1}{2}x<\frac{1}{2}\tan x,$$

即 $\sin x<x<\tan x$. 不等号各边都除以 $\sin x$，就有

$$1<\frac{x}{\sin x}<\frac{1}{\cos x}\quad 或\quad \cos x<\frac{\sin x}{x}<1.$$

注：（1）当 $\dfrac{\pi}{2}<x<0$ 时也成立. 而 $\lim\limits_{x\to 0}\cos x=1$，根据准则Ⅰ′，$\lim\limits_{x\to 0}\dfrac{\sin x}{x}=1$.

（2）在极限 $\lim\dfrac{\sin\alpha(x)}{\alpha(x)}$ 中，只要 $\alpha(x)$ 是无穷小，就有 $\lim\dfrac{\sin\alpha(x)}{\alpha(x)}=1$. 这是因为令 $u=\alpha(x)$，则 $u\to 0$，于是 $\lim\dfrac{\sin\alpha(x)}{\alpha(x)}=\lim\limits_{u\to 0}\dfrac{\sin u}{u}=1$. $\lim\limits_{x\to 0}\dfrac{\sin x}{x}=1$，$\lim\dfrac{\sin\alpha(x)}{\alpha(x)}=1\,[\alpha(x)\to 0]$.

例1　求 $\lim\limits_{x\to 0}\dfrac{\tan x}{x}$.

解　$\lim\limits_{x\to 0}\dfrac{\tan x}{x}=\lim\limits_{x\to 0}\dfrac{\sin x}{x}\cdot\dfrac{1}{\cos x}=\lim\limits_{x\to 0}\dfrac{\sin x}{x}\cdot\lim\limits_{x\to 0}\dfrac{1}{\cos x}=1.$

例2　求 $\lim\limits_{x\to 0}\dfrac{\sin 5x}{x}$.

解　$\lim\limits_{x\to 0}\dfrac{\sin 5x}{x}=\lim\limits_{x\to 0}5\left(\dfrac{\sin 5x}{5x}\right)=5\lim\limits_{x\to 0}\dfrac{\sin 5x}{5x}=5.$

2.6.2.2　准则Ⅱ

单调有界数列必有极限.

如果数列$\{x_n\}$满足条件

$$x_1 \leqslant x_2 \leqslant x_3 \leqslant \cdots \leqslant x_n \leqslant x_{n+1} \leqslant \cdots,$$

就称数列$\{x_n\}$是单调增加的.

如果数列$\{x_n\}$满足条件

$$x_1 \geqslant x_2 \geqslant x_3 \geqslant \cdots \geqslant x_n \geqslant x_{n+1} \geqslant \cdots,$$

就称数列$\{x_n\}$是单调减少的.

单调增加和单调减少数列统称为单调数列.

注：如果数列$\{x_n\}$满足条件$x_n \leqslant x_{n+1}$，$n \in \mathbf{N}^+$，收敛的数列一定有界，有界的数列不一定收敛. 准则Ⅱ表明：如果数列不仅有界，并且是单调的，那么数列的极限必定存在，也就是数列一定收敛.

准则Ⅱ的几何解释：单调增加数列的点只可能朝右一个方向移动，或者无限向右移动，或者无限地趋近于某一定点A. 有界数列只可能出现后者的情况.

根据准则Ⅱ，可以证明极限$\lim\limits_{n \to \infty}\left(1+\dfrac{1}{n}\right)^n$存在.

设$x_n=\left(1+\dfrac{1}{n}\right)^n$，现证明数列$\{x_n\}$是单调有界的. 按照牛顿二项公式，有

$$x_n=\left(1+\frac{1}{n}\right)^n=1+\frac{n}{1!}\cdot\frac{1}{n}+\frac{n(n-1)}{2!}\cdot\frac{1}{n^2}+\frac{n(n-1)(n-2)}{3!}\cdot\frac{1}{n^3}+\cdots+\frac{n(n-1)\cdots(n-n+1)}{n!}\cdot\frac{1}{n^n}$$

$$=1+1+\frac{1}{2!}\left(1-\frac{1}{n}\right)+\frac{1}{3!}\left(1-\frac{1}{n}\right)\left(1-\frac{2}{n}\right)+\cdots+\frac{1}{n!}\left(1-\frac{1}{n}\right)\left(1-\frac{2}{n}\right)\cdots\left(1-\frac{n-1}{n}\right),$$

$$x_{n+1}=1+1+\frac{1}{2!}\left(1-\frac{1}{n+1}\right)+\frac{1}{3!}\left(1-\frac{1}{n+1}\right)\left(1-\frac{2}{n+1}\right)+\cdots+$$

$$\frac{1}{n!}\left(1-\frac{1}{n+1}\right)\left(1-\frac{2}{n+1}\right)\cdots\left(1-\frac{n-1}{n+1}\right)+\frac{1}{(n+1)!}\left(1-\frac{1}{n+1}\right)\left(1-\frac{2}{n+1}\right)\cdots\left(1-\frac{1}{n+1}\right).$$

比较x_n，x_{n+1}的展开式，可以看出除前两项外，x_n的每一项都小于x_{n+1}的对应项，并且x_{n+1}还多了最后一项，其值大于0，因此$x_n<x_{n+1}$. 这就是说，数列$\{x_n\}$是单调有界的.

x_n的展开式中各项括号内的数用较大的数1代替，得

$$x_n<1+1+\frac{1}{2!}+\frac{1}{3!}+\cdots+\frac{1}{n!}<1+1+\frac{1}{2}+\frac{1}{2^2}+\cdots+\frac{1}{2^{n-1}}=1+\frac{1-\frac{1}{2^n}}{1-\frac{1}{2}}=3-\frac{1}{2^{n-1}}<3.$$

根据准则Ⅱ，数列$\{x_n\}$必有极限. 这个极限用e来表示. 即

$$\lim_{n \to \infty}\left(1+\frac{1}{n}\right)^n=\mathrm{e}.$$

还可以证明$\lim\limits_{x \to \infty}\left(1+\dfrac{1}{x}\right)^x=\mathrm{e}$. e是一个无理数，它的值是$\mathrm{e}=2.718281828459045\cdots$.

指数函数$y=\mathrm{e}^x$以及对数函数$y=\ln x$中的底e就是这个常数. 在极限$\lim\limits_{\alpha(x) \to 0}(1+\alpha(x))^{\frac{1}{\alpha(x)}}$中，只要$\alpha(x)$是无穷小，就有

$$\lim_{\alpha(x)\to 0}\left(1+\alpha(x)\right)^{\frac{1}{\alpha(x)}}=\mathrm{e}.$$

这是因为，令 $u=\dfrac{1}{\alpha(x)}$，则 $u\to\infty$，于是 $\lim\left(1+\alpha(x)\right)^{\frac{1}{\alpha(x)}}=\lim\limits_{u\to\infty}\left(1+\dfrac{1}{u}\right)^{u}=\mathrm{e}.$

$\lim\limits_{x\to\infty}\left(1+\dfrac{1}{x}\right)^{x}=\mathrm{e}$，$\lim\left(1+\alpha(x)\right)^{\frac{1}{\alpha(x)}}=\mathrm{e}\ [\alpha(x)\to 0]$.

同理有

$$\lim_{\alpha(x)\to\infty}\left(1+\frac{1}{\alpha(x)}\right)^{\alpha(x)}=\mathrm{e}.$$

例3 求 $\lim\limits_{x\to\infty}\left(1-\dfrac{1}{x}\right)^{x}$.

解 $\lim\limits_{x\to\infty}\left(1-\dfrac{1}{x}\right)^{x}=\lim\limits_{x\to\infty}\left(1+\dfrac{1}{-x}\right)^{-x(-1)}=\left[\lim\limits_{x\to\infty}\left(1+\dfrac{1}{-x}\right)^{-x}\right]^{-1}=\mathrm{e}^{-1}.$

例4 求 $\lim\limits_{x\to\infty}\left(1+\dfrac{2}{x}\right)^{3x}$.

解 $\lim\limits_{x\to\infty}\left(1+\dfrac{2}{x}\right)^{3x}=\lim\limits_{x\to\infty}\left(1+\dfrac{2}{x}\right)^{\frac{x}{2}\cdot 6}=\mathrm{e}^{6}.$

习题2.6

求下列极限：

（1）$\lim\limits_{x\to 0}\dfrac{x+\sin x}{2x}$；（2）$\lim\limits_{x\to\infty}\dfrac{x+\sin x}{2x}$；（3）$\lim\limits_{x\to\infty}\dfrac{\sin 3x}{2x}$；（4）$\lim\limits_{x\to 0}\dfrac{x+\sin 2x}{x-\sin 3x}$；

（5）$\lim\limits_{x\to 0}\dfrac{\sin 5x}{\sin 3x}$；（6）$\lim\limits_{x\to\infty}\left(1-\dfrac{1}{x}\right)^{2x}$；（7）$\lim\limits_{x\to\infty}\left(1+\dfrac{1}{x}\right)^{-3x}$；（8）$\lim\limits_{x\to\infty}\left(1-\dfrac{4}{x}\right)^{2x}$；

（9）$\lim\limits_{x\to 0}(1+x)^{\frac{1}{3x}}$；（10）$\lim\limits_{x\to\infty}\left(\dfrac{1+x}{x}\right)^{-x}$；（11）$\lim\limits_{x\to 0}(1+2x)^{\frac{1}{x}}$；（12）$\lim\limits_{x\to\infty}\left(1+\dfrac{1}{x}\right)^{2x+3}$.

2.7 无穷小量的比较

通过前面的学习，两个无穷小量的和、差及乘积仍旧是无穷小. 那么两个无穷小量的商会是怎样的呢？

2.7.1 定义

设α，β都是$x\to x_0$时的无穷小量，且β在x_0的去心领域内不为零，

如果 $\lim\limits_{x\to x_0}\dfrac{\alpha}{\beta}=0$，则称$\alpha$是$\beta$的高阶无穷小或$\beta$是$\alpha$的低阶无穷小，记作 $\alpha=o(\beta)$;

如果 $\lim\limits_{x\to x_0}\dfrac{\alpha}{\beta}=c\neq 0$，则称$\alpha$和$\beta$是同阶无穷小；

如果 $\lim\limits_{x\to x_0}\dfrac{\alpha}{\beta}=1$，则称$\alpha$和$\beta$是等价无穷小，记作$\alpha\sim\beta$（$\alpha$与$\beta$等价）.

例如，因为 $\lim\limits_{x\to 0}\dfrac{x}{3x}=\dfrac{1}{3}$，所以当$x\to 0$时，$x$与$3x$是同阶无穷小.

因为 $\lim\limits_{x\to 0}\dfrac{x^2}{3x}=0$，所以当$x\to 0$时，$x^2$是$3x$的高阶无穷小.

因为 $\lim\limits_{x\to 0}\dfrac{\sin x}{x}=1$，所以当$x\to 0$时，$\sin x$与$x$是等价无穷小.

2.7.2 等价无穷小的性质

定理 设α，β，α'，β'在$x\to x_0$时都是无穷小，且$\alpha\sim\alpha'$，$\beta\sim\beta'$，$\lim\limits_{x\to x_0}\dfrac{\beta'}{\alpha'}$存在，则有

$$\lim_{x\to x_0}\frac{\beta}{\alpha}=\lim_{x\to x_0}\frac{\beta'}{\alpha'}.$$

事实上，

$$\lim_{x\to x_0}\frac{\beta}{\alpha}=\lim_{x\to x_0}\left(\frac{\alpha'}{\alpha}\frac{\beta'}{\alpha'}\frac{\beta}{\beta'}\right)=\lim_{x\to x_0}\frac{\alpha'}{\alpha}\cdot\lim_{x\to x_0}\frac{\beta'}{\alpha'}\cdot\lim_{x\to x_0}\frac{\beta}{\beta'}=\lim_{x\to x_0}\frac{\beta}{\alpha}.$$

注：根据这一定理，在求无穷小量之比的极限时，若此极限不易求，则可用与分子、分母各自等价的无穷小来代替，如果选得适当，可简化运算.

用上述定理求极限，需预先知道一些常用的等价无穷小，例如，当$x\to 0$时：

$$\sin x\sim x,\ \tan x\sim x,\ 1-\cos x\sim\frac{1}{2}x^2,\ \arcsin x\sim x,$$

$$\arctan x\sim x,\ \ \ln(1+x)\sim x,\ \mathrm{e}^x-1\sim x,\ \sqrt{1+x}-1\sim\frac{1}{2}x.$$

例1 求 $\lim\limits_{x\to 0}\dfrac{\sin ax}{\tan bx}$.

解 当$x\to 0$时，$\sin ax\sim ax$，$\tan bx\sim bx$，则 $\lim\limits_{x\to 0}\dfrac{\sin ax}{\tan bx}=\lim\limits_{x\to 0}\dfrac{ax}{bx}=\dfrac{a}{b}$.

例2 求 $\lim\limits_{x\to 0}\dfrac{\tan x-\sin x}{x^3}$.

解 $$\lim_{x\to 0}\frac{\tan x-\sin x}{x^3}=\lim_{x\to 0}\frac{\tan x(1-\cos x)}{x^3}=\lim_{x\to 0}\frac{x\cdot\left(\frac{1}{2}x^2\right)}{x^3}=\frac{1}{2}.$$

例3 求 $\lim\limits_{x\to 2}\dfrac{\sin(x^2-4)}{x-2}$

解 当$x\to 2$时，$\sin(x^2-4)\sim(x^2-4)$，则

$$\lim_{x\to 2}\frac{\sin(x^2-4)}{x-2}=\lim_{x\to 2}\frac{x^2-4}{x-2}=\lim_{x\to 2}\frac{(x+2)(x-2)}{x-2}=\lim_{x\to 2}(x+2)=4.$$

注：从这个例题中可以发现，作无穷小变换时，要代换式中的某一项，不能只代换某个因子（亦即只有乘积因子可作等价无穷小的替换）.

习题2.7

（1）填空：

① 当$x\to 0$时，$\tan^2 x$是$\sin x$的__________无穷小；

② 当$x\to 0$时，$\arcsin x$是$\ln(1+x^2)$的______无穷小；

③ 当$x\to 0$时，ax^2与$\tan^2\dfrac{x}{4}$为等价无穷小，则常数$a=$______；

④ 当$x\to\infty$时，函数$f(x)$与$\dfrac{1}{x}$是等价无穷小，则$\lim\limits_{x\to\infty}2xf(x)=$______.

（2）求下列极限：

① $\lim\limits_{x\to 0}\dfrac{\sin 2x}{\tan 3x}$；　② $\lim\limits_{x\to 0}\dfrac{\ln(1+3x)}{\sin 2x}$；　③ $\lim\limits_{x\to 0}\dfrac{\sin^2 x}{1-\cos 2x}$；　④ $\lim\limits_{x\to 0}\dfrac{\sqrt{1+x}-1}{\arcsin x}$；

⑤ $\lim\limits_{x\to 0}\dfrac{\tan x-\sin x}{\tan^3(3x)}$；　⑥ $\lim\limits_{x\to 0}\dfrac{e^{x^2}-1}{\cos x-1}$；　⑦ $\lim\limits_{x\to 0}\dfrac{\tan(2x^2)}{1-\cos x}$；　⑧ $\lim\limits_{x\to 0}\dfrac{x^2\ln(1+3x^2)}{\arctan^2 x}$；

⑨ $\lim\limits_{x\to 0}\dfrac{\tan 3x(e^{2x}-1)}{\ln^2(1+x)}$；　⑩ $\lim\limits_{x\to 1}\dfrac{\sin(x^2-1)}{x-1}$；　⑪ $\lim\limits_{x\to\infty}x\sin\dfrac{1}{x}$；　⑫ $\lim\limits_{x\to\infty}\dfrac{\sin 2x}{3x}$.

（3）若$\lim\limits_{x\to 0}\dfrac{x^2\ln(1+x^2)}{\sin^n x}=0$，且$\lim\limits_{x\to 0}\dfrac{\sin^n x}{1-\cos x}=0$，求正整数$n$的值.

2.8　函数的连续性与间断点

2.8.1　函数的连续性

2.8.1.1　变量的增量

设变量u从它的一个初值u_1变到终值u_2，终值与初值的差u_2-u_1叫作变量u的增量，记作Δu，即$\Delta u=u_2-u_1$.

设函数$y=f(x)$在点x_0的某一个邻域内是有定义的. 当自变量x在这邻域内从x_0变到$x_0+\Delta x$时，函数y相应地从$f(x_0)$变到$f(x_0+\Delta x)$，因此函数y的对应增量为

$$\Delta y=f(x_0+\Delta x)-f(x_0).$$

2.8.1.2　函数连续的定义

设函数$y=f(x)$在点x_0的某一个邻域内有定义，如果当自变量的增量$\Delta x=x-x_0$趋于零时，对应的函数的增量$\Delta y=f(x_0+\Delta x)-f(x_0)$也趋于零，即

$$\lim_{\Delta x\to 0}\Delta y=0\quad 或\quad \lim_{x\to x_0}f(x)=f(x_0),$$

那么称函数$y=f(x)$在点x_0处连续.

注：（1）$\lim\limits_{\Delta x\to 0}\Delta y=\lim\limits_{\Delta x\to 0}\big(f(x_0+\Delta x)-f(x_0)\big)=0$；

（2）设$\Delta x=x-x_0$，则当$\Delta x\to 0$时，$x\to x_0$，因此

$$\lim_{\Delta x\to 0}\Delta y=0\Leftrightarrow\lim_{x\to x_0}\big(f(x)-f(x_0)\big)=0\Leftrightarrow\lim_{x\to x_0}f(x)=f(x_0).$$

左右连续性：如果$\lim\limits_{x\to x_0^-}f(x)=f(x_0)$，则称$y=f(x)$在点$x_0$处左连续；如果$\lim\limits_{x\to x_0^+}f(x)=f(x_0)$，则称$y=f(x)$在点$x_0$处右连续.

左右连续与连续的关系：

函数 $y=f(x)$ 在点 x_0 处连续 $\Leftrightarrow$ 函数 $y=(x)$ 在点 x_0 处左连续且右连续.

函数在区间上的连续性：在区间上每一点都连续的函数，叫作在该区间上的连续函数，或者说函数在该区间上连续. 如果区间包括端点，那么函数在右端点连续是指在该点左连续，在左端点连续是指在该点右连续.

连续函数举例：

（1）如果 $f(x)$ 是多项式函数，则函数 $f(x)$ 在区间（$-\infty$，$+\infty$）内是连续的. 因为 $f(x)$ 在（$-\infty$，$+\infty$）内任意一点 x_0 处有定义，且 $\lim\limits_{x\to x_0}P(x)=P(x_0)$.

（2）函数 $f(x)=\sqrt{x}$ 在区间［0，∞）内是连续的.

（3）函数 $y=\sin x$ 在区间（$-\infty$，$+\infty$）内是连续的.

证明　设 x 为区间（$-\infty$，$+\infty$）内任意一点. 则有

$$\Delta y=\sin(x+\Delta x)-\sin x=2\sin\frac{\Delta x}{2}\cos\left(x+\frac{\Delta x}{2}\right),$$

因为当 $x\to0$ 时，Δy 是无穷小与有界函数的乘积，所以 $\lim\limits_{\Delta x\to0}\Delta y=0$.

这就证明了函数 $y=\sin x$ 在区间（$-\infty$，$+\infty$）内任意一点 x 都是连续的.

（4）函数 $y=\cos x$ 在区间（$-\infty$，$+\infty$）内是连续的.

2.8.2　函数的间断点

2.8.2.1 间断点定义

设函数 $f(x)$ 在点 x_0 的某去心邻域内有定义. 在此前提下，如果函数 $f(x)$ 有下列三种情形之一：

（1）在 x_0 没有定义；

（2）虽然在 x_0 有定义，但 $\lim\limits_{x\to x_0}f(x)$ 不存在；

（3）虽然在 x_0 有定义且 $\lim\limits_{x\to x_0}f(x)$ 存在，但 $\lim\limits_{x\to x_0}f(x)\neq f(x_0)$；

则函数 $f(x)$ 在点 x_0 为不连续，而点 $x=x_0$ 称为函数 $f(x)$ 的不连续点或间断点.

例如，正切函数 $y=\tan x$ 在 $x=\frac{\pi}{2}$ 处没有定义，所以点 $x=\frac{\pi}{2}$ 是函数 $\tan x$ 的间断点.

因为 $\lim\limits_{x\to\frac{\pi}{2}}\tan x=\infty$，故称 $x=\frac{\pi}{2}$ 为函数 $\tan x$ 的无穷间断点.

例如，函数 $y=\sin\frac{1}{x}$ 在点 $x=0$ 没有定义，所以点 $x=0$ 是函数 $\sin\frac{1}{x}$ 的间断点.

当 $x\to0$ 时，函数值在 -1 与 1 之间变动无限多次，所以点 $x=0$ 称为函数 $\sin\frac{1}{x}$ 的振荡间断点.

例1　讨论函数 $y=\frac{x^2-1}{x-1}$ 在 $x=1$ 的连续性.

解　函数 $y=\frac{x^2-1}{x-1}$ 在 $x=1$ 没有定义，所以点 $x=1$ 是函数的间断点.

因为 $\lim\limits_{x\to 1}\dfrac{x^2-1}{x-1}=\lim\limits_{x\to 1}(x+1)=2$，如果补充定义：令 $x=1$ 时 $y=2$，则所给函数在 $x=1$ 连续. 所以 $x=1$ 称为该函数的可去间断点.

例2 设函数 $f(x)=\begin{cases}x, & x\neq 1\\ \dfrac{1}{2}, & x=1\end{cases}$ 讨论函数在 $x=1$ 的连续性.

解 因为 $\lim\limits_{x\to 1}f(x)=\lim\limits_{x\to 1}x=1$，$f(1)=\dfrac{1}{2}$，$\lim\limits_{x\to 1}f(x)\neq f(1)$，所以 $x=1$ 是函数 $f(x)$ 的间断点.

如果改变函数 $f(x)$ 在 $x=1$ 处的定义：令 $f(1)=1$，则函数 $f(x)$ 在 $x=1$ 成为连续点，所以 $x=1$ 也称为该函数的可去间断点.

例3 设函数 $f(x)=\begin{cases}x-1, & x<0\\ 0, & x=0\\ x+1, & x>0\end{cases}$ 讨论函数在 $x=0$ 的连续性.

解 因为 $\lim\limits_{x\to 0^-}f(x)=\lim\limits_{x\to 0^-}(x-1)=-1$，$\lim\limits_{x\to 0^+}f(x)=\lim\limits_{x\to 0^+}(x+1)=1$，$\lim\limits_{x\to 0^-}f(x)\neq\lim\limits_{x\to 0^+}f(x)$，所以极限 $\lim\limits_{x\to 0}f(x)$ 不存在，$x=0$ 是函数 $f(x)$ 的间断点. 因为函数 $f(x)$ 的图形在 $x=0$ 处产生跳跃现象，所以称 $x=0$ 为函数 $f(x)$ 的跳跃间断点.

2.8.2.2 间断点的分类

根据函数 $f(x)$ 在间断点处的单侧极限的情况，可将间断点分两大类.

（1）如果 x_0 是函数 $f(x)$ 的间断点，但左极限 $f(x_0-0)$ 及右极限 $f(x_0+0)$ 都存在，那么 x_0 称为函数 $f(x)$ 的第一类间断点.

（2）如果 x_0 是函数 $f(x)$ 的间断点，且在 x_0 处两个单侧极限至少有一个不存在，那么称 x_0 为第二类间断点.

在第一类间断点中，左、右极限相等者称为可去间断点，不相等者称为跳跃间断点. 无穷间断点和振荡间断点显然是第二间断点.

习题2.8

（1）讨论函数 $f(x)=\begin{cases}x+1, & x<0\\ 2-x, & x\geqslant 0\end{cases}$ 在点 $x=0$ 处的连续性，并作出它的图像.

（2）若函数 $f(x)=\begin{cases}x\sin\dfrac{1}{x}, & x>0\\ a+x^2, & x\leqslant 0\end{cases}$ 在点 $x=0$ 处连续，求常数 a 的值.

（3）求下列函数的间断点，并说明种类：

① $f(x)=\dfrac{x^2-1}{x^2-3x+2}$；　② $f(x)=\dfrac{\sin x}{x}$；　③ $f(x)=\dfrac{x^2-4}{x^2+x-6}$；

④ $f(x)=\sin\dfrac{1}{x}$；　⑤ $f(x)=\dfrac{1}{e^x-1}$.

2.9 连续函数的运算与初等函数的连续性

2.9.1 连续函数的和、积及商的连续性

定理1 设函数 $f(x)$ 和 $g(x)$ 在点 x_0 连续，则函数 $f(x)\pm g(x)$， $f(x)\cdot g(x)$， $\dfrac{f(x)}{g(x)}$ ［当 $g(x_0)\neq 0$ 时］在点 x_0 也连续.

$f(x)\pm g(x)$ 连续性的证明：因为 $f(x)$ 和 $g(x)$ 在点 x_0 连续，所以在点 x_0 有定义，从而 $f(x)\pm g(x)$ 在点 x_0 也有定义，再由连续性和极限运算法则，有

$$\lim_{x\to x_0}\big(f(x)\pm g(x)\big)=\lim_{x\to x_0}f(x)\pm\lim_{x\to x_0}g(x)=f(x_0)\pm g(x_0).$$

根据连续性的定义，$f(x)\pm g(x)$ 在点 x_0 连续.

例如，$\sin x$ 和 $\cos x$ 都在区间（$-\infty$，$+\infty$）内连续，则 $\tan x$ 和 $\cot x$ 在各自的定义域内是连续的.

三角函数 $\sin x$，$\cos x$，$\sec x$，$\csc x$，$\tan x$，$\cot x$ 在其有定义的区间内都是连续的.

2.9.2 反函数与复合函数的连续性

定理2 如果函数 $f(x)$ 在区间 I_x 上单调增加（或单调减少）且连续，那么它的反函数 $x=f^{-1}(y)$ 也在对应的区间 $I_y=\{y\,|\,y=f(x),\ x\in I_x\}$ 上单调增加（或单调减少）且连续.

例如，由于 $y=\sin x$ 在区间 $\left[-\frac{\pi}{2},\ \frac{\pi}{2}\right]$ 上单调增加且连续，所以它的反函数 $y=\arcsin x$ 在区间［-1，1］上也是单调增加且连续的.

同样，$y=\arccos x$ 在区间［-1，1］上也是单调减少且连续；$y=\arctan x$ 在区间（$-\infty$，$+\infty$）内单调增加且连续；$y=\operatorname{arccot} x$ 在区间（$-\infty$，$+\infty$）内单调减少且连续.

总之，反三角函数 $\arcsin x$，$\arccos x$，$\arctan x$，$\operatorname{arccot} x$ 在它们的定义域内都是连续的.

定理3 设函数 $y=f\big(g(x)\big)$ 由函数 $y=f(u)$ 与函数 $u=g(x)$ 复合而成，$\mathring{U}(x_0)\subseteq D_{f\circ g}$. 若 $\lim\limits_{x\to x_0}g(x)=u_0$，而函数 $y=f(u)$ 在 u_0 连续，则

$$\lim_{x\to x_0}f\big(g(x)\big)=\lim_{u\to u_0}f(u)=f(u_0).$$

简要证明 要证 $\forall\varepsilon>0$，$\exists\delta>0$，当 $0<|x-x_0|<\delta$ 时，有 $\big|f\big(g(x)\big)-f(u_0)\big|<\varepsilon$.

因为 $f(u)$ 在 u_0 连续，所以 $\forall\varepsilon>0$，$\exists\eta>0$，当 $|u-u_0|<\eta$ 时，有 $\big|f(u)-f(u_0)\big|<\varepsilon$.

又因为 $g(x)\to u_0(x\to x_0)$，所以对上述 $\eta>0$，$\exists\delta>0$，当 $0<|x-x_0|<\delta$ 时，有 $|g(x)-u_0|<\eta$，从而 $\big|f\big(g(x)\big)-f(u_0)\big|<\varepsilon$.

定理3的结论也可写成 $\lim\limits_{x\to x_0} f(g(x))=f\left(\lim\limits_{x\to x_0} g(x)\right)$. 求复合函数 $f(g(x))$ 的极限时，函数符号f与极限号可以交换次序.

$\lim\limits_{x\to x_0} f(u(x))=\lim\limits_{u\to u_0} f(u)$ 表明，在定理3条件下，如果作代换 $u=g(x)$，那么求 $\lim\limits_{x\to x_0} f(g(x))$ 就转化为求 $\lim\limits_{u\to u_0} f(u)$，这里 $u_0=\lim\limits_{x\to x_0} g(x)$.

例1 求 $\lim\limits_{x\to 3}\sqrt{\dfrac{x-3}{x^2-9}}$.

解 $\lim\limits_{x\to 3}\sqrt{\dfrac{x-3}{x^2-9}}=\sqrt{\lim\limits_{x\to 3}\dfrac{x-3}{x^2-9}}=\sqrt{\dfrac{1}{6}}$.

提示：$y=\sqrt{\dfrac{x-3}{x^2-9}}$ 是由 $y=\sqrt{u}$ 与 $u=\dfrac{x-3}{x^2-9}$ 复合而成的.

$\lim\limits_{x\to 3}\dfrac{x-3}{x^2-9}=\dfrac{1}{6}$，函数 $y=\sqrt{u}$ 在点 $u=\dfrac{1}{6}$ 连续.

定理4 设函数 $y=f(g(x))$ 由函数 $y=f(u)$ 与函数 $u=g(x)$ 复合而成，$U(x_0)\subset D_{f\circ g}$. 若函数 $u=g(x)$ 在点x_0连续，函数 $y=f(u)$ 在点 $u_0=g(x_0)$ 连续，则复合函数 $y=f(g(x))$ 在点x_0也连续.

证明 因为 $f(x)$ 在点x_0连续，所以 $\lim\limits_{x\to x_0} f(x)=f(x_0)=u_0$.

又 $y=f(u)$ 在点 $u=u_0$ 连续，所以 $\lim\limits_{x\to x_0} f(g(x))=f(u_0)=f(g(x_0))$.

这就证明了复合函数 $y=f(g(x))$ 在点x_0连续.

例2 讨论函数 $y=\sin\dfrac{1}{x}$ 的连续性.

解 函数 $y=\sin\dfrac{1}{x}$ 是由 $y=\sin u$ 及 $u=\dfrac{1}{x}$ 复合而成的. 当$-\infty<u<+\infty$时 $\sin u$ 是连续的，当$-\infty<x<0$和$0<x<+\infty$时 $\dfrac{1}{x}$ 是连续的，根据定理4，函数 $\sin\dfrac{1}{x}$ 在无限区间（$-\infty$，0）和（0，$+\infty$）内是连续的.

2.9.3 初等函数的连续性

在基本初等函数中，已经证明了三角函数及反三角函数在它们的定义域内是连续的.

指数函数a^x($a>0$，$a\neq 1$）对于一切实数x都有定义，且在区间（$-\infty$，$+\infty$）内是单调的和连续的，它的值域为（0，$+\infty$）. 由定理4可知，对数函数 $\log_a x$（$a>0$，$a\neq 1$）作为指数函数a^x的反函数，在区间（0，$+\infty$)内单调且连续.

幂函数$y=x^\alpha$的定义域随 α 的值而异，但无论 α 为何值，在区间（0，$+\infty$)内，幂函数总是有定义的. 可以证明，在区间（0，$+\infty$)内，幂函数是连续的. 事实上，设$x>0$，则 $y=x=a^{\mu\log_a x}$，因此，幂函数x可看作由 $y=a^u$，$u=\log_a x$ 复合而成的，它在（0，$+\infty$)内是连续的. 如果对于 α 取各种不同值加以分别讨论，可以证明幂函数在其定义域内是连续的.

结论：基本初等函数在它们的定义域内都是连续的.

根据初等函数的定义，由基本初等函数的连续性，以及本节有关定理可得下列重要结论：

一切初等函数在其定义区间内都是连续的.

所谓定义区间，就是包含在定义域内的区间.

初等函数的连续性在求函数极限中的应用：如果 $f(x)$ 是初等函数，且 x_0 是 $f(x)$ 的定义区间内的点，则 $\lim\limits_{x\to x_0}f(x)=f(x_0)$.

例3 求 $\lim\limits_{x\to 0}\sqrt{1-x^2}$.

解 初等函数 $f(x)=\sqrt{1-x^2}$ 在点 $x_0=0$ 是有定义的，所以 $\lim\limits_{x\to 0}\sqrt{1-x^2}=\sqrt{1}=1$.

例4 求 $\lim\limits_{x\to\frac{\pi}{2}}\ln\sin x$.

解 初等函数 $f(x)=\ln\sin x$ 在点 $x_0=\dfrac{\pi}{2}$ 是有定义的，所以 $\lim\limits_{x\to\frac{\pi}{2}}\ln\sin x=\ln\sin\dfrac{\pi}{2}=0$.

例5 求 $\lim\limits_{x\to 0}\dfrac{\sqrt{1+x^2}-1}{x}$.

解 $\lim\limits_{x\to 0}\dfrac{\sqrt{1+x^2}-1}{x}=\lim\limits_{x\to 0}\dfrac{\left(\sqrt{1+x^2}-1\right)\left(\sqrt{1+x^2}+1\right)}{x\left(\sqrt{1+x^2}+1\right)}=\lim\limits_{x\to 0}\dfrac{x}{\sqrt{1+x^2}+1}=\dfrac{0}{2}=0$.

例6 求 $\lim\limits_{x\to 0}\dfrac{\log_a(1+x)}{x}$.

解 $\lim\limits_{x\to 0}\dfrac{\log_a(1+x)}{x}=\lim\limits_{x\to 0}\log_a(1+x)^{\frac{1}{x}}=\log_a e=\dfrac{1}{\ln a}$.

例7 求 $\lim\limits_{x\to 0}\dfrac{a^x-1}{x}$.

解 令 $a^x-1=t$，则 $x=\log_a(1+t)$，$x\to 0$ 时 $t\to 0$，于是 $\lim\limits_{x\to 0}\dfrac{a^x-1}{x}=\lim\limits_{t\to 0}\dfrac{t}{\log_a(1+t)}=\ln a$.

习题2.9

（1）求下列极限：

① $\lim\limits_{x\to\frac{\pi}{4}}(\sin 2x)^3$；　② $\lim\limits_{x\to 0}\sqrt{x^2-2x+5}$；　③ $\lim\limits_{x\to 0}\ln\dfrac{\sin x}{x}$；　④ $\lim\limits_{x\to\infty}e^{\frac{1}{x}}$.

（2）讨论函数 $f(x)=\dfrac{1}{1+\dfrac{1}{x}}$ 的连续性.

2.10 闭区间上连续函数的性质

2.10.1 最大值与最小值

最大值与最小值：对于在区间I上有定义的函数 $f(x)$，如果有 $x_0\in I$，使得对于任一 $x\in I$ 都有

$$f(x)\leqslant f(x_0)\quad [\text{或} f(x)\geqslant f(x_0)],$$

则称 $f(x_0)$ 是函数 $f(x)$ 在区间I上的最大值（最小值）.

例如，函数 $f(x)=1-\sin x$ 在区间［0，2］上有最大值2和最小值0. 又如，函数 $f(x)=\sin x$ 在区间（$-\infty$，$+\infty$）内有最大值1和最小值-1. 但函数 $f(x)=x$ 在开区间（a，b）内既无最大值又无最小值.

定理1（最大值和最小值定理） 在闭区间上连续的函数在该区间上一定能取得它的最大值和最小值.

定理1说明，如果函数 $f(x)$ 在闭区间［a，b］上连续，那么至少有一点 $\xi\in[a, b]$，使 $f(\xi_1)$ 是 $f(x)$ 在［a，b］上的最大值，又至少有一点 $\xi_2\in[a, b]$，使 $f(\xi_2)$ 是 $f(x)$ 在［a，b］上的最小值.

注：如果函数在开区间内连续，或函数在闭区间上有间断点，那么函数在该区间上就不一定有最大值或最小值.

定理2（有界性定理） 在闭区间上连续的函数一定在该区间上有界.

2.10.2 介值定理

如果x_0使 $f(x_0)=0$，则x_0称为函数 $f(x)$ 的零点.

定理3（零点定理） 设函数 $f(x)$ 在闭区间［a，b］上连续，且 $f(a)$ 与 $f(b)$ 异号，那么在开区间（a，b）内至少有一点ξ，使 $f(\xi)=0$.

定理4（介值定理） 设函数 $f(x)$ 在闭区间［a，b］上连续，且在这区间的端点取不同的函数值 $f(a)=A$ 及 $f(b)=B$，那么，对于A与B之间的任意一个数C，在开区间（a，b）内至少有一点ξ，使得 $f(\xi)=C$.

定理4的几何意义：连续曲线弧 $y=f(x)$ 与水平直线 $y=C$ 至少交于一点.

推论 在闭区间上连续的函数必取得介于最大值M与最小值m之间的任何值.

例 证明方程 $x^3-4x^2+1=0$ 在区间（0，1）内至少有一个根.

证明 函数 $f(x)=x^3-4x^2+1$ 在闭区间［0，1］上连续，则 $f(0)=1>0$，$f(1)=-2<0$. 根据零点定理，在（0，1）内至少有一点ξ，使 $f(\xi)=0$，即 $\xi^3-4\xi^2+1=0$ $(0<\xi<1)$. 说明方程 $x^3-4x^2+1=0$ 在区间（0，1）内至少有一个根是ξ.

习题2.10

（1）证明：方程 $x^5-3x=1$ 至少一根介于1和2之间.

（2）证明：若 $f(x)$ 在（$-\infty$，$+\infty$）内连续，且 $\lim\limits_{x\to\infty}f(x)$ 存在，则 $f(x)$ 必在（$-\infty$，$+\infty$）内有界.

第3章　一元函数微分学

微分学是微积分的重要组成部分，它的基本概念是导数与微分. 导数反映的是实际问题中的变化率，即函数相对于自变量变化快慢的程度；而微分反映的是当自变量有微小改变时函数改变量的近似值. 导数与微分是密切相关的，它们在科学技术和社会生产实践过程中有着广泛的应用. 本章主要讨论导数与微分的概念及计算方法.

3.1　导数的概念

3.1.1　引例

3.1.1.1　变速直线运动的瞬时速度

在学习导数的概念之前，先来讨论一下物理学中变速直线运动的瞬时速度的问题. 设一质点在坐标轴上做变速直线运动，其位置s是时间t的函数：$s=f(t)$，求质点在t_0的瞬时速度. 时间从t_0有增量Δt时，质点的位置有增量$\Delta s=f(t_0+\Delta t)-f(t_0)$，这就是质点在时间段$\Delta t$的位移. 因此，在此段时间内质点的平均速度为

$$\frac{f(t_0+\Delta t)-f(t_0)}{\Delta t}.$$

若质点是匀速运动的，则这就是在t_0的瞬时速度；若质点是非匀速直线运动，则这还不是质点在t_0时的瞬时速度. 当时间段Δt无限地接近于0时，此平均速度会无限地接近于质点t_0时的瞬时速度，即质点在t_0时的瞬时速度为

$$\lim_{\Delta t\to 0}\frac{f(t_0+\Delta t)-f(t_0)}{\Delta t}=\lim_{\Delta t\to 0}\frac{\Delta s}{\Delta t},$$

这时就把这个极限值称为动点在时刻t_0的速度.

3.1.1.2　切线的斜率

设有曲线C及C上的一点M，在点M外另取C上一点N，作割线MN. 当点N沿曲线C趋于点M时，如果割线MN绕点M旋转而趋于极限位置MT，直线MT就称为曲线C在点M处的切线（见图3.1和图3.2）.

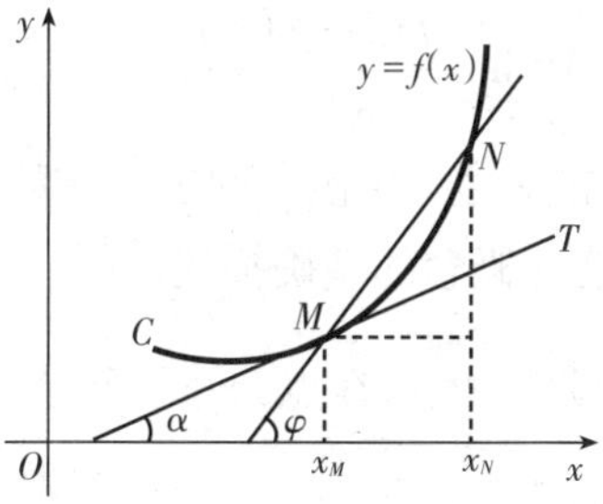

图3.1　切线的斜率

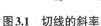

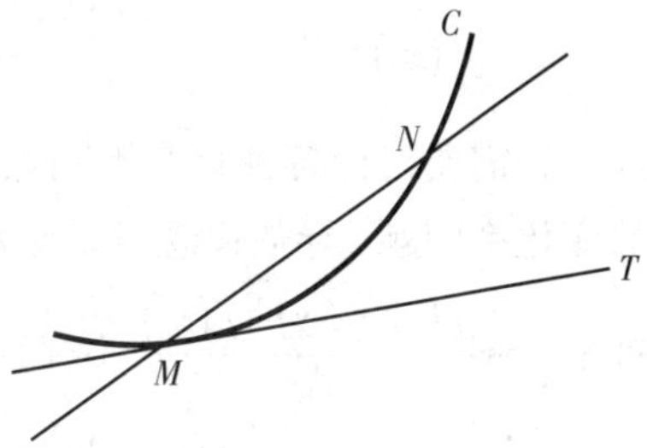

图3.2　切线的斜率（局部放大）

设曲线C就是函数$y=f(x)$的图形. 要确定曲线在点$f(x_0, y_0)$ $[y_0=f(x_0)]$处的切线，只要定出切线的斜率就可以了. 为此，在点M外另取C上一点$N(x,y)$，于是割线MN的斜率为

$$\tan\varphi=\frac{y-y_0}{x-x_0}=\frac{f(x)-f(x_0)}{x-x_0},$$

其中φ为割线MN的倾角. 当点N沿曲线C趋于点M时，即当$x\to x_0$时，如果上式的极限存在，设为k，即

$$k=\lim_{x\to x_0}\frac{f(x)-f(x_0)}{x-x_0}$$

存在，则此极限k是割线斜率的极限，也就是切线的斜率. 这里$k=\tan\alpha$，其中α是切线MT的倾角. 于是，通过点$M(x_0, f(x))$且以k为斜率的直线MT便是曲线C在点M处的切线.

上面两个问题中，一个是物理问题，另一个是几何问题，虽然它们的实际意义各不相同，但解决的思想方法是相同的，即都是计算函数的增量与自变量增量之比，当自变量增量趋于零时的极限.

由此，产生了导数的概念.

3.1.2　导数的定义

3.1.2.1　定义

设函数$y=f(x)$在点x_0的某个邻域内有定义，当自变量x在x_0处取得增量Δx（点$x_0+\Delta x$仍在该邻域内）时，函数y相应地取得增量$\Delta y=f(x_0+\Delta x)-f(x_0)$. 如果$\Delta y$与$\Delta x$之比当$\Delta x\to 0$时的极限存在，则称函数$y=f(x)$在点$x_0$处可导，并称这个极限为函数$y=f(x)$在点$x_0$处的导数，记作$y'|_{x=x_0}$，即

$$f'(x_0)=\lim_{\Delta x\to 0}\frac{\Delta y}{\Delta x}=\lim_{\Delta x\to 0}\frac{f(x_0+\Delta x)-f(x_0)}{\Delta x},$$

也可记作$y'|_{x=x_0}$，$\left.\frac{\mathrm{d}y}{\mathrm{d}x}\right|_{x=x_0}$或$\left.\frac{\mathrm{d}f(x)}{\mathrm{d}x}\right|_{x=x_0}$. 函数$f(x)$在点$x_0$处可导有时也说成$f(x)$在点$x_0$具有导数或导数存在. 导数的定义式也可取不同的形式，常见的有

$$f'(x_0)=\lim_{h\to 0}\frac{f(x_0+h)-f(x_0)}{h},\quad f'(x_0)=\lim_{x\to x_0}\frac{f(x)-f(x_0)}{x-x_0}.$$

在实际中，需要讨论各种具有不同意义的变量的变化“快慢”问题，在数学上就是所谓函数的变化率问题. 导数概念就是函数变化率这一概念的精确描述.

如果极限 $\lim\limits_{\Delta x\to 0}\frac{f(x_0+\Delta x)-f(x_0)}{\Delta x}$ 不存在，就说函数 $y=f(x)$ 在点 x_0 处不可导.

如果不可导的原因是 $\lim\limits_{\Delta x\to 0}\frac{f(x_0+\Delta x)-f(x_0)}{\Delta x}=\infty$，也往往说函数 $y=f(x)$ 在点 x_0 处的导数为无穷大.

如果函数 $y=f(x)$ 在开区间 I 内的每点处都可导，就称函数 $y=f(x)$ 在开区间 I 内可导，这时，对于任一 $x\in I$，都对应着 $f(x)$ 的一个确定的导数值. 这样就构成了一个新的函数，这个函数叫作原来函数 $y=f(x)$ 的导函数，记作 y'，$f'(x)$，$\frac{\mathrm{d}y}{\mathrm{d}x}$ 或 $\frac{\mathrm{d}f(x)}{\mathrm{d}x}$.

3.1.2.2　导函数的定义式

$$y'=\lim_{\Delta x\to 0}\frac{f(x+\Delta x)-f(x)}{\Delta x}\quad 或\quad \lim_{h\to 0}\frac{f(x+h)-f(x)}{h}.$$

3.1.2.3　$f'(x_0)$ 与 $f'(x)$ 之间的关系

函数 $f(x)$ 在点 x_0 处的导数 $f'(x_0)$ 就是导函数 $f'(x)$ 在点 x_0 处的函数值，即

$$f'(x_0)=f'(x)\big|_{x=x_0}.$$

导函数 $f'(x)$ 简称导数，而 $f'(x_0)$ 是 $f(x)$ 在 x_0 处的导数或导数 $f'(x)$ 在 x_0 处的值.

左右导数：

设 $y=f(x)$ 在 x_0 点及其左右邻域内有定义，若极限 $\lim\limits_{h\to 0^-}\frac{f(x_0+h)-f(x_0)}{h}$ 存在，则称此极限值为函数在 x_0 的左导数. 若极限 $\lim\limits_{h\to 0^+}\frac{f(x_0+h)-f(x_0)}{h}$ 存在，则称此极限值为函数在 x_0 的右导数.

$f(x)$ 在 x_0 的左导数：$f'(x_0)=\lim\limits_{h\to 0^-}\frac{f(x_0+h)-f(x_0)}{h}$.

$f(x)$ 在 x_0 的右导数：$f_+'(x_0)=\lim\limits_{h\to 0^+}\frac{f(x_0+h)-f(x_0)}{h}$.

导数与左右导数的关系：$f'(x_0)=A\Leftrightarrow f_-'(x_0)=f_+'(x_0)=A$.

注：函数 $y=f(x)$ 在 x_0 处的左右导数存在且相等是函数 $y=f(x)$ 在 x_0 处可导的充分必要条件.

3.1.3　求导数举例

例1　求函数 $f(x)=C$（C 为常数）的导数.

解　$f'(x)=\lim\limits_{h\to 0}\frac{f(x+h)-f(x)}{h}=\lim\limits_{h\to 0}\frac{C-C}{h}=0$，即 $(C)'=0$.

例2 求 $f(x)=\frac{1}{x}$ 的导数.

解 $f'(x)=\lim\limits_{h\to 0}\frac{f(x+h)-f(x)}{h}=\lim\limits_{h\to 0}\frac{\frac{1}{x+h}-\frac{1}{x}}{h}$

$=\lim\limits_{h\to 0}\frac{-h}{xh(x+h)}=-\lim\limits_{h\to 0}\frac{1}{(x+h)x}=-\frac{1}{x^2}.$

例3 求 $f(x)=\sqrt{x}$ 的导数.

解 $f'(x)=\lim\limits_{h\to 0}\frac{f(x+h)-f(x)}{h}=\lim\limits_{h\to 0}\frac{\sqrt{x+h}-\sqrt{x}}{h}$

$=\lim\limits_{h\to 0}\frac{h}{h\left(\sqrt{x+h}+\sqrt{x}\right)}=\lim\limits_{h\to 0}\frac{1}{\sqrt{x+h}+\sqrt{x}}=\frac{1}{2\sqrt{x}}.$

例4 求函数 $f(x)=x^n$ （n为正整数）在$x=a$处的导数.

解 $f'(a)=\lim\limits_{x\to a}\frac{f(x)-f(a)}{x-a}=\lim\limits_{x\to a}\frac{x^n-a^n}{x-a}\lim\limits_{x\to a}(x^{n-1}+ax^{n-2}+\cdots+a^{n-1})=na^{n-1}$，把以上结果中的$a$换成$x$，得 $f'(x)=nx^{n-1}$，即 $(x^n)'=nx^{n-1}$.

$(C)'=0$，$\left(\frac{1}{x}\right)'=-\frac{1}{x^2}$，$(\sqrt{x})'=\frac{1}{2\sqrt{x}}$，$(x^u)'=ux^{u-1}$.

一般地，有 $(x^u)'=ux^{u-1}$，其中u为常数.

例5 求函数$f(x)=\sin x$的导数.

解 $f'(x)=\lim\limits_{h\to 0}\frac{f(x+h)-f(x)}{h}=\lim\limits_{h\to 0}\frac{\sin(x+h)-\sin x}{h}$

$=\lim\limits_{h\to 0}\frac{1}{h}\cdot 2\cos\left(x+\frac{h}{2}\right)\sin\frac{h}{2}=\lim\limits_{h\to 0}\cos\left(x+\frac{h}{2}\right)\cdot\frac{\sin\frac{h}{2}}{\frac{h}{2}}=\cos x.$

即$(\sin x)'=\cos x$. 用类似的方法可求得$(\cos x)'=-\sin x$.

例6 求函数 $f(x)=a^x$ （$a>0$，$a\neq 1$）的导数.

解 $f'(x)=\lim\limits_{h\to 0}\frac{f(x+h)-f(x)}{h}=\lim\limits_{h\to 0}\frac{a^{x+h}-a^x}{h}$

$=a^x\lim\limits_{h\to 0}\frac{a^h-1}{h}\xlongequal{\text{令}a^h-1=t}a^x\lim\limits_{t\to 0}\frac{t}{\log_a(1+t)}$

$=a^x\frac{1}{\log_a \mathrm{e}}=a^x\ln a.$

特别的，有 $(\mathrm{e}^x)'=\mathrm{e}^x$.

例7 求函数 $f(x)=\log_a x$ （$a>0$，$a\neq 1$）的导数.

解 $f'(x)=\lim\limits_{h\to 0}\frac{f(x+h)-f(x)}{h}=\lim\limits_{h\to 0}\frac{\log_a(x+h)-\log_a x}{h}$

$=\lim\limits_{h\to 0}\frac{1}{h}\left(\frac{x+h}{x}\right)=\frac{1}{x}\lim\limits_{h\to 0}\frac{x}{h}\log_a\left(1+\frac{h}{x}\right)=\frac{1}{x}\lim\limits_{h\to 0}\log_a\left(1+\frac{h}{x}\right)^{\frac{x}{h}}$

$=\frac{1}{x}\log_a \mathrm{e}=\frac{1}{x\ln a}.$

即 $(\log_a x)' = \dfrac{1}{x\ln a}$，$(\ln x)' = \dfrac{1}{x}$，$(\log_a x)' = \dfrac{1}{x\ln a}$，$(\ln x)' = \dfrac{1}{x}$.

基本初等函数的求导公式详见3.2节函数的求导法则.

3.1.4 导数的几何意义

函数 $y=f(x)$ 在点 x_0 处的导数 $f'(x_0)$ 在几何上表示曲线 $y=f(x)$ 在点 $M(x_0, f(x_0))$ 处的切线的斜率，即 $f'(x_0)=\tan\alpha$ 其中，α 是切线的倾角.

如果 $y=f'(x_0)$ 的导数存在，则曲线 $y=f(x)$ 在点 $M(x_0, y_0)$ 处的切线方程为

$$y-y_0=f'(x_0)(x-x_0)$$

过切点 $M(x_0, y_0)$ 且与切线垂直的直线叫作曲线 $y=f(x)$ 在点 M 处的法线，如果 $f'(x_0)\neq 0$，法线的斜率为 $-\dfrac{1}{f'(x_0)}$，从而法线方程为

$$y-y_0=\frac{1}{f'(x_0)}(x-x_0).$$

例8 求等边双曲线 $y=\dfrac{1}{x}$ 在点 $\left(\dfrac{1}{2}, 2\right)$ 处的切线的斜率，并写出在该点处的切线方程和法线方程.

解 $y'=\dfrac{1}{x^2}$，所求切线及法线的斜率分别为

$$k_1=\left(-\frac{1}{x^2}\right)\bigg|_{x=\frac{1}{2}}=-4,\quad k_2=-\frac{1}{k_1}=\frac{1}{4}.$$

所求切线方程为 $y-2=-4\left(x-\dfrac{1}{2}\right)$，即 $4x+y-4=0$. 所求法线方程为 $y-2=\dfrac{1}{4}\left(x-\dfrac{1}{2}\right)$，即 $2x-8y+15=0$.

例9 求曲线 $y=x\sqrt{x}$ 的通过点（0，-4）的切线方程.

解 设切点的横坐标为 x_0，则切线的斜率为

$$f'(x_0)=\left(x^{\frac{3}{2}}\right)'=\frac{3}{2}x^{\frac{1}{2}}\bigg|_{x=x_0}=\frac{3}{2}\sqrt{x_0}.$$

所求切线的方程可设为

$$y-x_0\sqrt{x_0}=\frac{3}{2}\sqrt{x_0}(x-x_0).$$

根据题目要求，点（0，-4）在切线上，因此 $-4-x_0\sqrt{x_0}=\dfrac{3}{2}\sqrt{x_0}(0-x_0)$，解之得 $x_0=4$. 于是所求切线方程为

$$y-4\sqrt{4}=\frac{3}{2}\sqrt{4}(x-4),\ \text{即}\ 3x-y-4=0.$$

3.1.5 函数的可导性与连续性的关系

设函数 $y=f(x)$ 在点 x_0 处可导，即 $\lim\limits_{\Delta x\to 0}\dfrac{\Delta y}{\Delta x}=f'(x_0)$ 存在，则

$$\lim_{\Delta x\to 0}\Delta y=\lim_{\Delta x\to 0}\frac{\Delta y}{\Delta x}\cdot\Delta x=\lim_{\Delta x\to 0}\frac{\Delta y}{\Delta x}\cdot\lim_{\Delta x\to 0}\Delta x=f'(x_0)\cdot 0=0.$$

这就是说，函数$y=f(x)$在点x_0处是连续的. 所以，如果函数$y=f(x)$在点x处可导，则函数在该点必连续.

注：一个函数在某点连续却不一定在该点处可导.

例如，函数$f(x)=\sqrt[3]{x}$（见图3.3）在区间（$-\infty$，$+\infty$）内连续，但在点$x=0$处不可导. 这是因为函数在点$x=0$处导数为无穷大.

$$\lim_{h\to 0}\frac{f(0+h)-f(0)}{h}=\lim_{h\to 0}\frac{\sqrt[3]{h}-0}{h}=+\infty,$$

所以$f(x)=\sqrt[3]{x}$在$x=0$不可导.

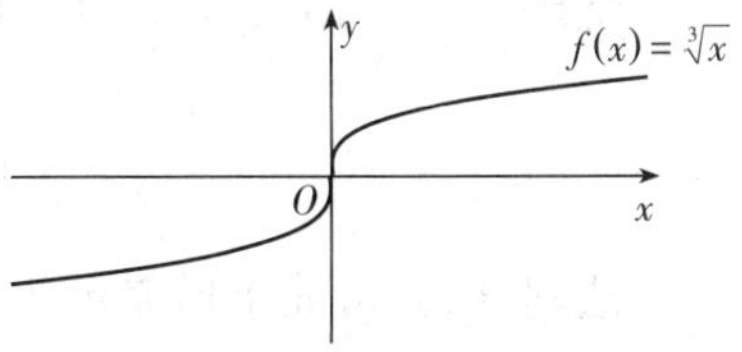

图3.3　函数 $f(x)=\sqrt[3]{x}$ 的图象

习题3.1

（1）已知$f'(x_0)$存在，求下列极限：

① $\lim\limits_{h\to 0}\dfrac{f(x_0+3h)-f(x_0)}{h}$；　② $\lim\limits_{h\to 0}\dfrac{f(x_0)-f(x_0-h)}{h}$；

③ $\lim\limits_{h\to 0}\dfrac{f(x_0+2h)-f(x_0-h)}{h}$；　④ $\lim\limits_{x\to x_0}\dfrac{f(x)-f(x_0)}{x-x_0}$.

（2）① 求曲线$y=\sqrt{x}$在点$M(4,\ 2)$处的切线方程和法线方程.

② 求曲线$y=1-x^2$在点（1，0）处的切线方程和法线方程.

③ 求曲线$y=\dfrac{1}{x}$在点$\left(\dfrac{1}{2},\ 2\right)$处的切线方程和法线方程.

④ 在曲线$y=x^3$上求一点，使曲线在该点的切线斜率等于12.

（3）讨论下列函数在$x=0$处的可导性和连续性：

① $f(x)=\begin{cases}x^2\sin\dfrac{1}{x}, & x\neq 0\\ 0, & x=0\end{cases}$；　② $f(x)=\begin{cases}\sin x, & x\geqslant 0\\ x-1, & x<0\end{cases}$；

③ $f(x)=\begin{cases}\dfrac{\sqrt{1+x^2}-1}{x}, & x\neq 0\\ 0, & x=0\end{cases}$.

3.2　函数的求导法则

3.2.1　函数的和、差、积、商的求导法则

定理1　如果函数$u=u(x)$及$v=v(x)$在点x具有导数，那么它们的和、差、积、商（除分母为零的点外）都在点x具有导数，并且

（1）$\big(u(x)\pm v(x)\big)'=u'(x)\pm v'(x)$；

（2）$\big(u(x)\cdot v(x)\big)'=u'(x)v(x)+u(x)v'(x)$；

（3）$\left(\dfrac{u(x)}{v(x)}\right)'=\dfrac{u'(x)v(x)-u(x)v'(x)}{v^2(x)}$.

证明 （1）
$$\big(u(x)\pm v(x)\big)'=\lim_{h\to 0}\frac{\big(u(x+h)\pm v(x+h)\big)-\big(u(x)\pm v(x)\big)}{h}$$
$$=\lim_{h\to 0}\left(\frac{u(x+h)-u(x)}{h}\pm\frac{v(x+h)-v(x)}{h}\right)=u'(x)\pm v'(x).$$

法则（1）可简单地表示为$(u+v)'=u'+v'$.

（2）
$$\big(u(x)\cdot v(x)\big)'=\lim_{h\to 0}\frac{u(x+h)v(x+h)-u(x)v(x)}{h}$$
$$=\lim_{h\to 0}\frac{1}{h}\big(u(x+h)v(x+h)-u(x)v(x+h)+u(x)v(x+h)-u(x)v(x)\big)$$
$$=\lim_{h\to 0}\left(\frac{u(x+h)-u(x)}{h}v(x+h)+u(x)\frac{v(x+h)-v(x)}{h}\right)$$
$$=\lim_{h\to 0}\frac{u(x+h)-u(x)}{h}\cdot\lim_{h\to 0}v(x+h)+u(x)\cdot\lim_{h\to 0}\frac{v(x+h)-v(x)}{h}$$
$$=u'(x)v(x)+u(x)v'(x).$$
其中$\lim\limits_{h\to 0}v(x+h)=v(x)$是由于$v'(x)$存在，故$v(x)$在点$x$连续.

法则（2）可简单地表示为$(uv)'=u'v+uv'$.

（3）
$$\left(\frac{u(x)}{v(x)}\right)'=\lim_{h\to 0}\frac{\dfrac{u(x+h)}{v(x+h)}-\dfrac{u(x)}{v(x)}}{h}=\lim_{h\to 0}\frac{u(x+h)v(x)-u(x)v(x+h)}{v(x+h)v(x)h}$$
$$=\lim_{h\to 0}\frac{\big(u(x+h)-u(x)\big)v(x)-u(x)\big(v(x+h)-v(x)\big)}{v(x+h)v(x)h}$$
$$=\lim_{h\to 0}\frac{\dfrac{u(x+h)-u(x)}{h}v(x)-u(x)\dfrac{v(x+h)-v(x)}{h}}{v(x+h)v(x)}$$
$$=\frac{u'(x)v(x)-u(x)v'(x)}{v^2(x)}.$$

法则（3）可简单地表示为$\left(\dfrac{u}{v}\right)'=\dfrac{u'v-uv'}{v^2}$.

$$\boxed{(u\pm v)'=u'\pm v',\quad (uv)'=u'v+uv',\quad \left(\frac{u}{v}\right)'=\frac{u'v-uv'}{v^2}.}$$

定理1中的法则（1）、（2）可推广到任意有限个可导函数的情形. 例如，设$u=u(x)$，$v=v(x)$，$w=w(x)$均可导，则有
$$(u+v-w)'=u'+v'-w',\quad (uvw)'=u'vw+uv'w-uvw'.$$

在法则（2）中，如果$v=c$（c为常数），则有$(cu)'=cu'$.

例1　$y=2x^3-5x^2+3x-7$，求y'.

解　$y'=(2x^3-5x^2+3x-7)'=(2x^3)'-(5x^2)'+(3x)'-(7)'$

$=2\cdot 3x^2-5\cdot 2x+3=6x^2-10x+3.$

例2　$f(x)=x^3+4\cos x-\sin\dfrac{\pi}{2}$，求$f'(x)$及$f'\left(\dfrac{\pi}{2}\right)$.

解　$f'(x)=(x^3)'+(4\cos x)'-\left(\sin\dfrac{\pi}{2}\right)'=3x^2-4\sin x$，　$f'\left(\dfrac{\pi}{2}\right)=\dfrac{3}{4}\pi^2-4$.

例3　$y=e^x(\sin x+\cos x)$，求y'.

解　$y'=(e^x)'(\sin x+\cos x)+(e^x)(\sin x+\cos x)'=2e^x\cos x$.

例4　$y=\tan x$，求y'.

解　$y'=(\tan x)'=\left(\dfrac{\sin x}{\cos x}\right)'=\dfrac{(\sin x)'\cos x-\sin x(\cos x)'}{\cos^2 x}$

$=\dfrac{\cos^2 x+\sin^2 x}{\cos^2 x}=\dfrac{1}{\cos^2 x}=\sec^2 x.$

即$(\tan x)'=\sec^2 x$.

例5　$y=\sec x$，求y'.

解　$y'=(\sec x)'=\left(\dfrac{1}{\cos x}\right)'=\dfrac{(1)'\cos x-1\cdot(\cos x)'}{\cos^2 x}=\dfrac{\sin x}{\cos^2 x}=\sec x\tan x.$

即$(\sec x)'=\sec x\tan x$.

用类似方法，还可求得余切函数及余割函数的导数公式：

$$(\cot x)'=-\csc^2 x,\quad (\csc x)'=-\csc x\cot x.$$

3.2.2　反函数的求导法则

定理2　如果函数$x=f(y)$在某区间I_y内单调、可导且$f'(y)\neq 0$，那么它的反函数$y=f^{-1}(x)$在对应区间$I_x=\{x|x=f(y),\ y\in I_y\}$内也可导，并且

$$\left(f^{-1}(x)\right)'=\frac{1}{f'(y)}\quad 或\quad \frac{dy}{dx}=\frac{1}{\dfrac{dx}{dy}}.$$

简要证明　由于$x=f(y)$在I_y内单调、可导（从而连续），所以，$x=f(y)$的反函数$y=f^{-1}(x)$存在，且$f^{-1}(x)$在I_y内也单调、连续.

任取$x\in I_x$，给x以增量$\Delta x(\Delta x\neq 0,\ x+\Delta x\in I_x)$，由$y=f^{-1}(x)$的单调性可知$\Delta y=f^{-1}(x+\Delta x)-f^{-1}(x)\neq 0$，于是$\dfrac{\Delta y}{\Delta x}=\dfrac{1}{\dfrac{\Delta x}{\Delta y}}$. 因为$y=f^{-1}(x)$连续，所以$\lim\limits_{x\to 0}\Delta y=0$，即

$$\left(f^{-1}(x)\right)'=\lim_{\Delta x\to 0}\frac{\Delta y}{\Delta x}=\lim_{\Delta y\to 0}\frac{1}{\dfrac{\Delta x}{\Delta y}}=\frac{1}{f'(y)}.$$

上述结论可简单地概括为：反函数的导数等于直接函数导数的倒数.

例如，设$x=\sin y$，$y\in\left(-\dfrac{\pi}{2},\ \dfrac{\pi}{2}\right)$为直接函数，则函数$y=\arcsin x$是它的反函数. 函

数 $x=\sin y$ 在开区间 $\left(-\frac{\pi}{2}, \frac{\pi}{2}\right)$ 内单调、可导，且 $(\sin y)'=\cos y>0$. 因此，由反函数的求导法则，在对应区间 $I_x=(-1, 1)$ 内有

$$(\arcsin x)'=\frac{1}{(\sin y)'}=\frac{1}{\cos y}=\frac{1}{\sqrt{1-\sin^2 y}}=\frac{1}{\sqrt{1-x^2}}.$$

类似地，有 $(\arccos x)'=-\frac{1}{\sqrt{1-x^2}}$.

例如，设 $x=\tan y$，$y\in\left(-\frac{\pi}{2}, \frac{\pi}{2}\right)$ 为直接函数，则 $y=\arctan x$ 是它的反函数. 函数 $x=\tan y$ 在区间 $\left(-\frac{\pi}{2}, \frac{\pi}{2}\right)$ 内单调、可导，且 $(\tan y)'=\sec^2 y\neq 0$. 因此，由反函数的求导法则，在对应区间 $I_x=(-\infty, +\infty)$ 内，有

$$(\arctan x)'=\frac{1}{(\tan y)'}=\frac{1}{\sec^2 y}=\frac{1}{1+\tan^2 y}=\frac{1}{1+x^2}.$$

类似地，有 $(\arctan x)'=\frac{1}{1+x^2}$.

例如，设 $x=a^y$（$a>0$，$a\neq 1$）为直接函数，则 $y=\log_a x$ 是它的反函数. 函数 $x=a^y$ 在区间 $I_y=(-\infty, +\infty)$ 内单调、可导，且 $(a^y)'=a^y\ln a\neq 0$. 因此，由反函数的求导法则，在对应区间 $I_x=(0, +\infty)$ 内，有

$$(\log_a x)'=\frac{1}{(a^y)'}=\frac{1}{a^y\ln a}=\frac{1}{x\ln a}.$$

3.2.3 复合函数的求导法则

定理3 如果 $u=g(x)$ 在点 x 处可导，函数 $y=f(u)$ 在点 u 处可导，则复合函数 $y=f\big(g(x)\big)$ 在点 x 处可导，且其导数为

$$\frac{\mathrm{d}y}{\mathrm{d}x}=f'(u)\cdot g'(x) \quad 或 \quad \frac{\mathrm{d}y}{\mathrm{d}x}=\frac{\mathrm{d}y}{\mathrm{d}u}\cdot\frac{\mathrm{d}u}{\mathrm{d}x}.$$

证明 当 $u=g(x)$ 在 x 的某邻域内为常数时，$y=f\big(g(x)\big)$ 也是常数，此时导数为零，结论自然成立.

当 $u=g(x)$ 在 x 的某邻域内不等于常数时，$\Delta u\neq 0$，此时有

$$\frac{\Delta y}{\Delta x}=\frac{f\big(g(x+\Delta x)\big)-f\big(g(x)\big)}{\Delta x}=\frac{f\big(g(x+\Delta x)\big)-f\big(g(x)\big)}{g(x+\Delta x)-g(x)}\cdot\frac{g(x+\Delta x)-g(x)}{\Delta x}$$

$$=\frac{f(u+\Delta u)-f(u)}{\Delta u}\cdot\frac{g(x+\Delta x)-g(x)}{\Delta x},$$

$$\frac{\mathrm{d}y}{\mathrm{d}x}=\lim_{\Delta x\to 0}\frac{\Delta y}{\Delta x}=\lim_{\Delta u\to 0}\frac{f(u+\Delta u)-f(u)}{\Delta u}\cdot\lim_{\Delta x\to 0}\frac{g(x+\Delta x)-g(x)}{\Delta x}=f'(u)g'(x).$$

简要证明

$$\frac{\mathrm{d}y}{\mathrm{d}x}=\lim_{\Delta x\to 0}\frac{\Delta y}{\Delta x}=\lim_{\Delta x\to 0}\frac{\Delta y}{\Delta u}\cdot\frac{\Delta u}{\Delta x}=\lim_{\Delta u\to 0}\frac{\Delta y}{\Delta u}\cdot\lim_{\Delta x\to 0}\frac{\Delta u}{\Delta x}=f'(u)g'(x).$$

例6　$y=e^{x^3}$，求 $\frac{dy}{dx}$.

解　函数 $y=e^{x^3}$ 可看作由 $y=e^u$，$u=x^3$ 复合而成的，因此

$$\frac{dy}{dx}=\frac{dy}{du}\cdot\frac{du}{dx}=e^u\cdot 3x^2=3x^2e^{x^3}.$$

例7　$y=\sin\frac{2x}{1+x^2}$，求 $\frac{dy}{dx}$.

解　函数 $y=\sin\frac{2x}{1+x^2}$ 是由 $y=\sin u$，$u=\frac{2x}{1+x^2}$ 复合而成的，因此

$$\frac{dy}{dx}=\frac{dy}{du}\cdot\frac{du}{dx}=\cos u\cdot\frac{2(1+x^2)-(2x)^2}{(1+x^2)^2}=\frac{2(1-x^2)}{(1+x^2)^2}\cdot\cos\frac{2x}{1+x^2}.$$

例8　$y=\ln\sin x$，求 $\frac{dy}{dx}$.

解　$\frac{dy}{dx}=(\ln\sin x)'=\frac{1}{\sin x}\cdot(\sin x)'=\frac{1}{\sin x}\cdot\cos x=\cot x.$

例9　$y=\sqrt[3]{1-2x^2}$，求 $\frac{dy}{dx}$.

解　$\frac{dy}{dx}=\left((1-2x^2)^{\frac{1}{3}}\right)'=\frac{1}{3}(1-2x^2)^{-\frac{2}{3}}\cdot(1-2x^2)'=\frac{-4x}{3\sqrt[3]{(1-2x^2)^2}}.$

复合函数的求导法则可以推广到多个中间变量的情形.

例如：设 $y=f(u)$，$u=\varphi(v)$，$v=\psi(x)$，则 $\frac{dy}{dx}=\frac{dy}{du}\cdot\frac{du}{dx}=\frac{dy}{du}\cdot\frac{du}{dv}\cdot\frac{dv}{dx}.$

例10　$y=\ln\cos(e^x)$，求 $\frac{dy}{dx}$.

解　$$\frac{dy}{dx}=(\ln\cos(e^x))'=\frac{1}{\cos(e^x)}\cdot(\cos(e^x))'$$

$$=\frac{1}{\cos(e^x)}\cdot(-\sin(e^x))\cdot(e^x)'=-e^x\tan(e^x).$$

例11　$y=e^{\sin\frac{1}{x}}$，求 $\frac{dy}{dx}$.

解　$\frac{dy}{dx}=\left(e^{\sin\frac{1}{x}}\right)'=e^{\sin\frac{1}{x}}\cdot\left(\sin\frac{1}{x}\right)'=e^{\sin\frac{1}{x}}\cdot\cos\frac{1}{x}\cdot\left(\frac{1}{x}\right)'=-\frac{1}{x^2}\cdot e^{\sin\frac{1}{x}}\cdot\cos\frac{1}{x}.$

例12　设 $x>0$，证明幂函数的导数公式：$(x^a)'=ax^{a-1}$.

解　因为 $(x^a)=(e^{\ln x})^a=e^{a\ln x}$，所以

$$(x^a)'=(e^{a\ln x})'=e^{a\ln x}(a\ln x)'=e^{a\ln x}\cdot ax^{-1}=ax^{a-1}.$$

3.2.4　基本求导法则与导数公式

（1）基本初等函数的导数：

① $(c)'=0$；　② $(x^a)'=ax^{a-1}$；

③ $(\sin x)'=\cos x$；　④ $(\cos x)'=-\sin x$；

⑤ $(\tan x)'=\sec^2 x$;　　⑥ $(\cot x)'=-\csc^2 x$;

⑦ $(\sec x)'=\sec x\tan x$;　　⑧ $(\csc x)'=-\csc x\cot x$;

⑨ $(a^x)'=a^x\ln a$;　　⑩ $(e^x)'=e^x$;

⑪ $(\log_a x)'=\dfrac{1}{x\ln a}$;　　⑫ $(\ln x)'=\dfrac{1}{x}$;

⑬ $(\arcsin x)'=\dfrac{1}{\sqrt{1-x^2}}$;　　⑭ $(\arccos x)'=-\dfrac{1}{\sqrt{1-x^2}}$;

⑮ $(\arctan x)'=\dfrac{1}{1+x^2}$;　　⑯ $(\operatorname{arccot} x)'=-\dfrac{1}{1+x^2}$.

（2）函数的和、差、积、商的求导法则.

设 $u=u(x)$，$v=v(x)$ 都可导，则

① $(u\pm v)'=u'\pm v'$;　　② $(cu)'=cu'$;

③ $(uv)'=u'v+uv'$;　　④ $\left(\dfrac{u}{v}\right)'=\dfrac{u'v-uv'}{v^2}\ (v\neq 0)$.

（3）反函数的求导法则.

设 $x=f(y)$ 在区间 I_y 内单调、可导且 $f'(y)\neq 0$，则它的反函数 $y=f^{-1}(x)$ 在 $I_x=f(I_y)$ 内也可导，并且

$$\left(f^{-1}(x)\right)'=\frac{1}{f'(y)}\quad 或\quad \frac{dy}{dx}=\frac{1}{\frac{dx}{dy}}.$$

（4）复合函数的求导法则.

设 $y=f(u)$，而 $u=g(x)$ 且 $f(u)$ 及 $g(x)$ 都可导，则复合函数 $y=f(g(x))$ 的导数为

$$\frac{dy}{dx}=\frac{dy}{du}\cdot\frac{du}{dx}\quad 或\quad y'(x)=f'(u)\cdot g'(x).$$

习题3.2

（1）求下列函数的导数：

① $y=x^2\sqrt{x}+2\sqrt{x}-\sin x+e^x+\sqrt{5}$;　　② $y=x^2+\sqrt{x}-\cos x+\ln x+\tan\dfrac{\pi}{4}$;

③ $y=x^5-2\cos x-\sin\dfrac{\pi}{3}$;　　④ $y=2e^3-\dfrac{\pi}{x}+x^4\ln a$;

⑤ $y=3\arctan x-2\operatorname{arccot} x$;　　⑥ $y=\dfrac{x^3-x-2\pi}{x^2}$;

⑦ $y=\dfrac{x^3-x+1}{\sqrt{x}}$;　　⑧ $y=3^x\cdot 5^x$;　　⑨ $y=x^2\cdot e^x$;

⑩ $y=\dfrac{\cos x}{x}$;　　⑪ $y=\dfrac{x}{\ln x}$;　　⑫ $y=\dfrac{\ln x-1}{\ln x+1}$;

⑬ $y=\dfrac{\arcsin x}{1-x^2}$;　　⑭ $y=\dfrac{\sin x}{1+\cos x}$;　　⑮ $y=\dfrac{e^x}{1-x}-e^3$.

（2）求下列函数的导数：

① $y=(2x+3)^3$；　② $y=\sin^2 x$；　③ $y=\sqrt{4-x^2}$；

④ $y=e^{x^2-2}$；　⑤ $y=2^{\cos\frac{1}{x}}$；　⑥ $y=\sqrt{1+\ln^2 x}$；

⑦ $y=\ln\sin\sqrt{x}$；　⑧ $y=e^{\sin\sqrt{x}}$；　⑨ $y=\sin^2\dfrac{1}{x}$；

⑩ $y=\arctan\sqrt{x}$；　⑪ $y=\dfrac{x\ln x}{x+\ln x}$；　⑫ $y=(x+1)^2\ln 3x$；

⑬ $y=\dfrac{\sin 2x}{x}$；　⑭ $y=e^{\frac{x}{2}}\sin 2x$；　⑮ $y=\ln(\ln(\ln x))$.

3.3　高阶导数

一般地，函数 $y=f(x)$ 的导数 $y'=f'(x)$ 仍然是 x 的函数，就把 $y'=f'(x)$ 的导数叫作函数 $y=f(x)$ 的二阶导数，记作 y''，$f''(x)$ 或 $\dfrac{d^2y}{dx^2}$，即

$$y''=(y')',\ f''(x)=(f'(x))',\ \frac{d^2y}{dx^2}=\frac{d}{dx}\left(\frac{dy}{dx}\right).$$

$y=f(x)$ 的导数 $y'=f'(x)$ 叫作函数 $y=f(x)$ 的一阶导数. 二阶导数的导数叫作三阶导数. 三阶导数的导数叫作四阶导数. 一般地，（$n-1$）阶导数的导数叫作 n 阶导数，分别记作

$$y''',\ y^{(4)},\cdots,\ y^{(n)}\quad 或\quad \frac{d^3y}{dx^3},\ \frac{d^4y}{dx^4},\cdots,\ \frac{d^ny}{dx^n}.$$

函数 $f(x)$ 具有 n 阶导数，也常说成函数 $f(x)$ 为 n 阶可导. 如果函数 $f(x)$ 在点 x 处具有 n 阶导数，那么函数 $f(x)$ 在点 x 的某一邻域内必定具有一切低于 n 阶的导数. 二阶及二阶以上的导数统称高阶导数. y' 称为一阶导数，y''，y'''，$y^{(4)},\cdots$，$y^{(n)}$ 都称为高阶导数.

例1　$y=ax+b$，求 y''.

解　$y'=a$，$y''=0$.

例2　$s=\sin\omega t$，求 s''.

解　$s'=\omega\cos\omega t$，$s''=-\omega^2\sin\omega t$.

例3　证明：函数 $y=\sqrt{2x-x^2}$ 满足关系式 $y^3y''+1=0$.

证明　因为 $y'=\dfrac{2-2x}{2\sqrt{2x-x^2}}=\dfrac{1-x}{\sqrt{2x-x^2}}$，

$$y''=\frac{-\sqrt{2x-x^2}-(1-x)\dfrac{2-2x}{2\sqrt{2x-x^2}}}{2x-x^2}=\frac{-2x+x^2-(1-x)^2}{(2x-x^2)\sqrt{(2x-x^2)}}$$

$$=-\frac{1}{(2x-x^2)^{\frac{3}{2}}}=-\frac{1}{y^3},$$

所以 $y^3y''+1=0$.

例4 求正弦函数与余弦函数的n阶导数.

解 $y=\sin x$,

$$y'=\cos x=\sin\left(x+\frac{\pi}{2}\right),$$

$$y''=\cos\left(x+\frac{\pi}{2}\right)=\sin\left(x+\frac{\pi}{2}+\frac{\pi}{2}\right)=\sin\left(x+2\cdot\frac{\pi}{2}\right),$$

$$y'''=\cos\left(x+2\cdot\frac{\pi}{2}\right)=\sin\left(x+2\cdot\frac{\pi}{2}+\frac{\pi}{2}\right)=\sin\left(x+3\cdot\frac{\pi}{2}\right),$$

$$y^{(4)}=\cos\left(x+3\cdot\frac{\pi}{2}\right)=\sin\left(x+4\cdot\frac{\pi}{2}\right),$$

可得 $y^{(n)}=\sin\left(x+n\cdot\frac{\pi}{2}\right)$，即 $(\sin x)^{(n)}=\sin\left(x+n\cdot\frac{\pi}{2}\right)$. 用类似方法，可得 $(\cos x)^{(n)}=\cos\left(x+n\cdot\frac{\pi}{2}\right)$.

习题3.3

求下列函数的二阶导数：

（1）$y=x^4-2x^3+5$；（2）$y=\sqrt{x}\ln x$；（3）$y=\sin x+e^{2x}$；

（4）$y=\ln(1-x^2)$；（5）$y=(1+x^2)\arctan x$；（6）$y=\frac{e^x}{x}$.

3.4 隐函数的导数以及由参数方程所确定的函数的导数

3.4.1 隐函数的导数

显函数：形如 $y=f(x)$ 的函数称为显函数. 例如 $y=\sin x$，$y=\ln x+e^x$.

隐函数：由方程 $F(x,y)=0$ 所确定的函数称为隐函数. 例如，方程 $x+y^3-1=0$ 确定的隐函数为y，$y=\sqrt[3]{1-x}$. 如果在方程 $F(x,y)=0$ 中，当x取某区间内的任一值时，总有满足方程的唯一的y值存在，那么就说方程 $F(x,y)=0$ 在该区间内确定了一个隐函数.

把一个隐函数化成显函数，叫作隐函数的显化. 隐函数的显化有时是有困难的，甚至是不可能的. 但在实际问题中，有时需要计算隐函数的导数.

例1 已知 $x^2+y^2-xy=1$，求 $\frac{dy}{dx}$.

解 此方程不易显化，故运用隐函数求导法. 两边对x进行求导，

$$\frac{d}{dx}(x^2+y^2-xy)=\frac{d}{dx}(1)\Rightarrow 2x+2yy'-(y+xy')=0$$

$$2x+2yy'-y-xy'=0 \Rightarrow (2y-x)y'=y-2x$$

即 $y'=\dfrac{y-2x}{2y-x}$.

注：隐函数两边对x进行求导时，一定要把变量y看成x的函数，然后对其利用复合函数求导法则进行求导.

例2　求由方程 $e^y+xy-e=0$ 所确定的隐函数y的导数.

解　把方程两边的每一项对x求导数，得

$$(e^y)'+(xy)'-(e)'=(0)',$$

即 $e^y y'+y+xy'=0$，从而 $y'=-\dfrac{y}{x+e^y}\ (x+e^y\neq 0)$.

例3　求由方程 $y^5+2y-x-3x^7=0$ 所确定的隐函数 $y=f(x)$ 在$x=0$处的导数 $y'|x=0$.

解　把方程两边分别对x求导数，得

$$5y^4y'+2y'-1-21x^6=0,$$

即 $y'=\dfrac{1+21x^6}{5y^4+2}$.

因为当$x=0$时，从原方程得$y=0$，所以

$$y'|_{x=0}=\frac{1+21x^6}{5y^4+2}\Big|_{x=0}=\frac{1}{2}.$$

例4　求椭圆 $\dfrac{x^2}{16}+\dfrac{y^2}{9}=1$ 在 $\left(2,\ \dfrac{3}{2}\sqrt{3}\right)$ 处的切线方程.

解　把椭圆方程的两边分别对x求导，得

$$\frac{x}{8}+\frac{2}{9}y\cdot y'=0.$$

从而 $y'=-\dfrac{9x}{16y}$. 当$x=2$时，$y=\dfrac{3}{2}\sqrt{3}$，代入上式，得所求切线的斜率 $k=y'|_{x=2}=-\dfrac{\sqrt{3}}{4}$.

所求的切线方程为

$$y-\frac{3}{2}\sqrt{3}=-\frac{\sqrt{3}}{4}(x-2),$$

即

$$\sqrt{3}x+4y-8\sqrt{3}=0.$$

例5　求由方程 $x-y+\dfrac{1}{2}\sin y=0$ 所确定的隐函数y的二阶导数.

解　方程两边对x求导，得 $1-\dfrac{dy}{dx}+\dfrac{1}{2}\cos y\cdot\dfrac{dy}{dx}=0$，于是 $\dfrac{dy}{dx}=\dfrac{2}{2-\cos y}$. 上式两边再对$x$求导，得

$$\frac{d^2y}{dx^2}=\frac{-2\sin y\cdot\dfrac{dy}{dx}}{(2-\cos y)^2}=\frac{-4\sin y}{(2-\cos y)^3}.$$

对数求导法：这种方法是先在 $y=f(x)$ 的两边取对数，再求出 y 的导数. 设 $y=f(x)$，两边取对数，得

$$\ln y=\ln f(x),$$

两边对 x 求导，得

$$\frac{1}{y}y'=\left(\ln f(x)\right)'\Rightarrow y'=f(x)\left(\ln f(x)\right)'.$$

对数求导法适用于求幂指函数 $y=\left(u(x)\right)^{v(x)}$ 的导数及多因子之积和商的导数.

例6 求 $y=x^{\sin x}$ （$x>0$）的导数.

解 两边取对数，得 $\ln y=\sin x\ln x$，上式两边对 x 求导，得

$$\frac{1}{y}y'=\cos x\cdot\ln x+\sin x\cdot\frac{1}{x},$$

于是

$$y'=y\left(\cos x\cdot\ln x+\sin x\cdot\frac{1}{x}\right)=x^{\sin x}\left(\cos x\cdot\ln x+\frac{\sin x}{x}\right).$$

例7 求函数 $y=\sqrt{\dfrac{(x-1)(x-2)}{(x-3)(x-4)}}$ 的导数（假定 $x>4$）.

解 先在两边取对数，得

$$\ln y=\frac{1}{2}\left(\ln(x-1)+\ln(x-2)-\ln(x-3)-\ln(x-4)\right),$$

上式两边对 x 求导，得

$$\frac{1}{y}y'=\frac{1}{2}\left(\frac{1}{x-1}+\frac{1}{x-2}-\frac{1}{x-3}-\frac{1}{x-4}\right),$$

于是

$$y'=\frac{y}{2}\left(\frac{1}{x-1}+\frac{1}{x-2}-\frac{1}{x-3}-\frac{1}{x-4}\right).$$

3.4.2 由参数方程所确定的函数的导数

设 y 与 x 的函数关系是由参数方程 $\begin{cases}x=\varphi(t)\\y=\psi(t)\end{cases}$ 确定的，则称此函数关系所表达的函数为由参数方程所确定的函数. 在实际问题中，需要计算由参数方程所确定的函数的导数. 但从参数方程中消去参数 t 有时会有困难，因此，有一种方法能直接由参数方程算出它所确定的函数的导数.

设 $x=\varphi(t)$ 具有单调连续反函数 $t=\varphi^{-1}(t)$，且此反函数能与函数 $y=\psi(t)$ 构成复合函数 $y=\psi\left(\varphi^{-1}(t)\right)$. 若 $x=\varphi(t)$ 和 $y=\psi(t)$ 都可导，则

$$\frac{\mathrm{d}y}{\mathrm{d}x}=\frac{\mathrm{d}y}{\mathrm{d}t}\cdot\frac{\mathrm{d}t}{\mathrm{d}x}=\frac{\mathrm{d}y}{\mathrm{d}t}\cdot\frac{1}{\frac{\mathrm{d}x}{\mathrm{d}t}}=\frac{\psi'(t)}{\varphi'(t)},$$

即

$$\frac{dy}{dx}=\frac{\psi'(t)}{\varphi'(t)} \quad 或 \quad \frac{dy}{dx}=\frac{\frac{dy}{dt}}{\frac{dx}{dt}}.$$

若 $x=\varphi(t)$ 和 $y=\psi(t)$ 都可导，则 $\frac{dy}{dx}=\frac{\psi'(t)}{\varphi'(t)}$.

例8　求椭圆 $\begin{cases}x=a\cos t\\ y=b\sin t\end{cases}$ 在相应于 $t=\frac{\pi}{4}$ 点处的切线方程.

解　$\frac{dy}{dx}=\frac{(b\sin t)'}{(a\cos t)'}=\frac{b\cos t}{-a\sin t}=-\frac{b}{a}\cot t$，所求切线的斜率为 $\frac{dy}{dx}\Big|_{t=\frac{\pi}{4}}=-\frac{b}{a}$.

切点的坐标为 $x_0=a\cos\frac{\pi}{4}=a\frac{\sqrt{2}}{2}$，$y_0=b\sin\frac{\pi}{4}=b\frac{\sqrt{2}}{2}$. 切线方程为 $y-b\frac{\sqrt{2}}{2}=-\frac{b}{a}\left(x-a\frac{\sqrt{2}}{2}\right)$，即 $bx+ay-\sqrt{2}ab=0$.

例9　求由参数方程 $\begin{cases}x=t-\arctan t\\ y=\ln(1+t^2)\end{cases}$ 所确定的函数 $y=y(x)$ 的导数 $\frac{dy}{dx}$，并求 $\frac{dy}{dx}\Big|_{t=1}$.

解　$\frac{dy}{dx}=\frac{\frac{dy}{dt}}{\frac{dx}{dt}}=\frac{\frac{2t}{1+t^2}}{1-\frac{1}{1+t^2}}=\frac{2}{t}$，$\frac{dy}{dx}\Big|_{t=1}=\frac{2}{t}\Big|_{t=1}=2$.

习题3.4

（1）求由下列方程所确定的隐函数 $y=y(x)$ 的导数 $\frac{dy}{dx}$：

① $y-xe^y=1$；　② $e^y=xy+1$；　③ $x^3+3x^2y-y^3=a$；

④ $\sin(xy)=x+y$；　⑤ $x^2+y+e^y=1$；　⑥ $y=x+\ln y$.

（2）求由下列参数方程所确定的函数的导数 $\frac{dy}{dx}$：

① $\begin{cases}x=t\cos t\\ y=t\sin t\end{cases}$；　② $\begin{cases}x=t-\sin t\\ y=1-\cos t\end{cases}$；　③ $\begin{cases}x=t-2t^2\\ y=4t-t^3\end{cases}$；

④ $\begin{cases}x=\sin t^2\\ y=\cos 2t\end{cases}$；　⑤ $\begin{cases}x=\arctan t\\ y=\ln(1+t^2)\end{cases}$.

（3）用对数求导法求下列函数的导数：

① $y=\frac{\sqrt{2x-1}(x+3)^2}{(1-x)^3}$；　② $y=\frac{(x+3)\sqrt{x-2}}{(x-1)^2}$；　③ $y=x^{\cos x}$；

④ $y=\sqrt{\frac{(x-2)(x-4)}{x+5}}$；　⑤ $y=(1+x^2)^x$；　⑥ $y=(\cos x)^{\sin x}$.

3.5 函数的微分

3.5.1 微分的定义

3.5.1.1 引例

一块正方形金属薄片受温度变化的影响，其边长由x_0变到$x_0+\Delta x$，请问，此薄片的面积改变了多少?

设此正方形的边长为x，面积为A，则A是x的函数：$A=x^2$. 金属薄片的面积改变量为$\Delta A=\left(x_0+\Delta x\right)^2-\left(x_0\right)^2=2x_0\Delta x+(\Delta x)^2$.

几何意义：$2x_0\Delta x$表示两个长为x_0、宽为Δx的长方形面积；$(\Delta x)^2$表示边长为Δx的正方形的面积.（见图3.4）

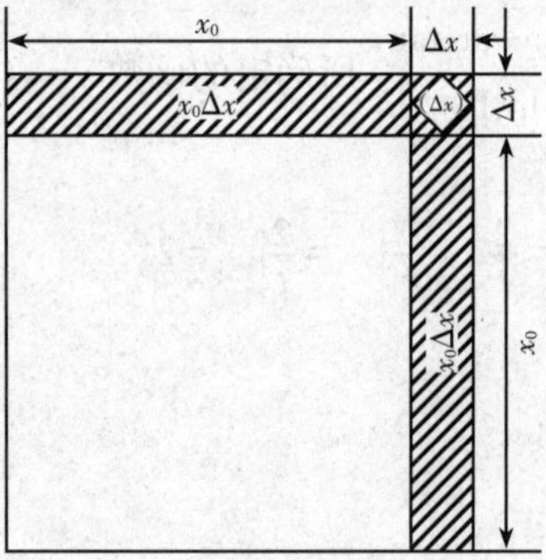

图3.4 引例的几何意义

数学意义：当$\Delta x\to 0$时，$(\Delta x)^2$是比Δx高阶的无穷小，即$(\Delta x)^2=o(\Delta x)$；$2x_0\Delta x$是Δx的线性函数，是ΔA的主要部分，可以近似地代替ΔA.

3.5.1.2 定义

设函数$y=f(x)$在某区间内有定义，x_0及$x_0+\Delta x$在这区间内，如果函数的增量

$$\Delta y=f\left(x_0+\Delta x\right)-f\left(x_0\right)$$

可表示为$\Delta y=A\Delta x+o(\Delta x)$，其中$A$是不依赖于$\Delta x$的常数，那么称函数$y=f(x)$在点$x_0$是可微的，而$A\Delta x$叫作函数$y=f(x)$在点$x_0$相应于自变量增量$\Delta x$的微分，记作$\mathrm{d}y$，即

$$\mathrm{d}y=A\Delta x.$$

3.5.1.3 函数可微的条件

函数$f(x)$在点x_0可微的充分必要条件是函数$f(x)$在点x_0可导，且当函数$f(x)$在点x_0可微时，其微分一定是$\mathrm{d}y=f'(x_0)\Delta x$.

证明 设函数$f(x)$在点x_0可微，则按照定义有$\Delta y=A\Delta x+o(\Delta x)$，上式两边除以$\Delta x$，得

$$\frac{\Delta y}{\Delta x}=A+\frac{o(\Delta x)}{\Delta x}.$$

当 $\Delta x\to 0$ 时，由上式可得

$$A=\lim_{\Delta x\to 0}\frac{\Delta y}{\Delta x}=f'(x_0).$$

因此，如果函数 $f(x)$ 在点 x_0 可微，则 $f(x)$ 在点 x_0 也一定可导，且 $A=f'(x_0)$. 反之，如果 $f(x)$ 在点 x_0 可导，即

$$\lim_{\Delta x\to 0}\frac{\Delta y}{\Delta x}=f'(x_0).$$

根据极限与无穷小的关系，上式可写成 $\frac{\Delta y}{\Delta x}=f'(x_0)+\alpha$，其中 $a\to 0$（当 $\Delta x\to 0$），且 $A=f'(x_0)$ 是常数，$a\Delta x=o(\Delta x)$. 由此又有

$$\Delta y=f'(x_0)\Delta x+a\Delta x.$$

因 $f'(x_0)$ 不依赖于 Δx，故上式相当于

$$\Delta y=a\Delta x+o(\Delta x),$$

所以 $f(x)$ 在点 x_0 也是可导的.

简要证明　一方面，$\Delta y=A\Delta x+o(\Delta x)\Rightarrow\frac{\Delta y}{\Delta x}=A+\frac{o(\Delta x)}{\Delta x}\Rightarrow\lim\limits_{\Delta x\to 0}\frac{\Delta y}{\Delta x}=f'(x_0)=A.$

另一方面，$\lim\limits_{\Delta x\to 0}\frac{\Delta y}{\Delta x}=f'(x_0)\Rightarrow\frac{\Delta y}{\Delta x}=f'(x_0)+\alpha\Rightarrow\Delta y=f'(x_0)\Delta x+\alpha\Delta x$，以微分 $\mathrm{d}y$ 近似代替函数增量 Δy 的合理性：

当 $f'(x_0)\neq 0$ 时，有

$$\lim_{\Delta x\to 0}\frac{\Delta y}{\mathrm{d}y}=\lim_{\Delta x\to 0}\frac{\Delta y}{f'(x_0)\Delta x}=\frac{1}{f'(x_0)}\lim_{\Delta x\to 0}\frac{\Delta y}{\mathrm{d}x}=1.$$

$$\Delta y=\mathrm{d}y+o(\mathrm{d}y).$$

结论　在 $f'(x_0)\neq 0$ 的条件下，以微分 $\mathrm{d}y=f'(x_0)\Delta x$ 近似代替增量 $\Delta y=f(x_0+\Delta x)-f(x_0)$ 时，其误差为 $o(\mathrm{d}y)$. 因此，在 $|\Delta x|$ 很小时，有近似等式

$$\Delta y=\mathrm{d}y.$$

函数 $y=f(x)$ 在任意点 x 的微分，称为函数的微分，记作 $\mathrm{d}y$ 或 $\mathrm{d}f(x)$，即

$$\mathrm{d}y=f'(x)\Delta x.$$

例如，$\mathrm{d}\cos x=(\cos x)'\Delta x=-\sin x\Delta x$；$\mathrm{d}\mathrm{e}^x=(\mathrm{e}^x)'\Delta x=\mathrm{e}^x\Delta x$.

例1　求函数 $y=x^2$ 在 $x=1$ 和 $x=3$ 处的微分.

解　函数 $y=x^2$ 在 $x=1$ 处的微分为

$$\mathrm{d}y=(x^2)'\big|_{x=1}\Delta x=2\Delta x.$$

函数 $y=x^2$ 在 $x=3$ 处的微分为

$$\mathrm{d}y=(x^2)'\big|_{x=3}\Delta x=6\Delta x.$$

例2　求函数 $y=x^3$ 当 $x=2$，$\Delta x=0.02$ 时的微分.

解　先求函数在任意点 x 的微分

$$dy=(x^3)'\Delta x=3x^2\Delta x.$$

再求函数当$x=2$，$\Delta x=0.02$时的微分

$$dy\big|_{x=2,\ \Delta x=0.02}=3x^2\big|_{x=2,\ \Delta x=0.02}=0.24.$$

自变量的微分 因为当$y=x$时，$dy=dx=(x)'\Delta x=\Delta x$，所以通常把自变量$x$的增量$\Delta x$称为自变量的微分，记作$dx$，即$dx=\Delta x$. 于是函数$y=f(x)$的微分又可记作

$$dy=f'(x)dx,$$

从而有$\frac{dy}{dx}=f'(x)$. 这就是说，函数的微分dy与自变量的微分dx之商等于该函数的导数. 因此，导数也叫作"微商".

3.5.2 微分的几何意义

当Δy是曲线$y=f(x)$上的点的纵坐标的增量时，dy就是曲线的切线上点纵坐标的相应增量. 当$|\Delta x|$很小时，$|\Delta y-dy|$比$|\Delta x|$小得多，因此，在点M的邻近，可以用切线段来近似代替曲线段.（见图3.5）

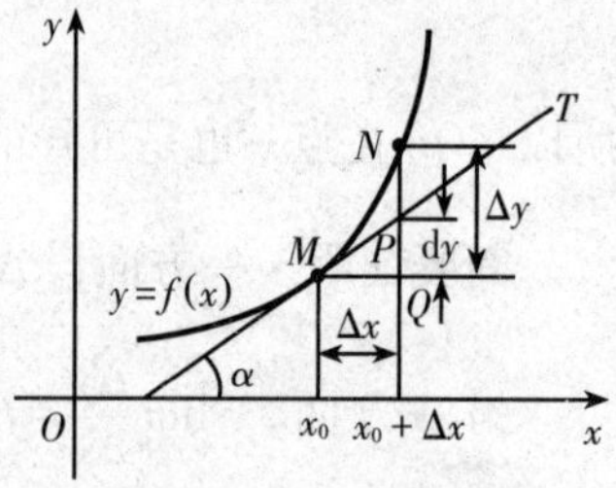

图3.5 微分的几何意义

3.5.3 基本初等函数的微分公式与微分运算法则

从函数的微分的表达式

$$dy=f'(x)dx$$

可以看出，要计算函数的微分，只要计算函数的导数，再乘以自变量的微分即可. 因此，可得如下微分公式和微分运算法则.

（1）基本初等函数的微分公式.

导数公式：	微分公式：
① $(x^a)'=ax^{a-1}$;	① $d(x^a)=ax^{a-1}dx$;
② $(\sin x)'=\cos x$;	② $d(\sin x)=\cos x dx$;
③ $(\cos x)'=-\sin x$;	③ $d(\cos x)=-\sin x dx$;
④ $(\tan x)'=\sec^2 x$;	④ $d(\tan x)=\sec^2 x dx$;
⑤ $(\cot x)'=-\csc^2 x$;	⑤ $d(\cot x)=-\csc^2 x dx$;
⑥ $(\sec x)'=\sec x\tan x$;	⑥ $d(\sec x)=\sec x\tan x dx$;
⑦ $(\csc x)'=-\csc x\cot x$;	⑦ $d(\csc x)=-\csc x\cot x dx$;
⑧ $(a^x)'=a^x\ln a$;	⑧ $d(a^x)=a^x\ln a dx$;
⑨ $(e^x)'=e^x$;	⑨ $d(e^x)=e^x dx$;
⑩ $(\log_a x)'=\frac{1}{x\ln a}$;	⑩ $d(\log_a x)=\frac{1}{x\ln a}dx$;
⑪ $(\ln x)'=\frac{1}{x}$;	⑪ $d(\ln x)=\frac{1}{x}dx$;

⑫ $(\arcsin x)'=\frac{1}{\sqrt{1-x^2}}$；

⑬ $(\arccos x)'=-\frac{1}{\sqrt{1-x^2}}$；

⑭ $d(\arctan x)'=\frac{1}{1+x^2}$；

⑮ $(\text{arccot}\, x)'=\frac{1}{1+x^2}$.

⑫ $d(\arcsin x)=\frac{1}{\sqrt{1-x^2}}dx$；

⑬ $d(\arccos x)=-\frac{1}{\sqrt{1-x^2}}dx$；

⑭ $d(\arctan x)=\frac{1}{1+x^2}dx$；

⑮ $d(\text{arccot}\, x)=-\frac{1}{1+x^2}dx$.

（2）函数和、差、积、商的微分法则.

求导法则：

① $(u\pm v)'=u'\pm v'$；

② $(cu)'=cu'$；

③ $(uv)'=u'v+uv'$；

④ $\left(\frac{u}{v}\right)'=\frac{u'v-uv'}{v^2}\ (v\neq 0)$.

微分法则：

① $d(u\pm v)=du\pm dv$；

② $d(cu)=cdu$；

③ $d(uv)=vdu+udv$；

④ $d\left(\frac{u}{v}\right)=\frac{vdu-udv}{v^2}\ (v\neq 0)$.

根据函数微分的表达式，有

$$d(uv)=(uv)'dx.$$

再根据乘积的求导法则，有

$$(uv)'=u'v+uv'.$$

$d(uv)=(u'v+uv')dx=u'vdx+uv'dx.$

因为 $u'dx=du$，$v'dx=dv$，所以 $d(uv)=vdu+udv$.

（3）复合函数的微分法则.

设 $y=f(u)$ 及 $u=\varphi(x)$ 都可导，则复合函数 $y=f(\varphi(x))$ 的微分为

$$dy=y'_x dx=f'(u)\varphi'(x)dx$$

由于 $\varphi'(x)dx=du$，所以，复合函数 $y=f(\varphi(x))$ 的微分公式也可以写成 $dy=f'(u)du$ 或 $dy=y'_u du$. 由此可见，无论 u 是自变量还是另一个变量的可微函数，微分形式 $dy=f'(u)du$ 保持不变. 这一性质称为微分形式不变性.

例3　$y=\sin(2x+1)$，求 dy.

解　把 $2x+1$ 看成中间变量 u，则

$$\begin{aligned}dy&=d(\sin u)=\cos u du=\cos(2x+1)d(2x+1)\\&=\cos(2x+1)\cdot 2dx=2\cos(2x+1)dx.\end{aligned}$$

在求复合函数的导数时，可以不写出中间变量.

例4　$y=\ln(1+e^{x^2})$，求 dy.

解　$dy=d\ln(1+e^{x^2})=\frac{1}{1+e^{x^2}}d(1+e^{x^2})=\frac{1}{1+e^{x^2}}\cdot e^{x^2}d(x^2)=\frac{2xe^{x^2}}{1+e^{x^2}}.$

例5　$y=e^{1-3x}\cos x$，求 dy.

解　应用积的微分法则，得

$$\begin{aligned}dy &= d\left(e^{1-3x}\cos x\right) = \cos x\, d\left(e^{1-3x}\right) + e^{1-3x} d(\cos x)\\ &= \cos x\left(e^{1-3x}\right)(-3dx) + e^{1-3x}(-\sin x dx) = -e^{1-3x}(3\cos x + \sin x)dx.\end{aligned}$$

例6 在括号中填入适当的函数，使等式成立.

（1）d(　　　　　) = $x\mathrm{d}x$；　　　　（2）d(　　　　　) = $\cos\omega t\mathrm{d}t$.

解 （1）因为 $\mathrm{d}(x^2) = 2x\mathrm{d}x$，所以 $x\mathrm{d}x = \frac{1}{2}\mathrm{d}(x^2) = \mathrm{d}\left(\frac{1}{2}x^2\right)$，即 $\mathrm{d}\left(\frac{1}{2}x^2\right) = x\mathrm{d}x$.

一般地，有 $\mathrm{d}\left(\frac{1}{2}x^2 + C\right) = x\mathrm{d}x$（$C$ 为任意常数）.

（2）因为 $\mathrm{d}(\sin\omega t) = \omega\cos\omega t\mathrm{d}t$，所以 $\cos\omega t\mathrm{d}t = \frac{1}{\omega}\mathrm{d}(\sin\omega t) = \mathrm{d}\left(\frac{1}{\omega}\sin\omega t\right)$.

一般地，有 $\mathrm{d}\left(\frac{1}{\omega}\sin\omega t + C\right) = \cos\omega t\mathrm{d}t$（$C$ 为任意常数）.

习题3.5

（1）求下列函数的微分：

① $y = 2x - \sin x^2$；　② $y = e^{-3x}\sin 2x$；　③ $y = \ln\left(1 + e^{x^2}\right)$；

④ $y = \frac{x}{\sin x}$；　⑤ $y = 3^{\ln x}$；　⑥ $y = e^{\sqrt{x^2+1}}$；

⑦ $y = \frac{e^{2x}}{x}$；　⑧ $y = \arcsin\sqrt{x}$；　⑨ $y = \ln x^2 + \ln\sqrt{x}$；

⑩ $y = \frac{\sin x}{1 - x^2}$；　⑪ $y = x^2 e^x$；　⑫ $y = \tan(3 - 2x^3)$.

（2）将适当的函数填入括号内，使等式成立：

① d(　　) = $\frac{1}{\sqrt{x}}\mathrm{d}x$；　② d(　　) = $e^{3x}\mathrm{d}x$；　③ d(　　) = $\frac{1}{x^2}\mathrm{d}x$；

④ d(　　) = $\sec^2 2x\mathrm{d}x$；　⑤ d(　　) = $\frac{1}{4 + x^2}\mathrm{d}x$；　⑥ d(　　) = $\sin 3x\mathrm{d}x$；

⑦ $a\mathrm{d}x$ = d(　　)；　⑧ $\frac{1}{x}\mathrm{d}x$ = d(　　)；　⑨ $\frac{1}{1 + x^2}\mathrm{d}x$ = d(　　)；

⑩ $\frac{1}{\sqrt{1 - x^2}}\mathrm{d}x$ = d(　　)；　⑪ $\sin 2x\mathrm{d}x$ = d(　　)；

⑫ $\cos ax\mathrm{d}x$ = d(　　)；　⑬ $\sec x\tan x\mathrm{d}x$ = d(　　).

第4章　微分中值定理与导数的应用

本章将介绍微分学的中值定理，洛必达法则，利用导数研究函数的单调性、凹凸性等性质，以及函数的作图等方面的知识.

4.1　微分中值定理

4.1.1　罗尔定理

费马引理　设函数 $f(x)$ 在点 x_0 的某邻域 $U(x_0)$ 内有定义，并且在 x_0 处可导，如果对任意 $x \in U(x_0)$，有 $f(x) \leqslant f(x_0)$ ［或 $f(x) \geqslant f(x_0)$］，那么 $f'(x_0)=0$.

罗尔定理　如果函数 $y=f(x)$ 在闭区间［a，b］上连续，在开区间（a，b）内可导，且有 $f(a)=f(b)$，那么在（a，b）内至少在一点，使得 $f'(\xi)=0$.

简要证明　（1）如果 $f(x)$ 是常函数，则 $f'(x)=0$，定理的结论显然成立.

（2）如果 $f(x)$ 不是常函数，则 $f(x)$ 在（a，b）内至少有一个最大值点或最小值点. 不妨设有一最大值点 $\xi \in (a, b)$，于是

$$f'(\xi)=f'_{-}(\xi)=\lim_{x \to \xi^-}\frac{f(x)-f(\xi)}{x-\xi} \geqslant 0,$$

$$f'(\xi)=f'_{-}(\xi)=\lim_{x \to \xi^+}\frac{f(x)-f(\xi)}{x-\xi} \leqslant 0,$$

所以 $f'(x)=0$.

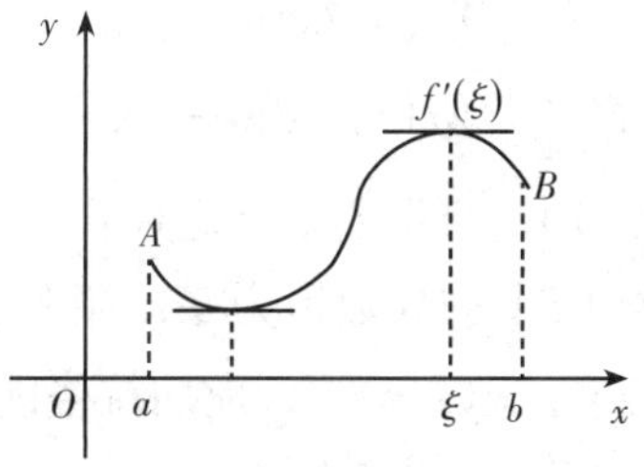

图4.1　罗尔定理的几何意义

例1　验证函数 $f(x)=x^2-2x+2$ 在区间［-1，3］上满足罗尔定理的条件，并求出罗尔定理结论中的 ξ 值.

解　一阶导数为 $f'=2x-2$. 显然，函数 $f(x)$ 在闭区间［-1，3］上连续，在开区间（-1，3）内可导，且端点处函数值 $f(-1)=f(3)=5$，于是函数 $f(x)$ 在区间［-1，3］

上满足罗尔定理的三个条件.

罗尔定理结论中的 $\xi\in(-1, 3)$，使得 $f'(\xi)=0$，即 $2\xi-2=0$，得到 $\xi=1$，且根 $\xi=1$ 在开区间（-1，3）内，所以罗尔定理结论中的 $\xi=1$.

4.1.2 拉格朗日中值定理

拉格朗日中值定理 如果函数 $f(x)$ 在闭区间［a，b］上连续，在开区间（a，b）内可导，那么在（a，b）内至少有一点 $\xi(a<\xi<b)$，使得等式 $f(b)-f(a)=f'(\xi)(b-a)$ 成立.

拉格朗日中值定理的几何意义（见图4.2）：

若曲线弧 $y=f(x)$ 在（a，b）内处处都有不垂直于 x 轴的切线，则在（a，b）内部至少存在一点，使得该点的切线平行于弦 AB，即

$$f'(\xi)=\frac{f(b)-f(a)}{b-a}$$

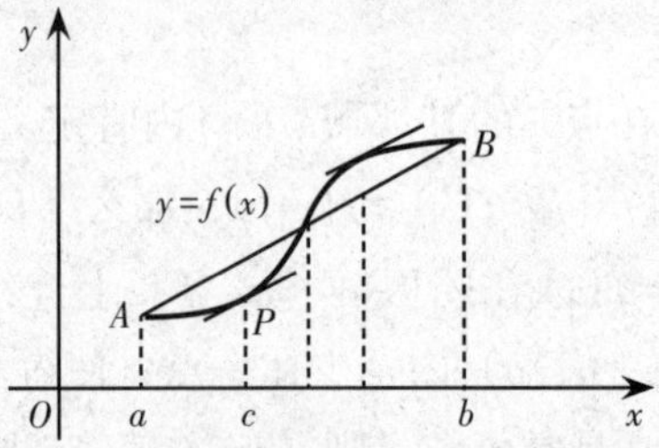

图4.2 拉格朗日中值定理的几何意义

证明 引进辅函数，令 $\phi(x)=f(x)-f(a)-\dfrac{f(b)-f(a)}{b-a}(x-a)$. 容易验证函数 $f(x)$ 适合罗尔定理的条件：$\phi(a)=\phi(b)=0$，$\phi(x)$ 在闭区间［a，b］上连续、在开区间（a，b）内可导，且

$$\phi'(x)=f'(x)-\frac{f(b)-f(a)}{b-a}.$$

根据罗尔定理，可知在开区间（a，b）内至少有一点，使 $\phi'(\xi)=0$，即

$$f'(\xi)-\frac{f(b)-f(a)}{b-a}=0.$$

由此得 $\dfrac{f(b)-f(a)}{b-a}=f'(\xi)$，即 $f(b)-f(a)=f'(\xi)(b-a)$.

作为拉格朗日中值定理的应用，可证明如下定理：

定理 如果函数 $f(x)$ 在区间 I 上的导数恒为零，那么 $f(x)$ 在区间 I 上是一个常数.

证明 在区间 I 上任取两点 x_1，$x_2(x_1<x_2)$，应用拉格朗日中值定理，可得

$$f(x_2)-f(x_1)=f'(\xi)(x_2-x_1)\quad(x_1<\xi<x_2).$$

假定 $f'(\xi)=0$，所以，$f(x_2)-f(x_1)=0$，即

$$f(x_2)=f(x_1).$$

因为 x_1，x_2 是 I 上任意两点，所以上面的等式表明：$f(x)$ 在 I 上的函数值总是相等的，这就是说，$f(x)$ 在区间 I 上是一个常数.

例2　证明：当$x>0$时，$\frac{x}{1+x}<\ln(1+x)<x$.

证明　设$f(x)=\ln(1+x)$，显然$f(x)$在区间［0，x］上满足拉格朗日中值定理的条件. 根据定理，

$$f(x)-f(0)=f'(\xi)(x-0)\quad(0<\xi<x),$$

由于$f(0)=0$，$f'(x)=\frac{1}{1+x}$，因此上式即为

$$\ln(1+x)=\frac{x}{1+\xi}.$$

又由$0<\xi<x$，有$\frac{x}{1+x}<\ln(1+x)<x$.

4.1.3　柯西中值定理

设曲线弧C由参数方程$\begin{cases}X=F(x)\\Y=f(x)\end{cases}$$(a\leqslant x\leqslant b)$表示，其中$x$为参数. 如果曲线$C$上除端点外，处处具有不垂直于横轴的切线，那么在曲线C上必有一点$x=\xi$，使曲线上该点的切线平行于联结曲线端点的弦AB，曲线C上点$x=\xi$处的切线的斜率为

$$\frac{\mathrm{d}Y}{\mathrm{d}X}=\frac{f'(\xi)}{F'(\xi)},$$

弦AB的斜率为

$$\frac{f(b)-f(a)}{F(b)-F(a)}.$$

于是

$$\frac{f(b)-f(a)}{F(b)-F(a)}=\frac{f'(\xi)}{F'(\xi)}.$$

柯西中值定理　如果函数$f(x)$及$F(x)$在闭区间［a，b］上连续，在开区间（a，b）内可导，且$F'(x)$在（a，b）内的每一点处均不为零，那么在（a，b）内至少有一点ξ，使等式

$$\frac{f(b)-f(a)}{F(b)-F(a)}=\frac{f'(\xi)}{F'(\xi)}$$

成立.

显然，如果取$F(x)=x$，那么$F(b)-F(a)=b-a$，$F'(x)=1$，因而柯西中值公式就可以写成

$$f(b)-f(a)=F'(\xi)(b-a)\quad(a<\xi<b),$$

这样就变成拉格朗日中值定理.

习题4.1

（1）$f(x)=x^2-2x+2$在［−1，3］上满足罗尔定理的条件，求出罗尔定理结论中的ξ值.

（2）$f(x)=x^2-5x+6$ 在［2，3］上满足罗尔定理的条件，求出罗尔定理结论中的 ξ 值.

（3）$f(x)=\ln(1+x^2)$ 在［-1，1］上满足罗尔定理的条件，求出罗尔定理结论中的 ξ 值.

（4）函数 $y=x^3$ 在［1，2］上满足拉格朗日中值定理的条件，求出拉格朗日中值定理中的 ξ 值.

（5）函数 $f(x)=\dfrac{1+x}{x}$ 在［1，2］上满足拉格朗日中值定理的条件，求出拉格朗日中值定理中的 ξ 值.

（6）函数 $y=\ln x$ 在［1，e］上满足拉格朗日中值定理的条件，求出拉格朗日中值定理中的 ξ 值.

（7）函数 $f(x)=x^3-3x$ 在［0，2］上满足拉格朗日中值定理的条件，求出拉格朗日中值定理中的 ξ 值.

4.2 洛必达法则

对于函数 $f(x)$，$g(x)$ 来说，当 $x\to x_0$（或 $x\to\infty$）时，函数 $f(x)$，$g(x)$ 都趋于零或无穷大，则极限 $\lim\limits_{\substack{x\to x_0\\(x\to\infty)}}\dfrac{f(x)}{g(x)}$ 既可能存在，也可能不存在，把式子 $\dfrac{f(x)}{g(x)}$ 称为未定式，分别记作 $\dfrac{0}{0}$，$\dfrac{\infty}{\infty}$ 型. 对于未定式的极限求法，是不能应用“商的极限等于极限的商”这条法则来求解的，那么该如何求这类问题的极限呢？下面来学习洛必达法则.

定理1 如果 $f(x)$ 和 $g(x)$ 满足下列条件：

（1）$\lim\limits_{x\to x_0}f(x)=0, \lim\limits_{x\to x_0}g(x)=0$；

（2）$f(x)$ 和 $g(x)$ 在点 x_0 的某去心邻域内可导，并且 $g'(x)\neq 0$；

（3）$\lim\limits_{x\to x_0}\dfrac{f'(x)}{g'(x)}$ 存在（或为无穷大）.

那么，$\lim\limits_{x\to x_0}\dfrac{f(x)}{g(x)}=\lim\limits_{x\to x_0}\dfrac{f'(x)}{g'(x)}$.

定理2 如果 $f(x)$ 和 $g(x)$ 满足下列条件：

（1）$\lim\limits_{x\to\infty}f(x)=\infty$，$\lim\limits_{x\to\infty}g(x)=\infty$；

（2）$f(x)$ 和 $g(x)$ 在点 x_0 的某去心邻域内可导，并且 $g'(x)\neq 0$；

（3） $\lim\limits_{x\to\infty}\dfrac{f'(x)}{g'(x)}$存在（或为无穷大）.

那么，$\lim\limits_{x\to\infty}\dfrac{f(x)}{g(x)}=\lim\limits_{x\to x_0}\dfrac{f'(x)}{g'(x)}$.

这种通过分子、分母求导再来求极限来确定未定式的方法，就是洛必达法则.

注：它是以前求极限的法则的补充，以前利用法则不好求的极限，可利用此法则求解.

例1　求 $\lim\limits_{x\to 0}\dfrac{\sin ax}{\sin bx}\ (b\neq 0)$.

解　此题是未定式中的 $\dfrac{0}{0}$ 型求解问题，

$$\lim_{x\to 0}\frac{\sin ax}{\sin bx}=\lim_{x\to 0}\frac{a\cos ax}{b\cos bx}=\frac{a}{b}.$$

例2　求 $\lim\limits_{x\to\infty}\dfrac{ax^2+b}{cx^2+d}$.

解　此题为未定式中的 $\dfrac{\infty}{\infty}$ 型求解问题，

$$\lim_{x\to\infty}\frac{ax^2+b}{cx^2+d}=\lim_{x\to\infty}\frac{2ax}{2cx}=\frac{a}{c}.$$

另外，若遇到$0\cdot\infty$、$\infty-\infty$、1^∞、0^0、∞^0等型，通常是转化为 $\dfrac{0}{0}$ 或 $\dfrac{\infty}{\infty}$ 型后，再利用法则求解.

例3　求 $\lim\limits_{x\to 0^+}(x\ln x)$.

解　此题利用以前所学的法则是不好求解的，它为$0\cdot\infty$型，故可先将其转化为 $\dfrac{0}{0}$ 或 $\dfrac{\infty}{\infty}$ 型后再求解，即 $\lim\limits_{x\to 0^+}(x\ln x)=\lim\limits_{x\to 0^+}\dfrac{\ln x}{\dfrac{1}{x}}=\lim\limits_{x\to 0^+}\dfrac{\dfrac{1}{x}}{-\dfrac{1}{x^2}}=\lim\limits_{x\to 0^+}(-x)=0$.

注：本节定理给出的是求未定型的一种方法. 洛必达法则只是 $\lim\dfrac{f(x)}{g(x)}$ 存在的充分条件，当 $\lim\dfrac{f'(x)}{g'(x)}$ 不存在时，$\lim\dfrac{f(x)}{g(x)}$ 仍可能存在，此时洛必达法则失效.

习题4.2

用洛必达法则求下列极限：

（1） $\lim\limits_{x\to 0}\dfrac{\ln(1+x)}{x}$；　　（2） $\lim\limits_{x\to\frac{\pi}{2}}\dfrac{\cos x}{x-\dfrac{\pi}{2}}$；　　（3） $\lim\limits_{x\to 0}\dfrac{2^x-3^x}{x}$；

(4) $\lim\limits_{x\to+\infty}\dfrac{\dfrac{\pi}{2}-\arctan x}{\dfrac{1}{x}}$;　　(5) $\lim\limits_{x\to 0}\dfrac{e^x+e^{-x}-2}{1-\cos x}$;　　(6) $\lim\limits_{x\to 0}\dfrac{e^x-e^{-x}}{\sin x}$;

(7) $\lim\limits_{x\to 1}\left(\dfrac{2}{x^2-1}-\dfrac{1}{x-1}\right)$;　　(8) $\lim\limits_{x\to 0}\left(\dfrac{1}{\sin x}-\dfrac{1}{x}\right)$.

4.3 函数单调性与极值判定

4.3.1 函数单调性的判定法

如果函数 $y=f(x)$ 在 $[a,b]$ 上单调增加（或单调减少），那么它的图形是一条沿 x 轴正向上升（下降）的曲线. 这时曲线的各点处的切线斜率是非负的（或是非正的），即 $y'=f(x)\geqslant 0$ $[y'=f'(x)\leqslant 0]$. 由此可见，函数的单调性与导数的符号有着密切的关系.

反过来，能否用导数的符号来判定函数的单调性呢?

定理1（函数单调性的判定法）

设函数 $y=f(x)$ 在 $[a,b]$ 上连续，在 (a,b) 内可导.

(1) 如果在 (a,b) 内 $f'(x)>0$，那么函数 $y=f(x)$ 在 $[a,b]$ 上单调增加.

(2) 如果在 (a,b) 内 $f'(x)<0$，那么函数 $y=f(x)$ 在 $[a,b]$ 上单调减少.

证明 只证（1）. 在 $[a,b]$ 上任取两点 x_1，$x_2(x_1<x_2)$，应用拉格朗日中值定理，得到

$$f(x_2)-f(x_1)=f'(\xi)(x_2-x_1)\quad (x_1<\xi<x_2).$$

由于在上式中 $x_2-x_1>0$，因此，如果在 (a,b) 内导数 $f'(x)$ 保持正号，即 $f'(x)>0$，那么也有 $f'(\xi)>0$，于是

$$f(x_2)-f(x_1)=f'(\xi)(x_2-x_1)>0,$$

即 $f(x_2)>f(x_1)$，函数 $y=f(x)$ 在 $[a,b]$ 上单调增加.

注：判定法中的闭区间可换成其他各种区间.

例1 判定函数 $y=x-\sin x$ 在 $[0,2\pi]$ 上的单调性.

解 因为在 $(0,2\pi)$ 内，$y'=1-\cos x>0$，所以由判定法可知，函数 $y=x-\sin x$ 在 $[0,2\pi]$ 上的单调增加.

例2 讨论函数 $y=e^x-x-1$ 的单调性.

解 函数 $y=e^x-x-1$ 的定义域为 $(-\infty,+\infty)$，$y'=e^x-1$.

因为在 $(-\infty,0)$ 内，$y'<0$，所以函数 $y=e^x-x-1$ 在 $(-\infty,0]$ 上单调减少.

因为在 $(0,+\infty)$ 内，$y'>0$，所以函数 $y=e^x-x-1$ 在 $[0,+\infty)$ 上单调增加.

例3 讨论函数 $y=\sqrt[3]{x^2}$ 的单调性.

解 函数的定义域为 $(-\infty,+\infty)$. 函数的导数为 $y'=\dfrac{2}{3\sqrt[3]{x}}$ $(x\neq 0)$，函数在 $x=0$ 处

不可导.

当 $x=0$ 时，函数的导数不存在.

当 $x<0$ 时，$y'<0$，函数在（$-\infty$，0］上单调减少.

当 $x>0$ 时，$y'>0$，函数在［0，$+\infty$）上单调增加.

如果函数在定义区间上连续，除去有限个导数不存在的点外，导数存在且连续，那么只要用方程 $f'(x)=0$ 的根及导数不存在的点来划分函数 $f(x)$ 的定义区间，就能保证 $f'(x)$ 在各个部分区间内保持固定的符号，因而函数 $f(x)$ 在每个部分区间上单调.

例4　确定函数 $f(x)=2x^3-9x^2+12x-3$ 的单调区间.

解　函数的定义域为（$-\infty$，$+\infty$），函数的导数为 $f'(x)=6x^2-18x+12=6(x-1)(x-2)$.

导数为零的点有两个：$x_1=1$，$x_2=2$.

列表分析.

x	（$-\infty$，1）	（1，2）	（2，$+\infty$）
$f'(x)$	+	−	+
$f(x)$	↗	↘	↗

函数 $f(x)$ 在区间（$-\infty$，1）和（2，$+\infty$）内单调增加，在区间［1，2］单调减少.

例5　讨论函数 $y=x^3$ 的单调性.

解　函数的定义域为（$-\infty$，$+\infty$）. 函数的导数为 $y'=3x^2$. 除当 $x=0$ 时，$y'=0$ 外，在其余各点处均有 $y'>0$. 因此函数 $y=x^3$ 在区间（$-\infty$，0）及（0，$+\infty$）内都是单调增加的，从而在整个定义域（$-\infty$，$+\infty$）内是单调增加的. 在 $x=0$ 处曲线有一水平切线.

一般地，如果 $f'(x)$ 在某区间内的有限个点处为零，在其余各点处均为正（或负）时，那么 $f(x)$ 在该区间上仍旧是单调增加（或单调减少）的.

例6　证明：当 $x>1$ 时，$2\sqrt{x}>3-\dfrac{1}{x}$.

证明　令 $f(x)=2\sqrt{x}-\left(3-\dfrac{1}{x}\right)$，则 $f'(x)=\dfrac{1}{\sqrt{x}}-\dfrac{1}{x^2}=\dfrac{1}{x^2}\left(x\sqrt{x}-1\right)$. 当 $x>1$ 时，$f'(x)>0$，因此 $f(x)$ 在（1，$+\infty$）上 $f(x)$ 单调增加，从而当 $x>1$ 时，$f(x)>f(1)$. 由于 $f(1)=0$，故 $f(x)>f(1)=0$，即 $2\sqrt{x}-\left(3-\dfrac{1}{x}\right)>0$，也就是 $2\sqrt{x}>3-\dfrac{1}{x}\ (x>1)$.

4.3.2　函数的极值及其求法

极值的定义　设函数 $f(x)$ 在区间（a，b）内有定义，$x_0\in(a,\ b)$. 如果在 x_0 的某一去心邻域内有 $f(x)<f(x_0)$，则称 $f(x_0)$ 是函数 $f(x)$ 的一个极大值；如果在 x_0 的某一去心邻域内有 $f(x)>f(x_0)$，则称 $f(x_0)$ 是函数 $f(x)$ 的一个极小值.

设函数 $f(x)$ 在点 x_0 的某邻域 $U(x_0)$ 内有定义，如果在去心邻域 $\mathring{U}(x_0)$ 内有 $f(x)<f(x_0)$［或 $f(x)>f(x_0)$］，则称 $f(x_0)$ 是函数 $f(x)$ 的一个极大值（或极小值）.

函数的极大值与极小值统称为函数的极值，使函数取得极值的点称为极值点.

函数的极大值和极小值概念是局部性的. 如果 $f(x_0)$ 是函数 $f(x)$ 的一个极大值，那只是就x_0附近的一个局部范围来说，$f(x_0)$ 是 $f(x)$ 的一个最大值；如果就 $f(x)$ 的整个定义域来说，$f(x_0)$ 不一定是最大值. 关于极小值也类似.

定理2（必要条件） 设函数 $f(x)$ 在点x_0处可导，且在x_0处取得极值，那么这函数在x_0处的导数为零，即 $f'(x_0)=0$.

证明 为确定起见，假定 $f(x_0)$ 是极大值（极小值的情形可类似地证明）. 根据极大值的定义，在x_0的某个去心邻域内，对于任何点x，$f(x)<f(x_0)$ 均成立.

当$x<x_0$时，$\dfrac{f(x)-f(x_0)}{x-x_0}>0$，

$$f'(x_0)=\lim_{x\to x_0^-}\frac{f(x)-f(x_0)}{x-x_0}\geqslant 0.$$

当$x>x_0$时，$\dfrac{f(x)-f(x_0)}{x-x_0}<0$，

$$f'(x_0)=\lim_{x\to x_0^+}\frac{f(x)-f(x_0)}{x-x_0}\leqslant 0.$$

综上可得 $f'(x_0)=0$.

简要证明 假定 $f(x_0)$ 是极大值. 根据极大值的定义，在x_0的某个去心邻域内，有 $f(x)<f(x_0)$，则

$$f'(x_0)=f'_-(x_0)=\lim_{x\to x_0^-}\frac{f(x)-f(x_0)}{x-x_0}\geqslant 0,$$

同时 $f'(x_0)=f'_+(x_0)=\lim\limits_{x\to x_0^+}\dfrac{f(x)-f(x_0)}{x-x_0}\leqslant 0$，从而得到 $f'(x_0)=0$.

驻点：使导数为零的点［即方程 $f'(x_0)=0$ 的实根］叫作函数 $f(x)$ 的驻点. 可导函数 $f(x)$ 的极值点必定是函数的驻点. 反过来，函数 $f(x)$ 的驻点却不一定是极值点.

定理3（第一充分条件） 设函数 $f(x)$ 在点x_0的一个邻域内连续，在x_0的左右邻域内可导.

（1）如果在x_0的某一左邻域内 $f'(x)>0$，在x_0的某一右邻域内 $f'(x)<0$，那么函数 $f(x)$ 在x_0处取得极大值.

（2）如果在x_0的某一左邻域内 $f'(x)<0$，在x_0的某一右邻域内 $f'(x)>0$，那么函数 $f(x)$ 在x_0处取得极小值.

（3）如果在x_0的某一邻域内 $f'(x)$ 不改变符号，那么函数 $f(x)$ 在x_0处没有极值.

确定极值点和极值的步骤：

（1）求定义域.

（2）求出导数 $f'(x)$.

（3）求出 $f(x)$ 的全部驻点和不可导点.

（4）列表判断［考察 $f'(x)$ 的符号在每个驻点和不可导点的左右邻域的情况，以便确定该点是否是极值点. 如果是极值点，还要按照定理3确定对应的函数值是极大值还

是极小值].

（5）确定出函数的所有极值点和极值.

例7　求函数 $f(x)=(x-4)\sqrt[3]{(x+1)^2}$ 的极值.

解　（1）$f(x)$ 在（$-\infty$，$+\infty$）内连续，除 $x=-1$ 外，处处可导，且 $f'(x)=\dfrac{5(x-1)}{3\sqrt[3]{x+1}}$.

（2）令 $f'(x_0)=0$，得驻点 $x=1$；$x=-1$ 为 $f(x)$ 的不可导点.

（3）列表判断.

x	$(-\infty, -1)$	-1	$(-1, 1)$	1	$(1, +\infty)$
$f'(x)$	+	不可导	−	0	+
$f(x)$	↗	0	↘	$-3\sqrt[3]{4}$	↗

（4）极大值为 $f(-1)=0$，极小值为 $f(1)=-3\sqrt[3]{4}$.

定理4（第二充分条件）　设函数 $f(x)$ 在 x_0 处有二阶导数，且 $f'(x_0)=0$，$f''(x_0)\neq 0$.

（1）当 $f''(x)<0$ 时，函数 $f(x)$ 在 x_0 处取得极大值.

（2）当 $f''(x)>0$ 时，函数 $f(x)$ 在 x_0 处取得极小值.

定理4表明，如果函数 $f(x)$ 在驻点 x_0 处的二阶导数 $f''(x_0)\neq 0$，那么该点 x_0 一定是极值点，并且可以按照二阶导数 $f''(x_0)$ 的符号判定 $f(x_0)$ 是极大值还是极小值. 但如果 $f''(x_0)=0$，定理4就不能应用.

讨论：函数 $f(x)=x^4$，$g(x)=x^3$ 在点 $x=0$ 是否有极值?

提示：$f'(x)=4x^3$，$f(0)=0$；$f''(x)=12x^2$，$f''(0)=0$. 但当 $x<0$ 时，$f'(x)<0$；当 $x>0$ 时，$f'(x)>0$，所以 $f(0)$ 为极小值. $g'(x)=3x^2$，$g'(0)=0$；$g''(x)=6x$，$g''(0)=0$. 但 $g(0)$ 不是极值.

例8　求函数 $f(x)=(x^2-1)^3+1$ 的极值.

解　（1）$f'(x)=6x(x^2-1)^2$.

（2）令 $f'(x)=0$，求得驻点 $x_1=-1$，$x_2=0$，$x_3=1$.

（3）$f''(x)=6(x^2-1)(5x^2-1)$.

（4）因 $f''(x)=6>0$，所以 $f(x)$ 在 $x=0$ 处取得极小值，极小值为 $f(0)=0$.

（5）因 $f''(-1)=f''(1)=0$，用定理4无法判别. 因为在-1的左右邻域内 $f'(x)<0$，所以 $f(x)$ 在-1处没有极值；同理，$f(x)$ 在1处也没有极值.

习题4.3

（1）填空：

①函数 $f(x)=2x^2-4x-7$ 的单调增加区间为______，单调减少区间为_______；

②函数 $f(x)=x^2-8\ln x$ 的单调增加区间为______，单调减少区间为_______.

（2）求 $y=x^3-3x+1$ 的单调增减区间及极值.

（3）求 $y=x^3-3x$ 的单调增减区间及极值.

（4）求函数 $y=2x^2-\ln x$ 的单调增减区间及极值.

（5）设曲线 $f(x)=x^3+ax^2+bx$ 在 $x=1$ 处有极值-2，分别求 a、b，函数的单调增减区间及极值.

（6）求函数 $y=3x^4-8x^3+6x^2+7$ 的单调增减区间、极值点、极值.

（7）求函数 $y=x+\dfrac{1}{x}$ 的单调增减区间和极值.

4.4 函数的凹凸性与拐点

4.4.1 曲线的凹凸与拐点

凹凸性定义 设 $f(x)$ 在区间 I 上连续，如果对 I 上任意两点 x_1，x_2，恒有

$$f\left(\frac{x_1+x_2}{2}\right)<\frac{f(x_1)+f(x_2)}{2},$$

那么称 $f(x)$ 在 I 上的图形是（向下）凹的（或凹弧）；如果恒有

$$f\left(\frac{x_1+x_2}{2}\right)>\frac{f(x_1)+f(x_2)}{2},$$

那么称 $f(x)$ 在 I 上的图形是（向上）凸的（或凸弧）.（见图4.3和图4.4）

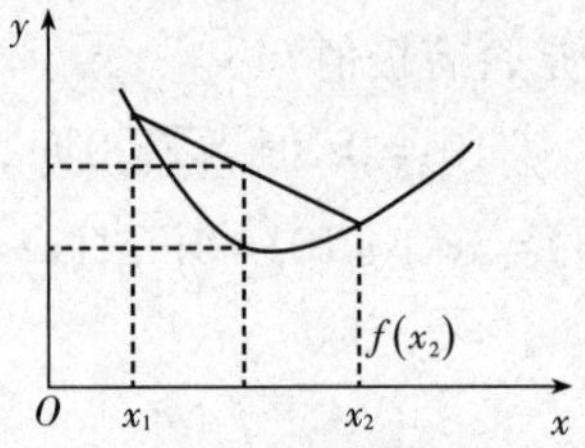

图4.3 曲线的凹弧

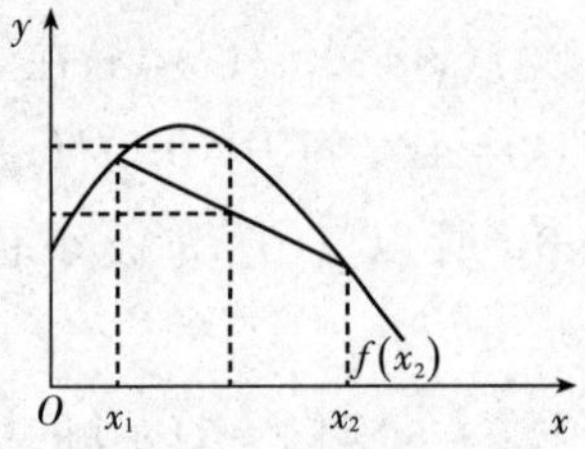

图4.4 曲线的凸弧

设函数 $y=f(x)$ 在区间 I 上连续，如果函数的曲线位于其上任意一点的切线的上方，则称该曲线在区间 I 上是凹的；如果函数的曲线位于其上任意一点的切线的下方，则称该曲线在区间 I 上是凸的.

4.4.2 凹凸性的判定

定理 设 $f(x)$ 在［a，b］上连续，在（a，b）内具有一阶和二阶导数，那么

（1）若在（a，b）内 $f''(x)>0$，则 $f(x)$ 在［a，b］上的图形是凹的.

（2）若在（a，b）内 $f''(x)<0$，则 $f(x)$ 在［a，b］上的图形是凸的.

简要证明 只证（1）. 设 x_1，$x_2\in$［a，b］，且 $x_1<x_2$，记 $x_0=\dfrac{x_1+x_2}{2}$.

由拉格朗日中值公式，得

$$f(x_1)-f(x_0)=f'(\xi_1)(x_1-x_0)=f'(\xi_1)\frac{x_1-x_2}{2},\quad x_1<\xi_1<x_0,$$

$$f(x_2)-f(x_0)=f'(\xi_2)(x_2-x_0)=f'(\xi_1)\frac{x_2-x_1}{2},\quad x_0<\xi_2<x_2.$$

两式相加，并应用拉格朗日中值公式，得

$$f(x_1)+f(x_2)-2f(x_0)=\left(f'(\xi_2)-f'(\xi_1)\right)\frac{x_2-x_1}{2}$$

$$=f''(\xi)(\xi_2-\xi_1)\frac{x_2-x_1}{2}>0,\quad \xi_1<\xi<\xi_2,$$

即 $\frac{f(x_1)+f(x_2)}{2}>f\left(\frac{x_1+x_2}{2}\right)$，所以 $f(x)$ 在［a，b］上的图形是凹的.

拐点：连续曲线 $y=f(x)$ 上凹弧与凸弧的分界点称为曲线的拐点.

4.4.3　确定曲线 $y=f(x)$ 的凹凸区间和拐点的步骤

（1）确定函数 $y=f(x)$ 的定义域；

（2）求出在二阶导数 $f''(x)$；

（3）求使二阶导数为零的点和使二阶导数不存在的点；

（4）判断或列表判断，确定出曲线凹凸区间和拐点.

例1　判断曲线 $y=\ln x$ 的凹凸性.

解　$y'=\frac{1}{x}$，$y''=-\frac{1}{x^2}$. 因为在函数 $y=\ln x$ 的定义域（0，+∞）内，$y''<0$，所以曲线 $y=\ln x$ 是凸的.

例2　判断曲线 $y=x^3$ 的凹凸性.

解　$y'=3x^2$，$y''=6x$. 由 $y''=0$，得 $x=0$. 因为当 $x<0$ 时，$y''<0$，所以曲线在（-∞，0］内为凸的；因为当 $x>0$ 时，$y''>0$，所以曲线在［0，+∞）内为凹的.

例3　求曲线 $y=2x^3+3x^2-2x+14$ 的拐点.

解　$y'=6x^2+6x-2$，$y''=12x+6=12\left(x+\frac{1}{2}\right)$. 令 $y''=0$，得 $x=-\frac{1}{2}$. 因为当 $x<-\frac{1}{2}$ 时，$y''<0$；当 $x>-\frac{1}{2}$ 时，$y''>0$，所以点 $\left(-\frac{1}{2},\ 15\frac{1}{2}\right)$ 是曲线的拐点.

例4　求曲线 $y=3x^4-4x^3+1$ 的拐点及凹、凸区间.

解　（1）函数 $y=3x^4-4x^3+1$ 的定义域为（-∞，+∞）.

（2）$y'=12x^3-12x^2$，$y''=36x^2-24x=36x\left(x-\frac{2}{3}\right)$.

（3）解方程 $y''=0$，得 $x_1=0$，$x_2=\frac{2}{3}$.

（4）列表判断.

x	$(-\infty,\ 0)$	0	$\left(0,\ \frac{2}{3}\right)$	$\frac{2}{3}$	$\left(\frac{2}{3},\ +\infty\right)$
y''	+	0	−	0	+
y	凹	拐点（0，1）	凸	拐点 $\left(\frac{2}{3},\ \frac{11}{27}\right)$	凹

在区间 $(-\infty, 0)$ 和 $\left(\frac{2}{3}, +\infty\right)$ 上曲线是凹的，在区间 $\left(0, \frac{2}{3}\right)$ 上曲线是凸的. 点（0, 1）和 $\left(\frac{2}{3}, \frac{11}{27}\right)$ 是曲线的拐点.

例 5 曲线 $y=x^4$ 是否有拐点？

解 $y'=4x^3$，$y''=12x^2$. 当 $x\neq 0$ 时，$y''>0$，在区间（$-\infty$，$+\infty$）内曲线是凹的，因此曲线无拐点.

例 6 求曲线 $y=\sqrt[3]{x}$ 的拐点.

解 （1）函数的定义域为（$-\infty$，$+\infty$）.

（2）$y'=\frac{1}{3\sqrt[3]{x^2}}$，$y''=-\frac{2}{9x\sqrt[3]{x^2}}$.

（3）无二阶导数为零的点，二阶导数不存在的点为 $x=0$.

（4）当 $x<0$ 当，$y''>0$；当 $x>0$ 时，$y''<0$. 因此，点（0，0）是曲线的拐点.

习题4.4

（1）求曲线 $y=x^3-6x^2+x-1$ 的凹凸区间与拐点.

（2）求曲线 $y=x^3-3x^2-2$ 的凹凸区间与拐点.

（3）求函数 $y=x^4-6x^3+12x^2-10$ 的凹凸区间与拐点.

（4）已知曲线 $y=ax^3+bx^2$ 的一个拐点为（1，3），则 $a=$ ________，$b=$ ________.

（5）确定 a，b，c 的值，使 $y=x^3+ax^2+bx+c$ 在点（1，-1）有拐点，且在 $x=0$ 处有驻点.

（6）已知函数 $y=ax^3+bx^2+cx+d$ 有拐点（-1，4），且在 $x=0$ 处有极大值2，求 a，b，c，d 的值.

4.5 函数的最大值最小值

4.5.1 函数的最大值最小值

设函数 $f(x)$ 在闭区间［a，b］上连续，则函数的最大值和最小值一定存在. 函数的最大值和最小值有可能在区间的端点取得，如果最大值不在区间的端点取得，则必在开区间（a，b）内取得，在这种情况下，最大值一定是函数的极大值. 因此，函数在闭区间［a，b］上的最大值一定是函数的所有极大值和函数在区间端点的函数值中最大者. 同理，函数在闭区间［a，b］上的最小值一定是函数的所有极小值和函数在区间端点的函数值中最小者.

4.5.2 最大值和最小值的求法

（1）求出函数 $f(x)$ 在（a，b）内的所有驻点和不可导点；

（2）求出函数 $f(x)$ 在各驻点、不可导点和区间端点处的函数值；

（3）比较这些函数值，其中最大的就是最大值，最小的就是最小值.

例1　求函数 $f(x)=x^2-3x+2$ 在［−3，4］上的最大值与最小值.

解　在（−3，4）内，$f(x)$ 的驻点为 $x=\frac{3}{2}$. 由于 $f(-3)=20$，$f\left(\frac{3}{2}\right)=\frac{1}{4}$，$f(4)=6$，比较可得，$f(x)$ 在 $x=-3$ 处取得它在［−3，4］上的最大值20，在 $x=\frac{3}{2}$ 处取得它在［−3，4］上的最小值 $\frac{1}{4}$.

例2　工厂铁路线上 AB 段的距离为100 km. 工厂 C 距 A 处为20 km，AC 垂直于 AB. 因运输需要，要在 AB 线上选定一点 D 向工厂修筑一条公路. 已知铁路每公里货运的运费与公路每公里货运的运费之比3∶5，为了使货物从供应站 B 运到工厂 C 的运费最省，问 D 点应选在何处？（见图4.5）

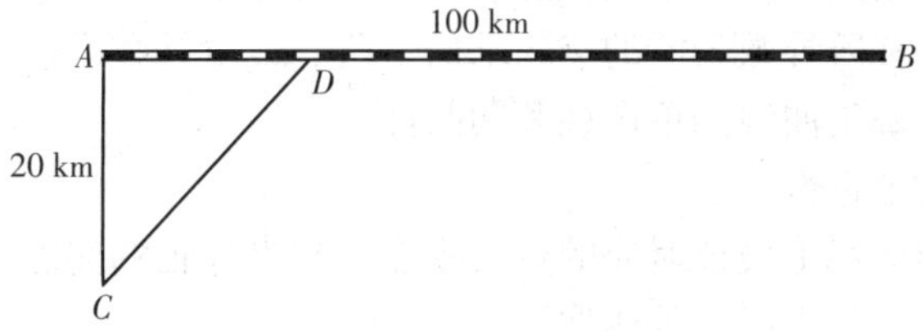

图4.5　例2的示意图

解　设 $AD=x$(km)，则 $DB=100-x$，$CD=\sqrt{20^2+x^2}=\sqrt{400+x^2}$. 设从 B 点到 C 点需要的总运费为 y，那么 $y=5k\times CD+3k\times DB$（$k$ 是某个正数），即

$$y=5k\sqrt{400+x^2}+3k(100-x)\quad(0\leqslant x\leqslant 100).$$

问题归结为：x 在［0，100］内取何值时目标函数 y 的值最小. 先求 y 对 x 的导数：

$$y'=k\left(\frac{5x}{\sqrt{400+x^2}}-3\right),\quad CD=\sqrt{400+x^2},$$

解方程 $y'=0$，得 $x=15$(km). 由于 $y|_{x=0}=400k$，$y|_{x=15}=380k$，$y|_{x=100}=500k\sqrt{1+\frac{1}{5^2}}$，其中以 $y|_{x=15}=380k$ 为最小，因此，当 $AD=x=15$ km时，总运费为最省.

注：$f(x)$ 在一个区间（有限或无限，开或闭）内可导且只有一个驻点 x_0，并且这个驻点 x_0 是函数 $f(x)$ 的极值点，那么，当 $f(x_0)$ 是极大值时，$f(x_0)$ 就是 $f(x)$ 在该区间上的最大值；当 $f(x_0)$ 是极小值时，$f(x_0)$ 就是 $f(x)$ 在该区间上的最小值.

应当指出，实际中，往往根据问题的性质就可以断定函数 $f(x)$ 确有最大值或最小值，而且一定在定义区间内部取得. 这时，如果 $f(x)$ 在定义区间内部只有一个驻点 x_0，那么不必讨论 $f(x_0)$ 是否是极值，就可以断定 $f(x_0)$ 是最大值或最小值.

习题4.5

（1）求下列函数在给定区间上的最大值与最小值：

① $f(x)=x^2-2x-9$ 在 $[-2, 2]$；　② $y=\frac{1}{2}x-\sqrt{x}$ 在 $[0, 9]$；

③ $y=3x-x^3$ 在 $[0, 3]$；　④ $y=x^2-x$，$x\in[0, 4]$；

⑤ $y=x+2\sqrt{x}$，$x\in[0, 4]$.

（2）某种窗户的截面是矩形加半圆，若窗口的周长为12 m，则半圆的半径取何值时，截面面积最大?

（3）某车间靠墙盖一长方形小屋，现存材料只够围成20 m的墙壁，问应围成怎样的长方形，才能使小屋的面积最大？最大面积为多少？

4.6 函数图形的描绘

描绘函数图形的一般步骤如下：

（1）确定函数的定义域，并求函数的一阶和二阶导数；

（2）求出一阶、二阶导数为零的点，求出一阶、二阶导数不存在的点；

（3）列表分析，确定曲线的单调性和凹凸性；

（4）确定曲线的渐近性；

（5）确定并描出曲线上极值对应的点、拐点、与坐标轴的交点、其他点；

（6）连接这些点，作出函数的图像.

例 作出函数 $f(x)=x^3-x^2-x+1$ 的图像.

解 （1）函数的定义域为 $(-\infty, +\infty)$.

（2）$f'(x)=3x^2-2x-1=(3x+1)(x-1)$，$f''(x)=6x-2=2(3x-1)$.

$f'(x)=0$ 的根为 $x=\frac{1}{3}$，1；$f''(x)=0$ 的根为 $x=\frac{1}{3}$.

（3）列表分析.

x	$\left(-\infty, -\frac{1}{3}\right)$	$-\frac{1}{3}$	$\left(-\frac{1}{3}, \frac{1}{3}\right)$	$\frac{1}{3}$	$\left(\frac{1}{3}, 1\right)$	1	$(1, +\infty)$
$f'(x)$	+	0	−	−	−	0	+
$f''(x)$	−	−	−	0	+	+	+
$f(x)$	$\cap$	极大	$\cap$	拐点	$\cup$	极小	$\cup$

（4）当$x\to+\infty$时，$y\to+\infty$；当$x\to-\infty$时，$y\to-\infty$.

（5）计算特殊点：

$$f\left(-\frac{1}{3}\right)=\frac{32}{27},\ f\left(\frac{1}{3}\right)=\frac{16}{27},\ f(1)=0,\ f(0)=1;\ f(-1)=0,\ f\left(\frac{3}{2}\right)=\frac{5}{8}.$$

（6）作图.

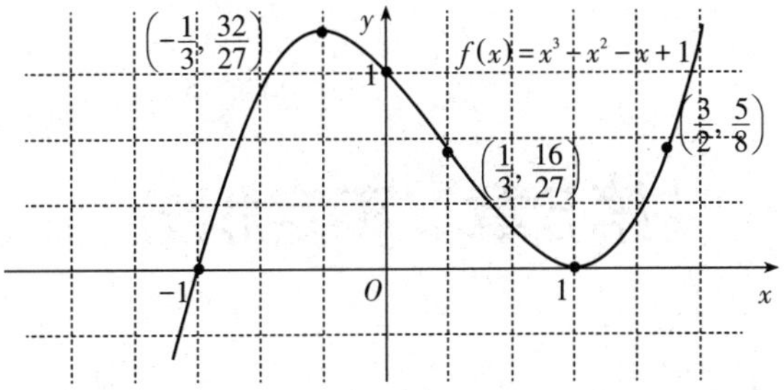

图 4.6　函数 $f(x)=x^3-x^2-x+1$ 的图像

习题 4.6

作出下列函数的图像：

（1）$y=\dfrac{x}{1+x^2}$；　　（2）$y=\dfrac{2x^2}{(1-x)^2}$.

第5章 不定积分

在微分学中，讨论了求已知函数导数（或微分）的问题，但是在生产实践和科学技术领域中，往往还会遇到与此相反的问题，即已知一个函数的导数（或微分），求出此函数. 这种由函数的导数（或微分）求出原函数的问题是积分学的一个基本问题——不定积分，本章将介绍不定积分的概念、性质、基本积分公式，进而讨论求不定积分的方法.

5.1 不定积分的概念与性质

5.1.1 原函数与不定积分的概念

定义1 如果在区间I上，可导函数$F(x)$的导函数为$f(x)$，即对任一$x\in I$，都有

$$F'(x)=f(x) \quad 或 \quad \mathrm{d}F(x)=f(x)\mathrm{d}x,$$

那么函数$F(x)$就称为$f(x)$［或$f(x)\mathrm{d}x$］在区间I上的原函数.

例如，因为$(\sin x)'=\cos x$，所以$\sin x$是$\cos x$的原函数.

因为$\left(\sqrt{x}\right)'=\dfrac{1}{2\sqrt{x}}$，所以$\sqrt{x}$是$\dfrac{1}{2\sqrt{x}}$的原函数.

原函数存在定理 如果函数$f(x)$在区间I上连续，那么在区间I上存在可导函数$F(x)$，使对任一$x\in I$都有

$$F'(x)=f(x).$$

简单地说，就是：连续函数一定有原函数.

（1）如果函数$f(x)$在区间I上有原函数$F(x)$，那么$f(x)$就有无穷多个原函数，$F(x)+C$都是$f(x)$的原函数，其中C是任意常数.

（2）函数$f(x)$的任意两个原函数之间只差一个常数，即如果$G(x)$和$F(x)$都是$f(x)$的原函数，则$G(x)-F(x)=C$，其中C为某个常数.

定义2 在区间I上，函数$f(x)$的带有任意常数项的原函数称为$f(x)$［或$f(x)\mathrm{d}x$］在区间I上的不定积分，记作

$$\int f(x)\mathrm{d}x.$$

其中记号“$\int$”称为积分号，$f(x)$称为被积函数，$f(x)\mathrm{d}x$称为被积表达式，x称为积

分变量.

根据定义，如果 $F(x)$ 是 $f(x)$ 在区间 I 上的一个原函数，那么 $F(x)+C$ 就是 $f(x)$ 的不定积分，即

$$\int f(x)\mathrm{d}x = F(x)+C.$$

因此，不定积分 $\int f(x)\mathrm{d}x$ 可以表示 $f(x)$ 的任意一个原函数.

例如，因为 $\sin x$ 是 $\cos x$ 的原函数，所以 $\int \cos x\mathrm{d}x = \sin x + C$.

因为 $\sqrt{x}$ 是 $\dfrac{1}{2\sqrt{x}}$ 的原函数，所以 $\int \dfrac{1}{2\sqrt{x}}\mathrm{d}x = \sqrt{x}+C$.

例1　求函数 $f(x)=\dfrac{1}{x}$ 的不定积分.

解　当 $x>0$ 时，$(\ln x)'=\dfrac{1}{x}$,

$$\int \frac{1}{x}\mathrm{d}x = \ln x + C\ (x>0).$$

当 $x<0$ 时，$(\ln(-x))' = -\dfrac{1}{x}(-1)=\dfrac{1}{x}$,

$$\int \frac{1}{x}\mathrm{d}x = \ln(-x) + C\ (x<0).$$

合并上面两式，得到

$$\int \frac{1}{x}\mathrm{d}x = \ln|x| + C\ (x\neq 0).$$

例2　设曲线通过点（1，2），且其上任一点处的切线斜率等于这点横坐标的2倍，求此曲线的方程.

解　设所求的曲线方程为 $y=f(x)$. 根据题意，曲线上任一点 $(x,\ y)$ 处的切线斜率为

$$y'=f'(x)=2x,$$

即 $f(x)$ 是 $2x$ 的一个原函数.

因为 $\int 2x\mathrm{d}x = x^2+C$，所以必有某个常数 C，使 $f(x)=x^2+C$，即曲线方程为

$$y=x^2+C.$$

所求曲线通过点（1，2），故

$$2=1+C，\ C=1.$$

于是所求曲线方程为 $y=x^2+1$.

积分曲线：函数 $f(x)$ 的原函数的图形称为 $y=f(x)$ 的积分曲线.

5.1.2　不定积分的性质

从不定积分的定义可知下述关系.

性质1　$\dfrac{\mathrm{d}}{\mathrm{d}x}\left(\int f(x)\mathrm{d}x\right)=f(x)$，或记作 $\mathrm{d}\left(\int f(x)\mathrm{d}x\right)=f(x)\mathrm{d}x$.

性质2　$\int f'(x)\mathrm{d}x=f(x)+C$，或记作 $\int \mathrm{d}f(x)=f(x)+C$.

由此可见，微分运算（以记号d表示）与求不定积分的运算（简称积分运算，以记号$\int$表示）是互逆的. 当记号$\int$与d连在一起时，或者抵消，或者抵消后差一个常数.

5.1.3 不定积分的运算法则

法则1 函数的和的不定积分等于各个函数的不定积分的和，即

$$\int\big(f(x)\pm g(x)\big)\mathrm{d}x=\int f(x)\mathrm{d}x\pm\int g(x)\mathrm{d}x.$$

这是因为，

$$\left(\int f(x)\mathrm{d}x+\int g(x)\mathrm{d}x\right)'=\left(\int f(x)\mathrm{d}x\right)'+\left(\int g(x)\mathrm{d}x\right)'=f(x)+g(x).$$

法则1可以推广到有限多个函数的代数和的形式.

法则2 求不定积分时，被积函数中不为零的常数因子可以提到积分号外面来，即

$$\int kf(x)\mathrm{d}x=k\int f(x)\mathrm{d}x \quad (k\text{是常数},\ k\neq 0).$$

5.1.4 不定积分的几何意义

函数 $f(x)$ 的原函数 $F(x)$ 的图像为 $f(x)$ 的积分曲线. 积分曲线 $y=F(x)$ 在垂直方向平移就得到一簇曲线，其中任意一条都可表示成 $y=F(x)+C$ 的形式. 因而 $\int f(x)\mathrm{d}x$ 在几何上表示积分曲线簇中的任意一条曲线. 当 C 被确定时，就得到具体的一条曲线.（见图5.1）

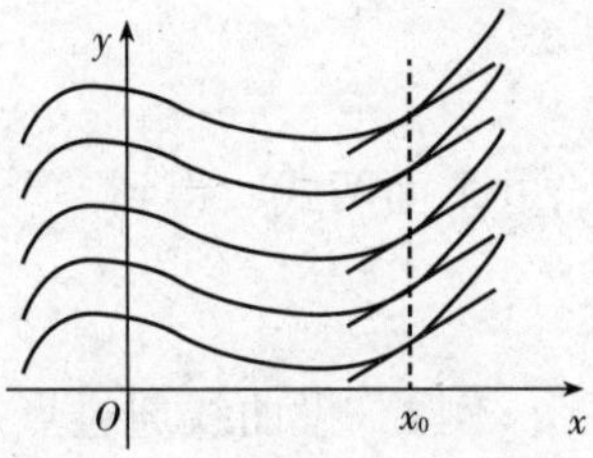

图5.1 不定积分的几何意义

习题5.1

（1）填空，并计算相应的不定积分：

① $(\qquad)'=1$； $\int\mathrm{d}x=(\qquad)$；

② $\mathrm{d}(\qquad)=3x^2\mathrm{d}x$； $\int 3x^2\mathrm{d}x=(\qquad)$；

③ $(\qquad)'=\mathrm{e}^x$； $\int \mathrm{e}^x\mathrm{d}x=(\qquad)$；

④ $\mathrm{d}(\qquad)=\sec^2x\mathrm{d}x$； $\int\sec^2x\mathrm{d}x=(\qquad)$；

⑤ $\mathrm{d}(\qquad)=\sin x\mathrm{d}x$； $\int\sin x\mathrm{d}x=(\qquad)$；

⑥ $(\qquad)'=\dfrac{1}{\cos^2x}$； $\int\dfrac{1}{\cos^2x}\mathrm{d}x=(\qquad)$；

⑦ $(\qquad)'=\dfrac{1}{1+x^2}$； $\int\dfrac{1}{1+x^2}\mathrm{d}x=(\qquad)$；

⑧ $(\qquad)'=\dfrac{1}{\sqrt{1-x^2}}$； $\int\dfrac{1}{\sqrt{1-x^2}}\mathrm{d}x=(\qquad)$.

（2）判断下列各式是否正确：

① $\left(\int f(x)\mathrm{d}x\right)'=f(x)+C$； ② $\mathrm{d}\left(\int f(x)\mathrm{d}x\right)=f(x)\mathrm{d}x$；

③ $\int f'(x)\mathrm{d}x = f(x) + C$；　　　　　　④ $\int \mathrm{d}f(x) = f(x)$.

（3）设某曲线经过点（1，2），其上任意点处的切线斜率为$3x^2$，求此曲线方程.

（4）设某曲线经过点（e^2，3），其上任意点处的切线斜率等于该点横坐标的倒数，求此曲线方程.

（5）已知曲线上任意点处的切线斜率等于该点处横坐标平方的3倍，且曲线过点（0，1），求此曲线方程.

5.2　不定积分的基本公式和直接积分

由于求不定积分与求导运算在相差一个常数的意义下互为逆运算，因此不定积分的各种计算方法都源于求导的相应方法. 由不定积分与求导数（或微分）的互逆关系，根据基本初等函数的导数公式，可推出如下基本积分公式.

5.2.1　基本积分表

（1）$\int k\mathrm{d}x = kx + C$ （k是常数）；

（2）$\int x^{\mu}\mathrm{d}x = \frac{1}{\mu+1}x^{\mu+1} + C$；

（3）$\int \frac{1}{x}\mathrm{d}x = \ln|x| + C$；

（4）$\int \mathrm{e}^x\mathrm{d}x = \mathrm{e}^x + C$；

（5）$\int a^x\mathrm{d}x = \frac{a^x}{\ln a} + C$；

（6）$\int \cos x\mathrm{d}x = \sin x + C$；

（7）$\int \sin x\mathrm{d}x = -\cos x + C$；

（8）$\int \frac{1}{\cos^2 x}\mathrm{d}x = \int \sec^2 x\mathrm{d}x = \tan x + C$；

（9）$\int \frac{1}{\sin^2 x}\mathrm{d}x = \int \csc^2 x\mathrm{d}x = -\cot x + C$；

（10）$\int \frac{1}{1+x^2}\mathrm{d}x = \arctan x + C$；

（11）$\int \frac{1}{\sqrt{1-x^2}}\mathrm{d}x = \arcsin x + C$；

（12）$\int \sec x\tan x\mathrm{d}x = \sec x + C$；

（13）$\int \csc x\cot x\mathrm{d}x = -\csc x + C$.

根据基本积分公式，可以求一些简单函数的不定积分.

5.2.2 直接积分法

例1 求$\int \frac{1}{x^3}\mathrm{d}x$.

解 $\int \frac{1}{x^3}\mathrm{d}x=\int x^{-3}\mathrm{d}x=\frac{1}{-3+1}x^{-3+1}+C=-\frac{1}{2x^2}+C.$

例2 求$\int x^2\cdot\sqrt{x}\,\mathrm{d}x$.

解 $\int x^2\cdot\sqrt{x}\,\mathrm{d}x=\int x^{\frac{5}{2}}\mathrm{d}x=\frac{1}{\frac{5}{2}+1}x^{\frac{5}{2}+1}+C=\frac{2}{7}x^{\frac{7}{2}}+C=\frac{2}{7}x^3\sqrt{x}+C.$

例3 求$\int \frac{\mathrm{d}x}{x\cdot\sqrt[3]{x}}$.

解 $\int \frac{\mathrm{d}x}{x\cdot\sqrt[3]{x}}=\int x^{-\frac{4}{3}}\mathrm{d}x=\frac{x^{-\frac{4}{3}+1}}{-\frac{4}{3}+1}+C=-3x^{-\frac{1}{3}}+C=-\frac{3}{\sqrt[3]{x}}+C.$

例4 求$\int \sqrt{x}(x^2-5)\mathrm{d}x$.

解
$$\begin{aligned}\int \sqrt{x}(x^2-5)\mathrm{d}x&=\int\left(x^{\frac{5}{2}}-5x^{\frac{1}{2}}\right)\mathrm{d}x\\&=\int x^{\frac{5}{2}}\mathrm{d}x-\int 5x^{\frac{1}{2}}\mathrm{d}x=\int x^{\frac{5}{2}}\mathrm{d}x-5\int x^{\frac{1}{2}}\mathrm{d}x\\&=\frac{2}{7}x^{\frac{7}{2}}-5\cdot\frac{2}{3}x^{\frac{3}{2}}+C.\end{aligned}$$

例5 求$\int \frac{(x-1)^3}{x^2}\mathrm{d}x$.

解
$$\begin{aligned}\int \frac{(x-1)^3}{x^2}\mathrm{d}x&=\int\frac{x^3-3x^2+3x-1}{x^2}\mathrm{d}x=\int\left(x-3+\frac{3}{x}-\frac{1}{x^2}\right)\mathrm{d}x\\&=\int x\mathrm{d}x-3\int\mathrm{d}x+3\int\frac{1}{x}\mathrm{d}x-\int\frac{1}{x^2}\mathrm{d}x=\frac{1}{2}x^2-3x+3\ln|x|+\frac{1}{x}+C.\end{aligned}$$

例6 求$\int(\mathrm{e}^x-3\cos x)\mathrm{d}x$.

解 $\int(\mathrm{e}^x-3\cos x)\mathrm{d}x=\int\mathrm{e}^x\mathrm{d}x-3\int\cos x\mathrm{d}x=\mathrm{e}^x-3\sin x+C.$

例7 求$\int 2^x\mathrm{e}^x\mathrm{d}x$.

解 $\int 2^x\mathrm{e}^x\mathrm{d}x=\int(2\mathrm{e})^x\mathrm{d}x=\frac{(2\mathrm{e})^x}{\ln(2\mathrm{e})}+C=\frac{2^xe^x}{1+\ln 2}+C.$

例8 求$\int\frac{1+x+x^2}{x(1+x^2)}\mathrm{d}x$.

解
$$\begin{aligned}\int\frac{1+x+x^2}{x(1+x^2)}\mathrm{d}x&=\int\frac{x+(1+x^2)}{x(1+x^2)}\mathrm{d}x=\int\left(\frac{1}{1+x^2}+\frac{1}{x}\right)\mathrm{d}x\\&=\int\frac{1}{1+x^2}\mathrm{d}x+\int\frac{1}{x}\mathrm{d}x=\arctan x+\ln|x|+C.\end{aligned}$$

例9 求$\int\frac{x^4}{1+x^2}dx$.

解 $\int\frac{x^4}{1+x^2}dx=\int\frac{x^4-1+1}{1+x^2}dx=\int\frac{(x^2+1)(x^2-1)+1}{1+x^2}dx$

$=\int\left(x^2-1+\frac{1}{1+x^2}\right)dx=\int x^2dx-\int dx+\int\frac{1}{1+x^2}dx$

$=\frac{1}{3}x^2-x+\arctan x+C.$

例10 求$\int\tan^2xdx$.

解 $\int\tan^2xdx=\int(\sec^2x-1)dx=\int\sec^2xdx-\int dx=\tan x-x+C.$

例11 求$\int\sin^2\frac{x}{2}dx$.

解 $\int\sin^2\frac{x}{2}dx=\int\frac{1-\cos x}{2}dx=\frac{1}{2}\int(1-\cos x)dx$

$=\frac{1}{2}(x-\sin x)+C.$

习题5.2

求下列不定积分：

(1) $\int x\sqrt{x}dx$; (2) $\int\frac{1}{x^2\cdot\sqrt{x}}dx$; (3) $\int(x^2-3x+1)dx$;

(4) $\int(x-2)^2dx$; (5) $\int\frac{x^2}{1+x^2}dx$; (6) $\int\left(\frac{1}{1+x^2}-\frac{2}{\sqrt{1-x^2}}\right)dx$;

(7) $\int\left(e^x+\frac{3}{x}\right)dx$; (8) $\int\sec x(\sec x-\tan x)dx$; (9) $\int\frac{1}{1+\cos 2x}dx$;

(10) $\int e^x\left(1+\frac{e^{-x}}{\sin^2x}\right)dx$; (11) $\int\frac{x^2-1}{x^2+1}dx$; (12) $\int(e^x-2\cos x)dx$;

(13) $\int\sqrt{x}(x^2-2)dx$; (14) $\int\frac{(x^2-3)(x+1)}{x^2}dx$; (15) $\int\left(\frac{4}{\sqrt{x}}-\frac{x\sqrt{x}}{4}\right)dx$;

(16) $\int\frac{x-9}{\sqrt{x}+3}dx$; (17) $\int\left(\frac{1-x}{x}\right)^2dx$; (18) $\int\frac{x+1}{\sqrt{x}}dx$;

(19) $\int(10^x+x^{10})dx$; (20) $\int\frac{3.2^x+4.3^x}{2^x}dx$; (21) $\int\frac{(x+1)^2}{x(x^2+1)}dx$;

(22) $\int\frac{1}{x^2(1+x^2)}dx$.

5.3 换元积分法

直接积分法只能求某些简单函数的不定积分，为解决更多的、较为复杂的不定积分问题，还需要进一步探讨求不定积分的其他方法，即换元积分法和分部积分法.

换元积分法又分为第一类换元法（凑微分法）和第二类换元法（变量代换）两种.

5.3.1 第一类换元法

设 $F(u)$ 是 $f(u)$ 的原函数，即 $F'(u)=f(u)$，$\int f(u)\mathrm{d}u=F(u)+C$，如果 $u=\phi(x)$ 可微，那么，根据复合函数微分法，有 $\mathrm{d}F\big(\phi(x)\big)=f\big(\phi(x)\big)\phi'(x)\mathrm{d}x$，即

$$\int f\big(\varphi(x)\big)\varphi'(x)\mathrm{d}x=\int f\big(\varphi(x)\big)\mathrm{d}\varphi(x)=\Big(\int f(u)\mathrm{d}u\Big)_{u=\varphi(x)}.$$

定理1 设 $f(u)$ 具有原函数，$u=\phi(x)$ 可导，则有换元公式

$$\int f\big(\varphi(x)\big)\varphi'(x)\mathrm{d}x=\int f\big(\varphi(x)\big)\mathrm{d}\varphi(x)=\int f(u)\mathrm{d}u=F(u)+C=F\big(\varphi(x)\big)+C.$$

被积表达式中的 $\mathrm{d}x$ 可当作变量 x 的微分来对待，从而微分等式 $\phi'(x)\mathrm{d}x=\mathrm{d}u$ 可以应用到被积表达式中.

在求积分 $\int g(x)\mathrm{d}x$ 时，如果函数 $g(x)$ 可以化为 $g(x)=f\big(\phi(x)\big)\phi'(x)$ 的形式，那么

$$\int g(x)\mathrm{d}x=\int f\big(\varphi(x)\big)\varphi'(x)\mathrm{d}x=\Big(\int f(u)\mathrm{d}u\Big)_{u=\varphi(x)}.$$

例1 求 $\int 2\cos 2x\mathrm{d}x$.

解 $\int 2\cos 2x\mathrm{d}x=\int\cos 2x\cdot(2x)'\mathrm{d}x=\int\cos 2x\mathrm{d}(2x)$

$$=\int\cos u\mathrm{d}u=\sin u+C=\sin 2x+C.$$

例2 求 $\int\frac{1}{3+2x}\mathrm{d}x$.

解 $\int\frac{1}{3+2x}\mathrm{d}x=\frac{1}{2}\int\frac{1}{3+2x}(3+2x)'\mathrm{d}x=\frac{1}{2}\int\frac{1}{3+2x}\mathrm{d}(3+2x)$

$$=\frac{1}{2}\int\frac{1}{u}\mathrm{d}x=\frac{1}{2}\ln|u|+C=\frac{1}{2}\ln|3+2x|+C.$$

例3 求 $\int 2x\mathrm{e}^{x^2}\mathrm{d}x$.

解 $\int 2x\mathrm{e}^{x^2}\mathrm{d}x=\int\mathrm{e}^{x^2}(x^2)'\mathrm{d}x=\int\mathrm{e}^{x^2}\mathrm{d}(x^2)=\int\mathrm{e}^{u}\mathrm{d}u$

$$=\mathrm{e}^{u}+C=\mathrm{e}^{x^2}+C.$$

例4 求 $\int x\sqrt{1-x^2}\mathrm{d}x$.

解 $\int x\sqrt{1-x^2}\mathrm{d}x=-\frac{1}{2}\int\sqrt{1-x^2}\mathrm{d}(1-x^2)=-\frac{1}{2}\int u^{\frac{1}{2}}\mathrm{d}u=-\frac{1}{3}u^{\frac{3}{2}}+C$

$$=-\frac{1}{3}(1-x^2)^{\frac{3}{2}}+C.$$

例5 求 $\int\tan x\mathrm{d}x$.

解 $\int\tan x\mathrm{d}x=\int\frac{\sin x}{\cos x}\mathrm{d}x=-\int\frac{1}{\cos x}\mathrm{d}\cos x$

$$=-\int\frac{1}{u}\mathrm{d}u=-\ln|u|+C$$

$$=-\ln|\cos x|+C.$$

即

$$\int \tan x \mathrm{d}x = -\ln|\cos x| + C.$$

类似地，可得 $\int \cot x \mathrm{d}x = \ln|\sin x| + C$.

例6 求 $\int \frac{\mathrm{d}x}{x(1+2\ln x)}$.

解 $\int \frac{\mathrm{d}x}{x(1+2\ln x)} = \int \frac{\mathrm{d}\ln x}{1+2\ln x} = \frac{1}{2}\int \frac{\mathrm{d}(1+2\ln x)}{1+2\ln x}$

$$= \frac{1}{2}\ln|1+2\ln x| + C.$$

例7 求 $\int \frac{\mathrm{e}^{\sqrt[3]{x}}}{\sqrt{x}}\mathrm{d}x$.

解 $\int \frac{\mathrm{e}^{\sqrt[3]{x}}}{\sqrt{x}}\mathrm{d}x = 2\int \mathrm{e}^{\sqrt[3]{x}}\mathrm{d}\sqrt{x} = \frac{2}{3}\int \mathrm{e}^{\sqrt[3]{x}}\mathrm{d}\left(3\sqrt{x}\right)$

$$= \frac{2}{3}\mathrm{e}^{\sqrt[3]{x}} + C.$$

例8 求 $\int \frac{1}{a^2+x^2}\mathrm{d}x$.

解 $\int \frac{1}{a^2+x^2}\mathrm{d}x = \frac{1}{a^2}\int \frac{1}{1+\left(\frac{x}{a}\right)^2}\mathrm{d}x$

$$= \frac{1}{a}\int \frac{1}{1+\left(\frac{x}{a}\right)^2}\mathrm{d}\frac{x}{a} = \frac{1}{a}\arctan\frac{x}{a} + C.$$

即

$$\int \frac{1}{a^2+x^2}\mathrm{d}x = \frac{1}{a}\arctan\frac{x}{a} + C.$$

例9 求 $\frac{1}{\sqrt{a^2-x^2}}\mathrm{d}x$ $(a>0)$.

解 当 $a>0$ 时，$\int \frac{1}{\sqrt{a^2-x^2}}\mathrm{d}x = \frac{1}{a}\int \frac{1}{\sqrt{1+\left(\frac{x}{a}\right)^2}}\mathrm{d}x = \int \frac{1}{\sqrt{1-\left(\frac{x}{a}\right)^2}}\mathrm{d}\frac{x}{a} = \arcsin\frac{x}{a} + C.$

即

$$\int \frac{1}{\sqrt{a^2-x^2}}\mathrm{d}x = \arcsin\frac{x}{a} + C.$$

例10 求 $\int \frac{1}{x^2-a^2}\mathrm{d}x$.

解 $\int \frac{1}{x^2-a^2}\mathrm{d}x = \frac{1}{2a}\int\left(\frac{1}{x-a} - \frac{1}{x+a}\right)\mathrm{d}x = \frac{1}{2a}\left(\int \frac{1}{x-a}\mathrm{d}x - \int \frac{1}{x+a}\mathrm{d}x\right)$

$$= \frac{1}{2a}\left(\int \frac{1}{x-a}\mathrm{d}(x-a) - \int \frac{1}{x+a}\mathrm{d}(x+a)\right)$$

$$= \frac{1}{2a}\left(\ln|x-a| - \ln|x+a|\right) + C = \frac{1}{2a}\ln\left|\frac{x-a}{x+a}\right| + C.$$

即

$$\int \frac{1}{x^2-a^2}\mathrm{d}x = \frac{1}{2a}\ln\left|\frac{x-a}{x+a}\right| + C.$$

下面介绍一些含三角函数的积分.

例11 求 $\int \sin^3 x\mathrm{d}x$.

解 $\int \sin^3 x\mathrm{d}x = \int \sin^2 x\cdot \sin x\mathrm{d}x = -\int (1-\cos^2 x)\mathrm{d}\cos x$

$$= -\int \mathrm{d}\cos x + \int \cos^2 x\mathrm{d}\cos x = -\cos x \frac{1}{3}\cos^3 x + C.$$

例12 求 $\int \sin^2 x\cos^5 x\mathrm{d}x$.

解 $\int \sin^2 x\cos^5 x\mathrm{d}x = \int \sin^2 x\cos^4 x\mathrm{d}\sin x$

$$= \int \sin^2 x(1-\sin^2 x)^2\mathrm{d}\sin x$$

$$= \int (\sin^2 x - 2\sin^4 x + \sin^6 x)\mathrm{d}\sin x$$

$$= \frac{1}{3}\sin^3 x - \frac{2}{5}\sin^5 x + \frac{1}{7}\sin^7 x + C.$$

例13 求 $\int \cos^2 x\mathrm{d}x$.

解 $\int \cos^2 x\mathrm{d}x = \int \frac{1+\cos 2x}{2}\mathrm{d}x = \frac{1}{2}\left(\int \mathrm{d}x + \int \cos 2x\mathrm{d}x\right)$

$$= \frac{1}{2}\int \mathrm{d}x + \frac{1}{4}\int \cos 2x\mathrm{d}2x = \frac{1}{2}x + \frac{1}{4}\sin 2x + C.$$

例14 $\int \cos^4 x\mathrm{d}x$.

解 求 $\int \cos^4 x\mathrm{d}x = \int (\cos^2 x)^2\mathrm{d}x = \int \left(\frac{1}{2}(1+\cos 2x)\right)^2\mathrm{d}x$

$$= \frac{1}{4}\int (1+2\cos 2x+\cos^2 2x)\mathrm{d}x$$

$$= \frac{1}{4}\int \left(\frac{3}{2}+2\cos 2x+\frac{1}{2}\cos 4x\right)\mathrm{d}x$$

$$= \frac{1}{4}\left(\frac{3}{2}x+\sin 2x+\frac{1}{8}\sin 4x\right)+C$$

$$= \frac{3}{8}x+\frac{1}{4}\sin 2x+\frac{1}{32}\sin 4x + C.$$

例15 求 $\int \csc x\mathrm{d}x$.

解 $\int \csc x\mathrm{d}x = \int \frac{1}{\sin x}\mathrm{d}x = \int \frac{1}{2\sin\frac{x}{2}\cos\frac{x}{2}}\mathrm{d}x$

$$= \int \frac{\mathrm{d}\frac{x}{2}}{\tan\frac{x}{2}\cos^2\frac{x}{2}} = \int \frac{\mathrm{d}\tan\frac{x}{2}}{\tan\frac{x}{2}} = \ln\left|\tan\frac{x}{2}\right| + C = \ln|\csc x - \cot x| + C.$$

即

$$\int \csc x\mathrm{d}x = \ln|\csc x - \cot x| + C.$$

例16　求 $\int \sec x\mathrm{d}x$.

解　$\int \sec x\mathrm{d}x = \int \csc\left(x+\frac{\pi}{2}\right)\mathrm{d}x = \ln\left|\csc\left(x+\frac{\pi}{2}\right)-\cot\left(x+\frac{\pi}{2}\right)\right|+C$

$= \ln|\sec x+\tan x|+C.$

即

$$\int \sec x\mathrm{d}x = \ln|\sec x+\tan x|+C.$$

5.3.2　第二类换元法

计算 $\int g(x)\mathrm{d}x$ 采用第一类换元法，基于两个相伴而生的条件：

（1） $g(x)$ 可凑成 $f\big(\phi(x)\big)\phi'(x)$ 的形式；

（2）已知 $\int f(u)\mathrm{d}u = F(u)+C$.

若面临的被积函数 $f(x)$ 难以达到这样的条件，还可视原积分变元x为中间变量，适当选择 $x=\varphi(t)$ 及相应地 $\mathrm{d}x=\varphi'(t)\mathrm{d}t$ 作代换.

定理2　设 $x=\varphi(t)$ 是单调可微函数，且 $\varphi'(t)\neq 0$，若

$$\int f\big(\varphi(t)\big)\varphi'(t)\mathrm{d}t = G(t)+C,$$

则 $\int f(x)\mathrm{d}x = G\big(\varphi^{-1}(x)\big)+C$，其中 $\varphi^{-1}(x)$ 是 $x=\varphi(t)$ 的反函数.

上式称为第二类换元积分公式，采用第二类换元积分公式计算不定积分的方法称为第二类换元法.

例17　求 $\int \frac{\sqrt{x-1}}{x}\mathrm{d}x$.

解　设 $\sqrt{x-1}=t$，即 $x=t^2+1$，$\mathrm{d}x=2t\mathrm{d}t$，则

$$\begin{aligned}\int \frac{\sqrt{x-1}}{x}\mathrm{d}x &= \int \frac{t}{t^2+1}\cdot 2t\mathrm{d}t = 2\int \frac{t^2}{t^2+1}\mathrm{d}t\\ &= 2\int\left(1-\frac{1}{1+t^2}\right)\mathrm{d}t = 2(t-\arctan t)+C\\ &= 2\left(\sqrt{x-1}-\arctan\sqrt{x-1}\right)+C.\end{aligned}$$

例18　求 $\int \frac{\mathrm{d}x}{1+\sqrt{x}}$.

解　设 $\sqrt{x}=t$，$x=t^2$，$\mathrm{d}x=2t\mathrm{d}t$ 代入被积表达式得

$$\begin{aligned}\int \frac{\mathrm{d}x}{1+\sqrt{x}} &= \int \frac{2t}{1+t}\mathrm{d}t = 2\int \frac{t}{1+t}\mathrm{d}t\\ &= 2\int \frac{(1+t)-1}{1+t}\mathrm{d}t = 2t-2\ln(1+t)+C\\ &= 2\sqrt{x}-2\ln\left(1+\sqrt{x}\right)+C.\end{aligned}$$

例19　求 $\int \frac{\mathrm{d}x}{1+\sqrt[3]{x+2}}$.

解　设 $\sqrt[3]{x+2}=u$. 即 $x=u^3-2$，则

$$\int\frac{dx}{1+\sqrt[3]{x+2}}=\int\frac{1}{1+u}\cdot 3u^2du=3\int\frac{u^2-1+1}{1+u}du$$

$$=3\int\left(u-1+\frac{1}{1+u}\right)du=3\left(\frac{u^2}{2}-u+\ln|1+u|\right)+C$$

$$=\frac{3}{2}\sqrt[3]{(x+2)^2}-3\sqrt[3]{x+2}+\ln\left|1+\sqrt[3]{x+2}\right|+C.$$

例20 求$\int\frac{dx}{(1+\sqrt[3]{x})\sqrt{x}}$.

解 设$\sqrt[6]{x}=t$，$x=t^6$，于是$dx=6t^5dt$，从而

$$\int\frac{dx}{(1+\sqrt[3]{x})\sqrt{x}}=\int\frac{6t^5}{(1+t^2)t^3}dt=6\int\frac{t^2}{1+t^2}dt=6\int\left(1-\frac{1}{1+t^2}\right)dt$$

$$=6(t-\arctan t)+C=6\left(\sqrt[6]{x}-\arctan\sqrt[6]{x}\right)+C.$$

例21 求$\int\sqrt{a^2-x^2}\,dx\ (a>0)$.

解 设$x=a\sin t$，$-\frac{\pi}{2}<t<\frac{\pi}{2}$，那么$\sqrt{a^2-x^2}=\sqrt{a^2-a^2\sin^2t}=a\cos t, dx=a\cos t dt$，于是

$$\int\sqrt{a^2-x^2}\,dx=\int a\cos t\cdot a\cos t dt$$

$$=a^2\int\cos^2 t dt=a^2\left(\frac{1}{2}t+\frac{1}{4}\sin 2t\right)+C.$$

因为$t=\arcsin\frac{x}{a}$，$\sin 2t=2\sin t\cos t=2\frac{x}{a}\cdot\frac{\sqrt{a^2-x^2}}{a}$，所以

$$\int\sqrt{a^2-x^2}\,dx=a^2\left(\frac{1}{2}t+\frac{1}{4}\sin 2t\right)+C=\frac{a^2}{2}\arcsin\frac{x}{a}+\frac{1}{2}x\sqrt{a^2-x^2}+C.$$

例22 求$\int\frac{dx}{\sqrt{x^2+a^2}}$ $(a>0)$.

解 设$x=a\tan t$，$-\frac{\pi}{2}<t<\frac{\pi}{2}$，那么$\sqrt{x^2+a^2}=\sqrt{a^2+a^2\tan^2t}=a\sqrt{1+\tan^2t}=a\sec t$，于是

$$\int\frac{dx}{\sqrt{x^2+a^2}}=\int\frac{a\sec^2t}{a\sec t}dt=\int\sec t dt=\ln|\sec t+\tan t|+C.$$

因为$\sec t=\frac{\sqrt{x^2+a^2}}{a}$，$\tan t=\frac{x}{a}$，所以

$$\int\frac{dx}{\sqrt{x^2+a^2}}=\ln|\sec t+\tan t|+C=\ln\left(\frac{x}{a}+\frac{\sqrt{x^2+a^2}}{a}\right)+C=\ln\left(x+\sqrt{x^2+a^2}\right)+C_1,$$

其中，$C_1=C-\ln a$.

例23 求$\int\frac{dx}{\sqrt{x^2-a^2}}$ $(a>0)$.

解 当$x>a$时，设$x=a\sec t$ $\left(0<t<\frac{\pi}{2}\right)$，那么

$$\sqrt{x^2-a^2}=\sqrt{a^2\sec^2t-a^2}=a\sqrt{\sec^2t-1}=a\tan t,$$

于是

$$\int \frac{dx}{\sqrt{x^2-a^2}} = \int \frac{a\sec t\tan t}{a\tan t}dt = \int \sec t dt = \ln|\sec t + \tan t| + C.$$

因为 $\tan t = \frac{\sqrt{x^2-a^2}}{a}$， $\sec t = \frac{x}{a}$，所以

$$\int \frac{dx}{\sqrt{x^2-a^2}} = \ln|\sec t + \tan t| + C = \ln\left|\frac{x}{a} + \frac{\sqrt{x^2-a^2}}{a}\right| + C = \ln\left(x + \sqrt{x^2-a^2}\right) + C_1,$$

其中，$C_1 = C - \ln a$.

当$x < a$时，令$x = -u$，则$u > a$，于是

$$\begin{aligned}\int \frac{dx}{\sqrt{x^2-a^2}} &= -\int \frac{du}{\sqrt{u^2-a^2}} = -\ln\left(u + \sqrt{u^2-a^2}\right) + C \\ &= -\ln\left(-x + \sqrt{x^2-a^2}\right) + C = \ln\left(-x - \sqrt{x^2-a^2}\right) + C_1 \\ &= \ln\frac{-x - \sqrt{x^2-a^2}}{a^2} + C = \ln\left(-x - \sqrt{x^2-a^2}\right) + C_1,\end{aligned}$$

其中，$C_1 = C - 2\ln a$.

综上可得

$$\int \frac{dx}{\sqrt{x^2-a^2}} = \ln\left|x + \sqrt{x^2-a^2}\right| + C.$$

以上例题的积分结果经常被用到，因此将它们作为基本积分公式添加到基本积分表中：

（14） $\int \tan x dx = -\ln|\cos x| + C$;

（15） $\int \cot x dx = \ln|\sin x| + C$;

（16） $\int \sec x dx = \ln|\sec x + \tan x| + C$;

（17） $\int \csc x dx = \ln|\csc x - \cot x| + C$;

（18） $\int \frac{1}{a^2+x^2}dx = \frac{1}{a}\arctan\frac{x}{a} + C$;

（19） $\int \frac{1}{x^2-a^2}dx = \frac{1}{2a}\ln\left|\frac{x-a}{x+a}\right| + C$;

（20） $\int \frac{1}{\sqrt{a^2-x^2}}dx = \arcsin\frac{x}{a} + C$;

（21） $\int \frac{dx}{\sqrt{x^2+a^2}} = \ln\left(x + \sqrt{x^2+a^2}\right) + C$;

（22） $\int \frac{dx}{\sqrt{x^2-a^2}} = \ln\left|x + \sqrt{x^2-a^2}\right| + C$.

由上可见，第一类换元法应先进行凑微分，再换元，可省略换元过程；而第二类换元法必须先进行换元，但不可省略换元及回代过程，运算起来比第一类换元法更复杂.

习题5.3

求下列不定积分：

(1) $\int(3x-2)^2\mathrm{d}x$；　(2) $\int\frac{1}{\sqrt[3]{1-2x}}\mathrm{d}x$；　(3) $\int\frac{\mathrm{e}^x}{\sqrt{\mathrm{e}^x+1}}\mathrm{d}x$；

(4) $\int 2x\mathrm{e}^{-x^2}\mathrm{d}x$；　(5) $\int\sqrt{3+4x}\,\mathrm{d}x$；　(6) $\int\frac{\mathrm{d}x}{5x-3}$；

(7) $\int\mathrm{e}^{-3x+1}\mathrm{d}x$；　(8) $\int 10^{1-3x}\mathrm{d}x$；　(9) $\int\mathrm{e}^x\sin\mathrm{e}^x\mathrm{d}x$；

(10) $\int\frac{\mathrm{d}x}{x(1+2\ln x)}$；　(11) $\int\cos^5x\sin x\mathrm{d}x$；　(12) $\int\frac{\sin\sqrt{x}}{\sqrt{x}}\mathrm{d}x$；

(13) $\int\frac{1}{\mathrm{e}^x+\mathrm{e}^{-x}}\mathrm{d}x$；　(14) $\int\frac{\mathrm{d}x}{x(1+\ln x)}$；　(15) $\int\frac{\sqrt{1+\ln x}}{x}\mathrm{d}x$；

(16) $\int\frac{\ln^2x}{x}\mathrm{d}x$；　(17) $\int\frac{\mathrm{e}^x}{\mathrm{e}^x+1}\mathrm{d}x$；　(18) $\int\frac{\sin\frac{1}{x}}{x^2}\mathrm{d}x$；

(19) $\int\frac{1+\cos x}{\sin^2x}\mathrm{d}x$；　(20) $\int\frac{\sqrt{x}}{\sqrt{x}-1}\mathrm{d}x$；　(21) $\int\frac{1}{1+\sqrt[3]{x}}\mathrm{d}x$.

5.4 分部积分法

换元法是通过换元的方式，将不易求解的积分化为易求解的积分，但仍有一些积分用换元法也难以求解. 为此，本节将介绍另一种改变积分形式的积分方法——分部积分法.

分部积分法常用于被积函数是两种不同类型的函数乘积的积分，它是乘积的微分公式的逆运算.

定理 设函数$u=u(x)$及$v=v(x)$具有连续导数，那么，两个函数乘积的导数公式为

$$(uv)'=u'v+uv',$$

移项得$u'v=(uv)'-uv'$.

对这个等式两边求不定积分，得

$$\int uv'\mathrm{d}x=uv-\int u'v\mathrm{d}x \quad 或 \quad \int u\mathrm{d}v=uv-\int v\mathrm{d}u.$$

这个公式称为分部积分公式.

利用分部积分法计算不定积分的关键：正确地选择函数$u(x)$和$v(x)$，把较难计算的积分$\int u\mathrm{d}v$转化为易求的积分$\int v\mathrm{d}u$，实现化难为易. 下面举例说明.

例1 求$\int x\cos x\mathrm{d}x$.

解 令$u(x)=x$，$v'(x)=\cos x$，则$u'(x)=1$，$v(x)=\sin x$，则

$$\int x\cos x\mathrm{d}x=\int x\mathrm{d}\sin x=x\sin x-\int\sin x\mathrm{d}x=x\sin x+\cos x+C.$$

若选择$u(x)=\cos x$，$v'(x)=x$，则$u'(x)=-\sin x$，$v(x)=\frac{1}{2}x^2$，将得到

$$\int x\cos x\mathrm{d}x=\frac{1}{2}x^2\cos x+\frac{1}{2}\int x^2\sin x\mathrm{d}x,$$

将要面对的积分比原来的积分更难求.

另外，当熟悉了分部积分法以后，不必再写出$u(x)$和$v(x)$，可直接根据分部积分法的思想进行积分.

注：当幂函数和三角函数相遇时，幂函数作$u(x)$.

例2　求$\int xe^x\mathrm{d}x$.

解　$\int xe^x\mathrm{d}x=\int x\mathrm{d}e^x=xe^x-\int e^x\mathrm{d}x=xe^x-e^x+C.$

注：当幂函数和指数函数相遇时，幂函数作$u(x)$.

例3　求$\int x^2e^x\mathrm{d}x$.

解

$$\begin{aligned}\int x^2e^x\mathrm{d}x&=\int x^2\mathrm{d}e^x=x^2e^x-\int e^x\mathrm{d}x^2\\&=x^2e^x-2\int xe^x\mathrm{d}x=x^2e^x-2\int x\mathrm{d}e^x=x^2e^x-2xe^x+2\int e^x\mathrm{d}x\\&=x^2e^x-2xe^x+2e^x+C=e^x(x^2-2x+2)+C.\end{aligned}$$

注：本题连续使用了分部积分法.

例4　求$\int x\ln x\mathrm{d}x$.

解

$$\begin{aligned}\int x\ln x\mathrm{d}x&=\frac{1}{2}\int\ln x\mathrm{d}x^2=\frac{1}{2}x^2\ln x-\frac{1}{2}\int x^2\cdot\frac{1}{x}\mathrm{d}x\\&=\frac{1}{2}x^2\ln x-\frac{1}{2}\int x\mathrm{d}x=\frac{1}{2}x^2\ln x-\frac{1}{4}x^2+C.\end{aligned}$$

注：当幂函数和对数函数相遇时，对数函数作$u(x)$.

例5　求$\int\arccos x\mathrm{d}x$.

解　这个积分的被积函数只有一个函数$\arccos x$. 运用分部积分法，如何选择函数$u(x)$和$v'(x)$呢？答案是：取$u(x)=\arccos x$，$v'(x)=1$，根据分部积分公式得

$$\begin{aligned}\int\arccos x\mathrm{d}x&=x\arccos x-\int x\mathrm{d}\arccos x\\&=x\arccos x+\int x\frac{1}{\sqrt{1-x^2}}\mathrm{d}x\\&=x\arccos x-\frac{1}{2}\int(1-x^2)^{-\frac{1}{2}}\mathrm{d}(1-x^2)=x\arccos x-\sqrt{1-x^2}+C.\end{aligned}$$

例6　求$\int x\arctan x\mathrm{d}x$.

解

$$\begin{aligned}\int x\arctan x\mathrm{d}x&=\frac{1}{2}\int\arctan x\mathrm{d}x^2=\frac{1}{2}x^2\arctan x-\frac{1}{2}\int x^2\cdot\frac{1}{1+x^2}\mathrm{d}x\\&=\frac{1}{2}x^2\arctan x-\frac{1}{2}\int\left(1-\frac{1}{1+x^2}\right)\mathrm{d}x\\&=\frac{1}{2}x^2\arctan x-\frac{1}{2}x+\frac{1}{2}\arctan x+C.\end{aligned}$$

注：当幂函数和反三角函数相遇时，反三角函数作$u(x)$.

例7 求 $\int e^x \sin x dx$.

解 因为 $\int e^x \sin x dx = \int \sin x de^x = e^x \sin x - \int e^x d\sin x$

$$= e^x \sin x - \int e^x \cos x dx = e^x \sin x - \int \cos x de^x$$

$$= e^x \sin x - e^x \cos x + \int e^x d\cos x$$

$$= e^x \sin x - e^x \cos x - \int e^x \sin x dx,$$

等式两边同时出现了 $\int e^x \sin x dx$，移项得

$$\int e^x \sin x dx = \frac{1}{2} e^x (\sin x - \cos x) + C.$$

注：当指数函数和三角函数相遇时，谁作$u(x)$都可，但要“从一而终”.

例8 求 $\int \sec^3 x dx$.

解 $\int \sec^3 x dx = \int \sec x \cdot \sec^2 x dx$

$$= \int \sec x d\tan x$$

$$= \sec x \tan x - \int \sec x \tan^2 x dx$$

$$= \sec x \tan x - \int \sec x (\sec^2 x - 1) dx$$

$$= \sec x \tan x - \int \sec^3 x dx + \int \sec x dx$$

$$= \sec x \tan x + \ln|\sec x + \tan x| - \int \sec^3 x dx,$$

所以

$$\int \sec^3 x dx = \frac{1}{2}(\sec x \tan x + \ln|\sec x + \tan x|) + C.$$

例9 已知$x^2 \ln x$是 $f(x)$ 的一个原函数，求不定积分 $\int x f'(x) dx$.

解 由于$x^2 \ln x$是 $f(x)$ 的一个原函数，所以 $\int f(x) dx = x^2 \ln x + C$，

$$\int x f'(x) dx = \int x df(x) = x f(x) - \int f(x) dx$$

$$= 2x^2 \ln x + x^2 - x^2 \ln x + C$$

$$= x^2 \ln x + x^2 + C.$$

直接积分法、换元积分法与分部积分法是求不定积分的三种基本方法，在使用过程中，经常要几种方法兼顾. 下面举例说明.

例10 求 $\int e^{\sqrt{x}} dx$.

解 令 $\sqrt{x} = t$，$x = t^2$，$dx = 2t dt$，于是

$$\int e^{\sqrt{x}} dx = 2\int t e^t dt = 2e^t (t-1) + C = 2e^{\sqrt{x}}(\sqrt{x} - 1) + C.$$

通过本节的学习，比较一下第一类换元法与分部积分法：共同点是第一步都是凑微分.

第一类换元法：$\int f(\varphi(x))\varphi'(x) dx = \int f(\varphi(x)) d\varphi(x) \xlongequal{令\varphi(x)=u} \int f(u) du.$

分部积分法：$\int u(x)v'(x)\mathrm{d}x=\int u(x)\mathrm{d}v(x)=u(x)v(x)-\int v(x)\mathrm{d}u(x)$.

注：有时应用分部积分法会得到一个关于所求积分的方程式（产生循环的结果），这个方程的解再加上任意常数项，即为所求积分.

习题5.4

（1）求下列不定积分：

① $\int x\mathrm{e}^{-x}\mathrm{d}x$；　② $\int x\sin 2x\mathrm{d}x$；　③ $\int x^2\mathrm{e}^{3x}\mathrm{d}x$；

④ $\int x\sin x\mathrm{d}x$；　⑤ $\int x^2\cos 3x\mathrm{d}x$；　⑥ $\int \ln(1+x^2)\mathrm{d}x$；

⑦ $\int \mathrm{e}^{-x}\sin 2x\mathrm{d}x$；　⑧ $\int x^2\ln x\mathrm{d}x$.

（2）已知 $f(x)$ 有一个原函数为 $\dfrac{\sin x}{x}$，求不定积分 $\int xf'(x)\mathrm{d}x$.

第6章　定积分及应用

一元函数积分学包括两个基本问题：不定积分和定积分. 本章首先从两个实际问题出发，引出定积分的概念；然后讨论定积分的性质、微积分基本定理、定积分的计算方法；最后介绍定积分在几何、物理上的一些应用.

6.1　定积分的概念与性质

6.1.1　引例

引例1　曲边梯形的面积　对于由直线围成的规则图形，如矩形、三角形、多边形，可以用乘法来计算面积. 还可以通过先求出圆内接正n边形的面积，再让变数增加趋于无穷求极限得到圆的面积. 然而，在实际应用中，更多的则是如何求出由平面曲线所围成的不规则图形的面积.

曲边梯形由函数$y=f(x)$ $[f(x)\geqslant 0]$，直线$x=a$，$x=b(a<b)$及x轴围成（见图6.1)，其中曲线弧称为曲边.

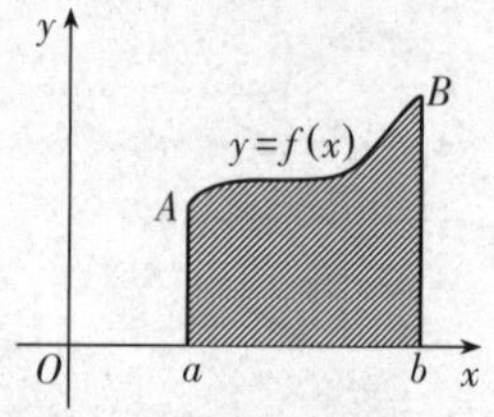

图6.1　曲边梯形的面积

如何求曲边梯形的面积呢?

一般情况下，曲边梯形的曲边是曲线，直接利用“底×高”来求面积显然是不行的.

函数$f(x)$在区间$[a, b]$上是连续变化的，这意味着在很小的范围内，$f(x)$的函数值变化很小，因此，可以在小范围内把$f(x)$近似看作常数. 为此，首先将区间$[a, b]$划分成许多个长度很小的小区间，曲边梯形相应地被分割成许多个窄曲边梯形，曲边梯形的总面积就等于这些窄曲边梯形面积的总和；然后将每个小曲边梯形近似为小矩形，以对应小区间上某一点处的高作为小矩形的高，将这些小矩形的面积相加，可得曲边梯形面积的近似值；最后，设想将区间$[a, b]$无限细分，即每个小区间的长度无限趋于零，那么上述小矩形面积之和的极限就是曲边梯形的面积.

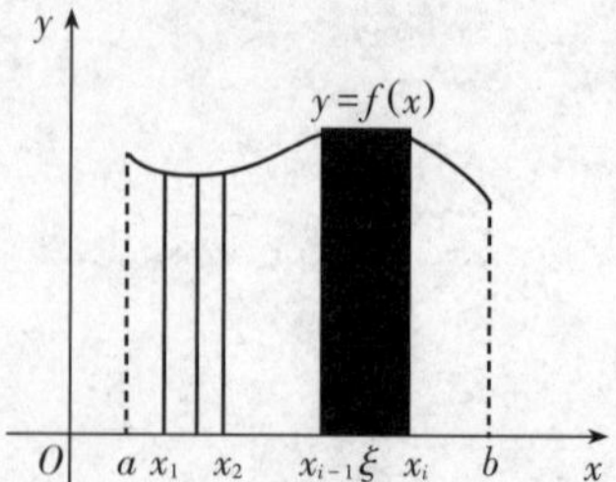

图6.2　曲边梯形的分割

将上述处理问题的过程归纳量化为以下步骤.

(1) 分割. 具体方法是：在区间$[a, b]$中任意插入若干个分点（见图6.2).

$$a=x_0<x_1<x_2<\cdots<x_{i-1}<x_i<\cdots<x_{n-1}<x_n=b,$$

把 $[a, b]$ 分成 n 个小区间

$$[x_0, x_1], [x_1, x_2], [x_{i-1}, x_i], [x_{n-1}, x_n],$$

每个小区间长度依次为 $\Delta x_i = x_i - x_{i-1}$.

经过每一个分点作平行于 y 轴的直线段，把曲边梯形分成 n 个小曲边梯形.

（2）取近似. 在每个小区间 $[x_{i-1}, x_i]$ 上任取一点 ξ_i，以 $[x_{i-1}, x_i]$ 为底、$f(\xi_i)$ 为高的小矩形近似替代第 i 个小曲边梯形（$i=1, 2, 3, \cdots, n$）.

（3）求和. 将 n 个小矩阵形面积之和作为所求曲边梯形面积 A 的近似值，即

$$A \approx f(\xi_1)\Delta x_1 + f(\xi_2)\Delta x_2 + \cdots + f(\xi_n)\Delta x_n = \sum_{i=1}^{n} f(\xi_i)\Delta x_i.$$

（4）取极限. 显然，分点越多，每个小曲边梯形越窄，所求得的曲边梯形面积 A 的近似值就越接近曲边梯形面积 A 的精确值，因此，要求曲边梯形面积 A 的精确值，只需无限地增加分点，使每个小曲边梯形的宽度趋于零. 记 $\lambda = \max\{\Delta x_1, \Delta x_2, \cdots, \Delta x_n\}$，增加分点，使每个小曲边梯形的宽度趋于零，相当于令 $\lambda \to 0$. 所以，曲边梯形的面积为

$$A = \lim_{\lambda \to 0} \sum_{i=1}^{n} f(\xi_i)\Delta x_i.$$

引例2　变速直线运动的路程　设某物体做直线运动，已知速度 $v=v(t)$ 是时间间隔 $[T_1, T_2]$ 上 t 的连续函数，且 $v(t) \geqslant 0$，如何计算该物体在这段时间内所经过的路程 S？

如果是匀速运动，则所求的路程可以用乘法来计算，即

$$路程 = 速度 \times 时间.$$

一般情况下，速度 $v=v(t)$ 在时间区间 $[T_1, T_2]$ 上是连续变化的，不能直接利用上式求路程.

由于速度函数 $v(t)$ 连续，所以在很短的时间内，速度几乎不变，即在很小的时间段上，物体的运动可以近似看作匀速运动. 采用类似于曲边梯形面积问题的处理方法，通过以下步骤可得路程 S 的计算式.

（1）分割. 具体做法是：在时间间隔 $[T_1, T_2]$ 内任意插入若干个分点

$$T_1 = t_0 < t_1 < t_2 < \cdots < t_{n-1} < t_n = T_2,$$

把 $[T_1, T_2]$ 分成 n 个小段

$$[t_0, t_1], [t_1, t_2], \cdots, [t_{n-1}, t_n],$$

各小段时间的长依次为

$$\Delta t_1 = t_1 - t_0, \Delta t_2 = t_2 - t_1, \cdots, \Delta t_n = t_n - t_{n-1}.$$

相应地，在各段时间内物体经过的路程依次为

$$\Delta S_1, \Delta S_2, \cdots, \Delta S_n.$$

（2）取近似. 在时间间隔 $[t_{i-1}, t_i]$ 上任取一个时刻 $\tau_i(t_{i-1} < \tau_i < t_i)$，以 τ_i 时刻的速度 $v(\tau_i)$ 来代替 $[t_{i-1}, t_i]$ 上各个时刻的速度，得到部分路程 ΔS_i 的近似值，即

$$\Delta S_i = v(\tau_i)\Delta t_i \ (i=1, 2, \cdots, n).$$

（3）求和. 这n段部分路程的近似值之和就是所求变速直线运动路程S的近似值，即

$$S\approx\sum_{i=1}^{n}v(\tau_i)\Delta t_i.$$

（4）取极限. 记$\lambda=\max\{\Delta t_1, \Delta t_2, \cdots, \Delta t_n\}$，当$\lambda\to0$时，取上述和式的极限，即得变速直线运动的路程

$$S=\lim_{\lambda\to0}\sum_{i=1}^{n}v(\tau_i)\Delta t_i.$$

以上问题的背景不同，但却具有相同的特征：一是在特殊情形下，都可以用乘法解决；二是在将总量划分为若干部分量以后，总量就等于所有部分量的总和. 此类的问题可以按照以下方法来处理：首先，在小范围内合理地近似，化整为零；其次，在局部范围内线性近似，即以不变代变、以直线段代替曲线段、以匀速代替变速，求出近似和；最后，通过对近似和求极限，取得精确值. 从最终结果来看，都归结为计算某个乘积和式的极限，而这个乘积和式取决于一个函数及其自变量的某一变化区间.

6.1.2 定积分定义

定义 设函数$f(x)$在区间$[a, b]$上连续，在a，b之间插入$n-1$个分点

$$a=x_0<x_1<x_2<\cdots<x_{i-1}<x_i<\cdots<x_{n-1}<x_n=b,$$

把区间$[a, b]$分成n个小区间$[x_{i-1}, x_i]$（$i=1, 2, 3, \cdots, n$）其长度为$\Delta x_i=x_i-x_{i-1}$（$i=1, 2, 3, \cdots, n$），在每个小区间$[x_{i-1}, x_i]$上任取一点$\xi_i(x_{i-1}\leqslant\xi_i\leqslant x_i)$,有相应的函数值$f(\xi_i)$，作乘积$f(\xi_i)\cdot\Delta x_i$（$i=1, 2, 3, \cdots, n$）的和式

$$\sum_{i=1}^{n}f(\xi_i)\Delta x_i,$$

记$\lambda=\max\limits_{1\leqslant i\leqslant n}\{\Delta x_i\}$. 如果不论对区间$[a, b]$采用何种分法，不论对$\xi_i(x_{i-1}\leqslant\xi_i\leqslant x_i)$如何选取，当最大的小区间长度趋向于零时，也即$\lambda\to0$，和式$\sum\limits_{i=1}^{n}f(\xi_i)\Delta x_i$的极限都存在，则此极限值叫作函数$f(x)$在区间$[a, b]$上的定积分，记作

$$\int_a^b f(x)\mathrm{d}x=\lim_{\lambda\to0}\sum_{i=1}^{n}f(\xi_i)\Delta x_i,$$

其中函数$f(x)$叫作被积函数，$f(x)\mathrm{d}x$叫作被积表达式，x叫作积分变量，a与b分别叫作积分下限与上限，$[a, b]$叫作积分区间. 定积分简称为积分.

根据定积分的定义，引例问题的结论用定积分来表达，即

曲边梯形的面积为：$A=\int_a^b f(x)\mathrm{d}x$.

变速直线运动的路程为：$S=\int_{T_1}^{T_2}v(t)\mathrm{d}t$.

注：

（1）定积分的值只与被积函数及积分区间有关，而与积分变量的记法无关，即

$$\int_a^b f(x)\mathrm{d}x=\int_a^b f(t)\mathrm{d}t=\int_a^b f(u)\mathrm{d}u.$$

(2) 和 $\sum_{i=1}^{n} f(\xi_i)\Delta x_i$ 通常称为 $f(x)$ 的积分和.

(3) 如果函数 $f(x)$ 在 [a, b] 上的定积分存在，就说 $f(x)$ 在区间 [a, b] 上可积.

讨论：函数 $f(x)$ 在 [a, b] 上满足什么条件时，$f(x)$ 在 [a, b] 上可积呢?

定理1 设 $f(x)$ 在区间 [a, b] 上连续，则 $f(x)$ 在 [a, b] 上可积.

定理2 设 $f(x)$ 在区间 [a, b] 上有界，且只有有限个间断点，则 $f(x)$ 在 [a, b] 上可积.

定积分的几何意义：在区间 [a, b] 上，当 $f(x) \geqslant 0$ 时，积分 $\int_a^b f(x)\mathrm{d}x$ 在几何上表示由曲线 $y=f(x)$，两条直线 $x=a$、$x=b$ 与 x 轴所围成的曲边梯形的面积；当 $f(x) \leqslant 0$ 时，由曲线 $y=f(x)$，两条直线 $x=a$、$x=b$ 与 x 轴所围成的曲边梯形位于 x 轴的下方，定积分在几何上表示上述曲边梯形面积的负值：

$$\int_a^b f(x)\mathrm{d}x = \lim_{\lambda \to 0} \sum_{i=1}^{n} f(\xi_i)\Delta x_i = -\lim_{\lambda \to 0} \sum_{i=1}^{n} \left(-f(\xi_i)\right)\Delta x_i = -\int_a^b \left(-f(x)\right)\mathrm{d}x.$$

当 $f(x)$ 既取得正值又取得负值时，函数 $f(x)$ 的图形某些部分在 x 轴的上方，而其他部分在 x 轴的下方. 如果对面积赋予正负号，在 x 轴上方的图形面积赋予正号，在 x 轴下方的图形面积赋予负号，则在一般情形下，定积分 $\int_a^b f(x)\mathrm{d}x$ 的几何意义为：它是介于 x 轴、函数 $f(x)$ 的图形及两条直线 $x=a$、$x=b$ 之间的各部分面积的代数和（见图6.3).

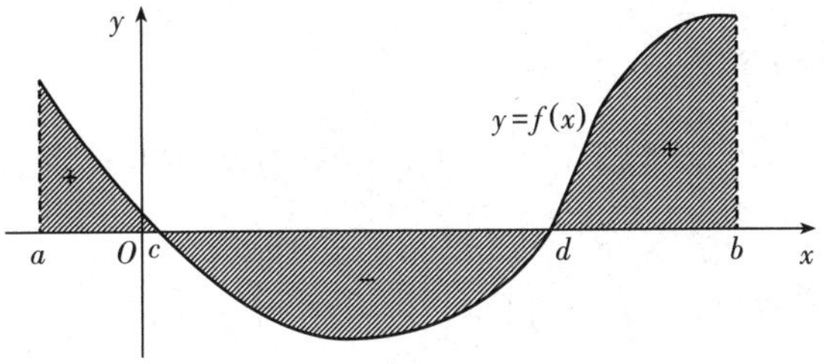

图6.3 定积分的几何意义

6.1.3 定积分的性质

补充规定：

(1) 当 $a=b$ 时，$\int_a^b f(x)\mathrm{d}x = 0$;

(2) 当 $a>b$ 时，$\int_a^b f(x)\mathrm{d}x = -\int_b^a g(x)\mathrm{d}x$.

据此规定，如果交换定积分的上下限，则定积分的值改变符号. 今后，对定积分上下限的大小均不加限制.

在下列各性质中，假定所涉及的定积分都是存在的.

性质1 函数的和（差）的定积分等于它们的定积分的和（差)，即

$$\int_a^b\left(f(x)\pm g(x)\right)\mathrm{d}x=\int_a^b f(x)\mathrm{d}x\pm\int_a^b g(x)\mathrm{d}x.$$

证明 $\int_a^b\left(f(x)\pm g(x)\right)\mathrm{d}x=\lim_{\lambda\to 0}\sum_{i=1}^{n}\left(f(\xi_i)\pm g(\xi_i)\right)\Delta x_i$

$$=\lim_{\lambda\to 0}\sum_{i=1}^{n}f(\xi_i)\Delta x_i\pm\lim_{\lambda\to 0}\sum_{i=1}^{n}g(\xi_i)\Delta x_i$$

$$=\int_a^b f(x)\mathrm{d}x\pm\int_a^b g(x)\mathrm{d}x.$$

性质2 被积函数的常数因子可以提到积分号外面，即

$$\int_a^b kf(x)\mathrm{d}x=k\int_a^b f(x)\mathrm{d}x.$$

这是因为

$$\int_a^b kf(x)\mathrm{d}x=\lim_{\lambda\to 0}\sum_{i=1}^{n}kf(\xi_i)\Delta x_i=k\lim_{\lambda\to 0}\sum_{i=1}^{n}f(\xi_i)\Delta x_i=k\int_a^b f(x)\mathrm{d}x.$$

性质3 如果将积分区间分成两部分，则在整个区间上的定积分等于这两部分区间上定积分之和，即

$$\int_a^b f(x)\mathrm{d}x=\int_a^c f(x)\mathrm{d}x+\int_c^b f(x)\mathrm{d}x.$$

这个性质表明，定积分对于积分区间具有可加性.

值得注意的是，不论a，b，c的相对位置如何，总有等式

$$\int_a^b f(x)\mathrm{d}x=\int_a^c f(x)\mathrm{d}x+\int_c^b f(x)\mathrm{d}x$$

成立.

例如，当$a<b<c$时，由于

$$\int_a^c f(x)\mathrm{d}x=\int_a^b f(x)\mathrm{d}x+\int_b^c f(x)\mathrm{d}x,$$

于是有

$$\int_a^b f(x)\mathrm{d}x=\int_a^c f(x)\mathrm{d}x-\int_b^c f(x)\mathrm{d}x=\int_a^c f(x)\mathrm{d}x+\int_c^b f(x)\mathrm{d}x.$$

性质4 如果在区间$[a, b]$上$f(x)=1$，则

$$\int_a^b 1\mathrm{d}x=\int_a^b \mathrm{d}x=b-a.$$

性质5 如果在区间$[a, b]$上$f(x)\geqslant 0$，则

$$\int_a^b f(x)\mathrm{d}x\geqslant 0\ (a<b).$$

推论1 如果在区间$[a, b]$上$f(x)\leqslant g(x)$，则

$$\int_a^b f(x)\mathrm{d}x\leqslant\int_a^b g(x)\mathrm{d}x\ (a<b).$$

这是因为$g(x)-f(x)\geqslant 0$，从而

$$\int_a^b g(x)\mathrm{d}x-\int_a^b f(x)\mathrm{d}x=\int_a^b\left(g(x)-f(x)\right)\mathrm{d}x\geqslant 0,$$ 所以

$$\int_a^b f(x)\mathrm{d}x\leqslant\int_a^b g(x)\mathrm{d}x.$$

推论2 $\left|\int_a^b f(x)\mathrm{d}x\right| \leqslant \int_a^b |f(x)|\mathrm{d}x \quad (a<b)$.

这是因为 $-|f(x)| \leqslant f(x) \leqslant |f(x)|$，所以

$$-\int_a^b |f(x)|\mathrm{d}x \leqslant \int_a^b f(x)\mathrm{d}x \leqslant \int_a^b |f(x)|\mathrm{d}x,$$

即

$$\left|\int_a^b f(x)\mathrm{d}x\right| \leqslant \int_a^b |f(x)|\mathrm{d}x.$$

性质6 设M及m分别是函数 $f(x)$ 在区间［a，b］上的最大值及最小值，则

$$m(b-a) \leqslant \int_a^b f(x)\mathrm{d}x \leqslant M(b-a) \quad (a<b).$$

证明 因为 $m \leqslant f(x) \leqslant M$，所以

$$\int_a^b m\mathrm{d}x \leqslant \int_a^b f(x)\mathrm{d}x \leqslant \int_a^b M\mathrm{d}x,$$

从而

$$m(b-a) \leqslant \int_a^b f(x)\mathrm{d}x \leqslant M(b-a).$$

性质7（定积分中值定理） 如果函数 $f(x)$ 在闭区间［a，b］上连续，则在积分区间［a，b］上至少存在一个点x，使下式成立：

$$\int_a^b f(x)\mathrm{d}x = f(\xi)(b-a).$$

这个公式叫作定积分中值定理.

证明 由性质6

$$m(b-a) \leqslant \int_a^b f(x)\mathrm{d}x \leqslant M(b-a),$$

各项除以$b-a$，得

$$m \leqslant \frac{1}{b-a}\int_a^b f(x)\mathrm{d}x \leqslant M,$$

再由连续函数的介值定理，在［a，b］上至少存在一点x，使

$$f(\xi) = \frac{1}{b-a}\int_a^b f(x)\mathrm{d}x,$$

于是，两端乘以$b-a$，得中值公式

$$\int_a^b f(x)\mathrm{d}x = f(\xi)(b-a).$$

注：不论是$a<b$还是$a>b$，积分中值定理都成立.

习题6.1

（1）用定积分表示由$y=x^2-2x+3$，直线$x=1$、$x=4$及x轴所围成的曲边梯形的面积.

（2）利用定积分的几何意义，求定积分 $\int_0^1 x\mathrm{d}x$ 的值.

（3）比较下列各对定积分的大小：

① $\int_0^1 x\mathrm{d}x$ 与 $\int_0^1 x^3\mathrm{d}x$； ② $\int_1^2 x\mathrm{d}x$ 与 $\int_1^2 x^2\mathrm{d}x$；

③ $\int_0^{\frac{\pi}{2}} \sin x\mathrm{d}x$ 与 $\int_0^{\frac{\pi}{2}} \sin^2 x\mathrm{d}x$； ④ $\int_0^{\frac{\pi}{2}} \sin x\mathrm{d}x$ 与 $\int_0^{\frac{\pi}{2}} x\mathrm{d}x$；

⑤ $\int_0^2 \mathrm{e}^{-x}\mathrm{d}x$ 与 $\int_0^2 (1+x)\mathrm{d}x$.

（4）估计下列定积分的值：

① $\int_0^1 \sqrt{1+x^4}\,\mathrm{d}x$； ② $\int_1^2 \frac{x}{1+x^2}\mathrm{d}x$；

③ $\int_{-1}^1 \mathrm{e}^{-x^2}\mathrm{d}x$； ④ $\int_0^1 (1+x^2)\mathrm{d}x$.

6.2 微积分基本定理

对于大多数函数，如果用定义求导数，就会变成复杂而艰辛的极限计算问题. 在掌握了求导公式和求导法则以后，求导数就变得简单容易了. 同样地，对于定积分的计算，如果都从定义出发，用积分和式的极限来求定积分，显然是行不通的. 如何让定积分的计算变得简单容易呢？

6.2.1 积分上限函数及其导数

定义 设函数 $f(x)$ 在区间［a，b］上连续，x 为［a，b］上的任一点，则 $f(x)$ 在部分区间［a，x］上仍连续，这时的定积分可写成 $\int_a^x f(t)\mathrm{d}t$.（这里为了积分上限与积分变量区别，不用 x 表示变量，而改用 t 表示积分变量.）

如果上限 x 在区间［a，b］上任意变动，则对于每一个取定的 x 值，定积分有一个对应值与之对应，所以它在［a，b］上定义了一个函数，记为 $\varphi(x)$（见图6.4）：

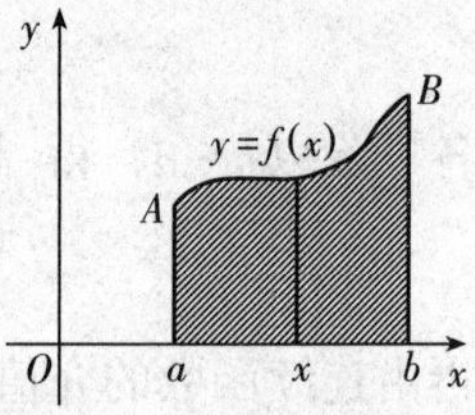

图6.4 积分上限函数

$$\varphi(x)=\int_a^x f(t)\mathrm{d}t \quad (a\leqslant x\leqslant b).$$

该函数称为积分上限函数，有时又称为变上限积分函数.

定理1 如果函数 $f(x)$ 在区间［a，b］上连续，则变上限定积分

$$\varphi(x)=\int_a^x f(t)\mathrm{d}t$$

在［a，b］上可导，并且它的导数为

$$\varphi'(x)=\frac{\mathrm{d}}{\mathrm{d}x}\int_a^x f(t)\mathrm{d}t=f(x) \quad (a\leqslant x<b).$$

证明 若 $x\in(a,\ b)$，取 Δx，使 $x+\Delta x\in(a,b)$.

$$\begin{aligned}\Delta\varphi&=\varphi(x+\Delta x)-\varphi(x)=\int_a^{x+\Delta x} f(t)\mathrm{d}t-\int_a^x f(t)\mathrm{d}t\\&=\int_a^x f(t)\mathrm{d}t+\int_x^{x+\Delta x} f(t)\mathrm{d}t-\int_a^x f(t)\mathrm{d}t\\&=\int_x^{x+\Delta x} f(t)\mathrm{d}t=f(\xi)\Delta x,\end{aligned}$$

应用积分中值定理，有 $\Delta\varphi = f(\xi)\Delta x$，其中$\xi$在$x$与$x+\Delta x$之间，当$\Delta x\to 0$时，$\xi\to x$. 于是

$$\varphi'(x) = \lim_{\Delta x\to 0}\frac{\Delta\varphi}{\Delta x} = \lim_{\Delta x\to 0} f(\xi) = \lim_{\xi\to x} f(\xi) = f(x).$$

若$x=a$，取$\Delta x>0$，则同理可证 $\varphi_+'(x)=f(a)$；若$x=b$，取$\Delta x<0$，则同理可证$\varphi_-'(x) = f(b)$.

定理 2 如果函数 $f(x)$ 在区间［a，b］上连续，则函数

$$\varphi(x) = \int_a^x f(t)\mathrm{d}t$$

就是 $f(x)$ 在［a，b］上的一个原函数.

若 $f(x)$ 连续，$\varphi(x)$，$a(x)$，$b(x)$ 可导，利用复合函数的求导法则，可进一步得到如下推论：

推论 1 $\dfrac{\mathrm{d}}{\mathrm{d}x}\int_a^{\varphi(x)} f(t)\mathrm{d}t = f(\varphi(x))\varphi'(x)$；

推论 2 $\dfrac{\mathrm{d}}{\mathrm{d}x}\int_{a(x)}^{b(x)} f(t)\mathrm{d}t = f(b(x))b'(x) - f(a(x))a'(x)$.

例 1 求 $\dfrac{\mathrm{d}}{\mathrm{d}x}\int_0^x \mathrm{e}^{3t}\mathrm{d}t$.

解 由定理1，有 $\dfrac{\mathrm{d}}{\mathrm{d}x}\int_0^x \mathrm{e}^{3t}\mathrm{d}t = \mathrm{e}^{3x}$.

例 2 求 $\dfrac{\mathrm{d}}{\mathrm{d}x}\int_x^0 \sin^2 t\mathrm{d}t$.

解 $\dfrac{\mathrm{d}}{\mathrm{d}x}\int_x^0 \sin^2 t\mathrm{d}t = \dfrac{\mathrm{d}}{\mathrm{d}x}\left(-\int_0^x \sin^2 t\mathrm{d}t\right) = -\sin^2 x$.

例 3 求 $\dfrac{\mathrm{d}}{\mathrm{d}x}\int_{x^2}^{x^3} \sqrt{2+t^2}\,\mathrm{d}t$.

解 $\dfrac{\mathrm{d}}{\mathrm{d}x}\int_{x^2}^{x^3} \sqrt{2+t^2}\,\mathrm{d}t = \sqrt{2+x^6}(x^3)' - \sqrt{2+x^4}(x^2)' = 3x^2\sqrt{2+x^6} - 2x\sqrt{2+x^4}$.

例 4 求 $\lim\limits_{x\to 0}\dfrac{\int_0^{x^2}\sin t\mathrm{d}t}{x^4}$.

解 因为 $\lim\limits_{x\to 0}x^4 = 0$，$\lim\limits_{x\to 0}\int_0^{x^2}\sin t\mathrm{d}t = 0$. 所以，这个极限是 $\dfrac{0}{0}$ 未定型，利用洛必达法则，可得

$$\lim_{x\to 0}\frac{\int_0^{x^2}\sin t\mathrm{d}t}{x^4} = \lim_{x\to 0}\frac{2x\sin x^2}{4x^3} = \lim_{x\to 0}\frac{\sin x^2}{2x^2} = \frac{1}{2}.$$

6.2.2 牛顿–莱布尼茨公式

定理 3 如果函数 $F(x)$ 是连续函数 $f(x)$ 在区间［a，b］上的一个原函数，则

$$\int_a^b f(x)\mathrm{d}x = F(b) - F(a).$$

此公式称为牛顿–莱布尼茨公式，也称为微积分基本公式.

证明 已知函数 $F(x)$ 是连续函数 $f(x)$ 的一个原函数，由定理可知，积分上限函数

$$\varphi(x)=\int_a^x f(t)\mathrm{d}t$$

也是 $f(t)$ 的一个原函数，于是有

$$F(x)-\varphi(x)=C\ (a\leqslant x\leqslant b).$$

在上式中，令 $x=a$，则 $F(x)-\varphi(x)=C$，$\varphi(a)=0$，$C=F(a)$，所以

$$F(x)-\varphi(x)=F(x)-\int_a^x f(t)\mathrm{d}t=F(a),$$

即

$$\int_a^x f(t)\mathrm{d}t=F(x)-F(a).$$

在上式中，令 $x=b$，可得

$$\int_a^b f(t)\mathrm{d}t=\int_a^b f(x)\mathrm{d}x=F(b)-F(a)=\left[F(x)\right]_a^b.$$

例5 计算 $\int_0^1 x^3\mathrm{d}x$.

解 $\int_0^1 x^3\mathrm{d}x=\left.\dfrac{x^4}{4}\right|_0^1=\dfrac{1}{4}-0=\dfrac{1}{4}.$

例6 计算 $\int_{-1}^{\sqrt{3}}\dfrac{1}{1+x^2}\mathrm{d}x$.

解 $\int_{-1}^{\sqrt{3}}\dfrac{1}{1+x^2}\mathrm{d}x=[\arctan x]_{-1}^{\sqrt{3}}=\arctan\sqrt{3}-\arctan(-1)=\dfrac{\pi}{3}-\left(-\dfrac{\pi}{4}\right)=\dfrac{7}{12}\pi.$

例7 求 $\int_1^2\left(3x^2+\dfrac{1}{x}\right)\mathrm{d}x$.

解
$$\begin{aligned}\int_1^2\left(3x^2+\frac{1}{x}\right)\mathrm{d}x&=\int_1^2 3x^2\mathrm{d}x+\int_1^2\frac{1}{x}\mathrm{d}x\\&=\left[x^3\right]_1^2+\left[\ln|x|\right]_1^2=8-1+\ln 2-\ln 1=7+\ln 2.\end{aligned}$$

例8 求 $\int_0^{\frac{1}{2}}\dfrac{2x+1}{\sqrt{1-x^2}}\mathrm{d}x$.

解
$$\begin{aligned}\int_0^{\frac{1}{2}}\frac{2x+1}{\sqrt{1-x^2}}\mathrm{d}x&=\int_0^{\frac{1}{2}}\frac{2x}{\sqrt{1-x^2}}\mathrm{d}x+\int_0^{\frac{1}{2}}\frac{1}{\sqrt{1-x^2}}\mathrm{d}x\\&=\left[-2\sqrt{1-x^2}\right]_0^{\frac{1}{2}}+[\arcsin x]_0^{\frac{1}{2}}\\&=2-\sqrt{3}+\frac{\pi}{6}.\end{aligned}$$

例9 求 $\int_{\frac{1}{2}}^{\mathrm{e}}|\ln x|\mathrm{d}x$.

解 因为 $f(x)=|\ln x|=\begin{cases}\ln x, & 1<x\leqslant \mathrm{e}\\ -\ln x, & \dfrac{1}{2}\leqslant x\leqslant 1\end{cases}$，所以

$$\begin{aligned}\int_{\frac{1}{2}}^{\mathrm{e}}|\ln x|\mathrm{d}x&=\int_{\frac{1}{2}}^{1}|\ln x|\mathrm{d}x+\int_1^{\mathrm{e}}|\ln x|\mathrm{d}x\\&=-\int_{\frac{1}{2}}^{1}|\ln x|\mathrm{d}x+\int_1^{\mathrm{e}}|\ln x|\mathrm{d}x\\&=\frac{3}{2}-\frac{1}{2}\ln 2.\end{aligned}$$

习题6.2

（1）计算下列定积分：

① $\int_1^2\left(x+\frac{1}{x}\right)^2\mathrm{d}x$；　② $\int_1^{\sqrt{3}}\frac{1+2x^2}{x^2(x^2+1)}\mathrm{d}x$；　③ $\int_4^9\sqrt{x}(1+\sqrt{x})\mathrm{d}x$；

④ $\int_0^1 x\mathrm{e}^{x^2}\mathrm{d}x$；　⑤ $\int_0^1\frac{x}{1+x^2}\mathrm{d}x$；　⑥ $\int_{-(\mathrm{e}+1)}^{-2}\frac{1}{1+x}\mathrm{d}x$；

⑦ $\int_{-1}^0\frac{3x^4+3x^2+1}{1+x^2}\mathrm{d}x$；　⑧ $\int_{\frac{1}{\pi}}^{\frac{2}{\pi}}\frac{\sin\frac{1}{x}}{x^2}\mathrm{d}x$；　⑨ $\int_0^2|1-x|\mathrm{d}x$.

（2）求导数：

① $\varphi(x)=\int_0^x\sin(t^2)\mathrm{d}t$；　② $\varphi(x)=\int_x^{-2}\mathrm{e}^{2t}\sin t\mathrm{d}t$；

③ $\varphi(x)=\int_0^{x^3}\frac{\mathrm{d}t}{\sqrt{1+t}}$；　④ $\varphi(x)=\int_0^{\sqrt{x}}\cos(t^2)\mathrm{d}t$；

⑤ $\varphi(x)=\int_x^{x^2}\sqrt{1+t^3}\mathrm{d}t$；　⑥ $\varphi(x)=\int_x^3\frac{1}{\sqrt{1+t^2}}\mathrm{d}t$.

（3）求下列极限：

① $\lim\limits_{x\to0}\frac{\int_0^x\sin t^2\mathrm{d}t}{x^3}$；　② $\lim\limits_{x\to0}\frac{\int_0^x\cos^2 t\mathrm{d}t}{x}$；

③ $\lim\limits_{x\to0}\frac{\int_0^x\ln(1+t)\mathrm{d}t}{x^2}$；　④ $\lim\limits_{x\to0}\frac{\int_0^x\left(\mathrm{e}^{t^2}-1\right)\mathrm{d}t}{x^3}$；

⑤ $\lim\limits_{x\to0}\frac{\int_0^x(1-\cos t^2)\mathrm{d}t}{x^5}$；　⑥ $\lim\limits_{x\to0}\frac{\left(\int_0^x\mathrm{e}^{t^2}\mathrm{d}t\right)^2}{\int_0^x\mathrm{e}^{2t^2}\mathrm{d}t}$.

6.3　定积分的换元法和分部积分法

微积分基本公式提供了计算定积分的一种有效而简便的方法，依据这种方法，定积分 $\int_a^b f(x)\mathrm{d}x$ 的计算被转化为求被积函数 $f(x)$ 的原函数 $F(x)$ 在积分区间上的增量 $F(b)-F(a)$. 由此看来，只要求出相应的不定积分，就可以计算定积分了. 然而，对于一些复杂的被积函数，相应的不定积分计算并非易事. 和不定积分一样，定积分也有相应的换元积分法和分部积分法，利用这两种方法可以得到许多不定积分所没有的结论.

6.3.1　定积分的换元积分法

定理　设函数 $f(x)$ 在 $[a, b]$ 上连续，函数 $x=\varphi(t)$ 在 $[\alpha, \beta]$ 上是单值的且具有连续导数，当 t 在 $[\alpha, \beta]$ 上变化时，$x=\varphi(t)$ 的值在 $[a, b]$ 上变化，且 $\varphi(\alpha)=a$，

$\varphi(\beta)=\beta$，则

$$\int_a^b f(x)\mathrm{d}x=\int_\alpha^\beta f\big(\varphi(t)\big)\varphi'(t)\mathrm{d}t.$$

这就是定积分的换元积分公式.

例1 求 $\int_1^4 \frac{1}{x+\sqrt{x}}\mathrm{d}x$.

解 设 $\sqrt{x}=t>0$，即 $x=t^2$，则 $\mathrm{d}x=2t\mathrm{d}t$，当 $x=1$ 时，$t=1$；当 $x=4$ 时，$t=2$，于是

$$\int_1^4 \frac{1}{x+\sqrt{x}}\mathrm{d}x=\int_1^2 \frac{2t}{t^2+t}\mathrm{d}t=2\int_1^2 \frac{1}{t+1}\mathrm{d}t$$

$$=2\big[\ln|t+1|\big]_1^2=2(\ln 3-\ln 2)=2\ln\frac{3}{2}.$$

例2 计算 $\int_0^4 \frac{x+2}{\sqrt{2x+1}}\mathrm{d}x$.

解 $$\int_0^4 \frac{x+2}{\sqrt{2x+1}}\mathrm{d}x \xlongequal{令\sqrt{2x+1}=t} \int_1^3 \frac{\frac{t^2-1}{2}+2}{t}\cdot t\mathrm{d}t=\frac{1}{2}\int_1^3 (t^2+3)\mathrm{d}t$$

$$=\frac{1}{2}\left(\frac{1}{3}t^3+3t\right)_1^3$$

$$=\frac{1}{2}\left[\left(\frac{27}{3}+9\right)-\left(\frac{1}{3}+3\right)\right]$$

$$=\frac{22}{3}.$$

提示：$x=\frac{t^2-1}{2}$，$\mathrm{d}x=t\mathrm{d}t$；当 $x=0$ 时，$t=1$；当 $x=4$ 时，$t=3$.

例3 求 $\int_0^a \sqrt{a^2-x^2}\mathrm{d}x$.

解3 设 $x=a\sin t$，则 $\mathrm{d}x=a\cos t\mathrm{d}t$. 当 x 从 0 变到 a 时，由于 $\sin 0=0$，$\sin\frac{\pi}{2}=1$，所以 t 从 0 变到 $\frac{\pi}{2}$，则有

$$\int_0^a \sqrt{a^2-x^2}\mathrm{d}x=a^2\int_0^{\frac{\pi}{2}}\cos^2 t\mathrm{d}t=\frac{a^2}{2}\int_0^{\frac{\pi}{2}}(1+\cos 2t)\mathrm{d}t$$

$$=\frac{a^2}{2}\left[t+\frac{1}{2}\sin 2t\right]_0^{\frac{\pi}{2}}=\frac{1}{4}\pi a^2.$$

例4 证明：设函数 $f(x)$ 在［$-a$，a］上连续，则

（1）若 $f(x)$ 为偶函数，则 $\int_{-a}^a f(x)\mathrm{d}x=2\int_0^a f(x)\mathrm{d}x$；

（2）若 $f(x)$ 为奇函数，则 $\int_{-a}^a f(x)\mathrm{d}x=0$.

证明 $\int_{-a}^a f(x)\mathrm{d}x=\int_{-a}^0 f(x)\mathrm{d}x+\int_0^a f(x)\mathrm{d}x$.

（1）若 $f(x)$ 在［$-a$，a］上为偶函数，而

$$\int_{-a}^0 f(x)\mathrm{d}x \xlongequal{令x=-t} -\int_a^0 f(-t)\mathrm{d}t=\int_0^a f(-t)\mathrm{d}t=\int_0^a f(-x)\mathrm{d}x,$$

所以

$$\int_{-a}^{a} f(x)\mathrm{d}x = \int_{0}^{a} f(-x)\mathrm{d}x + \int_{0}^{a} f(x)\mathrm{d}x$$

$$= \int_{0}^{a}\big(f(-x)+f(x)\big)\mathrm{d}x = 2\int_{0}^{a} f(x)\mathrm{d}x.$$

（2）若$f(x)$ 在［$-a$，a］上为奇函数，则 $f(-x)=-f(x)$，即

$$\int_{-a}^{a} f(x)\mathrm{d}x = \int_{0}^{a}\big(f(-x)+f(x)\big)\mathrm{d}x = 0.$$

例5　证明：设函数$f(x)$ 在［0，1］上连续，则

（1）$\int_{0}^{\frac{\pi}{2}} f(\sin x)\mathrm{d}x = \int_{0}^{\frac{\pi}{2}} f(\cos x)\mathrm{d}x$；

（2）$\int_{0}^{\pi} xf(\sin x)\mathrm{d}x = \frac{\pi}{2}\int_{0}^{\pi} f(\sin x)\mathrm{d}x$.

证明　（1）令 $x=\frac{\pi}{2}-t$，则

$$\int_{0}^{\frac{\pi}{2}} f(\sin x)\mathrm{d}x = -\int_{\frac{\pi}{2}}^{0} f\left(\sin\left(\frac{\pi}{2}-t\right)\right)\mathrm{d}t$$

$$= \int_{0}^{\frac{\pi}{2}} f\left(\sin\left(\frac{\pi}{2}-t\right)\right)\mathrm{d}t = \int_{0}^{\frac{\pi}{2}} f(\cos x)\mathrm{d}x.$$

（2）令$x=\pi-t$，则

$$\int_{0}^{\pi} xf(\sin x)\mathrm{d}x = -\int_{\pi}^{0}(\pi-t)f\big(\sin(\pi-t)\big)\mathrm{d}t$$

$$= \int_{0}^{\pi}(\pi-t)f\big(\sin(\pi-t)\big)\mathrm{d}t = \int_{0}^{\pi}(\pi-t)f(\sin t)\mathrm{d}t$$

$$= \pi\int_{0}^{\pi} f(\sin t)\mathrm{d}t - \int_{0}^{\pi} tf(\sin t)\mathrm{d}t$$

$$= \pi\int_{0}^{\pi} f(\sin x)\mathrm{d}x - \int_{0}^{\pi} xf(\sin x)\mathrm{d}x,$$

所以

$$\int_{0}^{\pi} xf(\sin x)\mathrm{d}x = \frac{\pi}{2}\int_{0}^{\pi} f(\sin x)\mathrm{d}x.$$

6.3.2　定积分的分部积分法

设函数$u(x)$、$v(x)$在区间［a，b］上具有连续导数$u'(x)$、$v'(x)$，由（uv）$'=u'v+uv'$得$uv'=uv-u'$，等式两端在区间［a，b］上积分，得$\int_{a}^{b} uv'\mathrm{d}x = [uv]_{a}^{b} - \int_{a}^{b} u'v\mathrm{d}x$，即

$$\int_{a}^{b} u\mathrm{d}v = [uv]_{a}^{b} - \int_{a}^{b} v\mathrm{d}u.$$

这就是定积分的分部积分公式.

例6　求 $\int_{0}^{\pi} x\sin x\mathrm{d}x$.

解　设$u=x$，$\mathrm{d}v=\sin x\mathrm{d}x$，则$\mathrm{d}u=\mathrm{d}x$，$v=-\cos x$，于是

$$\int_{0}^{\pi} x\sin x\mathrm{d}x = [-x\cos x]_{0}^{\pi} + \int_{0}^{\pi}\cos \mathrm{d}x = \pi + [\sin x]_{0}^{\pi} = \pi.$$

例 7　求 $\int_{0}^{1}\mathrm{e}^{\sqrt{x}}\mathrm{d}x$.

解　先用换元法，再用分部积分法.

令 $x=t^2$，$dx=2tdt$，当 $x=0$ 时，$t=0$；当 $x=1$ 时，$t=1$. 于是

$$\int_0^1 e^{\sqrt{x}}dx = 2\int_0^1 te^t dt = 2\int_0^1 tde^t$$

$$= 2[te^t]_0^1 - 2\int_0^1 e^t dt$$

$$= 2e - 2[e^t]_0^1 = 2.$$

例 8 计算 $\int_0^{\frac{1}{2}} \arcsin x dx$.

解 $\int_0^{\frac{1}{2}} \arcsin x dx = [x\arcsin x]_0^{\frac{1}{2}} - \int_0^{\frac{1}{2}} x d\arcsin x$

$$= \frac{1}{2}\cdot\frac{\pi}{6} - \int_0^{\frac{1}{2}} \frac{x}{\sqrt{1-x^2}}dx$$

$$= \frac{\pi}{12} + \frac{1}{2}\int_0^{\frac{1}{2}} \frac{1}{\sqrt{1-x^2}}d(1-x^2)$$

$$= \frac{\pi}{12} + \left[\sqrt{1-x^2}\right]_0^{\frac{1}{2}} = \frac{\pi}{12} + \frac{\sqrt{3}}{2} - 1.$$

习题 6.3

（1）计算下列定积分：

① $\int_0^4 \frac{1}{1+\sqrt{x}}dx$； ② $\int_0^8 \frac{1}{1+\sqrt[3]{x}}dx$； ③ $\int_2^4 \frac{\sqrt{x-1}}{x}dx$；

④ $\int_{-1}^1 \frac{x}{\sqrt{5-4x}}dx$； ⑤ $\int_0^3 \frac{x}{\sqrt{x+1}}dx$； ⑥ $\int_4^9 \frac{\sqrt{x}}{\sqrt{x}-1}dx$.

（2）计算下列定积分：

① $\int_0^{\pi} x\cos x dx$； ② $\int_0^1 \arctan x dx$； ③ $\int_0^1 xe^x dx$.

6.4 定积分在几何上的应用

在科学研究、经济管理及工程技术等各个领域，定积分都有着广泛的应用. 在定积分的应用中，微元素法是将实际问题转化为定积分的重要分析方法，因此，本节先介绍这一方法. 此外，本节还将介绍利用定积分计算平面图形面积、旋转体体积的方法等.

6.4.1 微元素法

在求曲边梯形的面积和变速直线运动的路程时，用的都是求解过程为“分割”“近似代替”“求和”“取极限”的方法. 为了应用上的方便，可以把上述求解过程简化为两步.

（1）无限细分. 在区间 $[a, b]$ 内，任取一个小区间 $[x, x+dx]$，求出在 $[x, x+$

dx］上的近似值为 $\Delta A \approx f(x)\mathrm{d}x$，称 $f(x)\mathrm{d}x$ 为A的微元素，记作 $\mathrm{d}A = f(x)\mathrm{d}x$.

（2）求积分. 求整体量A，就是在［a，b］上将这些微元素累加起来，即 $A = \int_a^b \mathrm{d}A = \int_a^b f(x)\mathrm{d}x$.

6.4.2　平面图形面积

（1）设平面图形由上下两条曲线 $y=f(x)$ 与 $y=g(x)$ 及左右两条直线$x=a$与$x=b$围成（见图6.5），则平面图形面积为 $S = \int_a^b |f(x) - g(x)|\mathrm{d}x$.

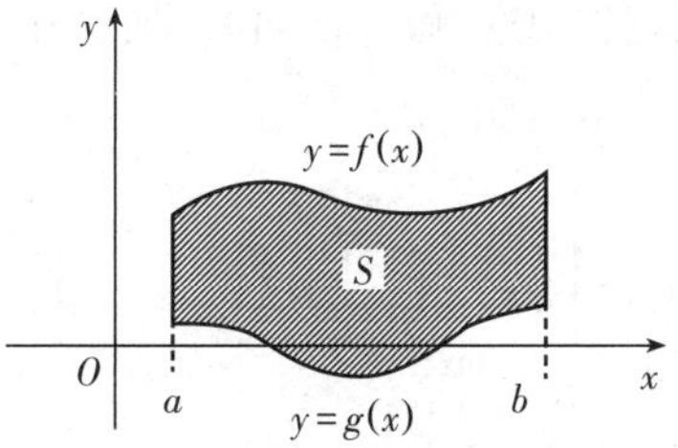

图6.5　（1）的图形面积

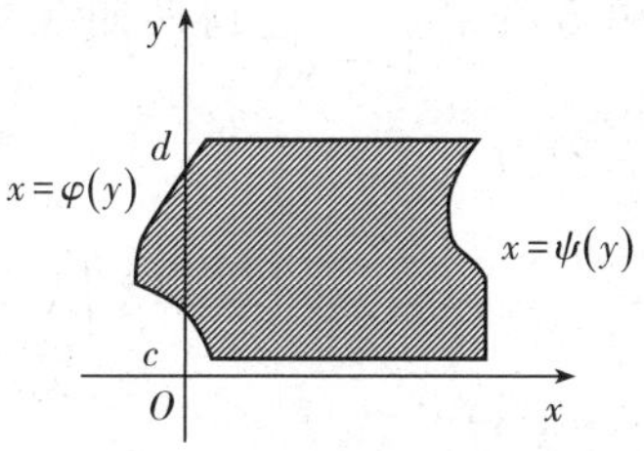

图6.6　（2）的图形面积

（2）设平面图形由左右两条曲线$x=\psi(y)$与$x=\varphi(y)$及上下两条直线$y=d$与$y=c$围成（见图6.6），则平面图形面积为 $S = \int_c^d |\varphi(y) - \psi(y)|\mathrm{d}y$.

一般说来，求平面图形面积一般步骤为：

（1）作草图，确定积分变量与积分区间；

（2）求出面积微元素；

（3）计算定积分，求出面积.

例1　计算由曲线 $y=x^2$ 与 $y=x$ 围成的图形面积（见图6.7).

解　由方程组 $\begin{cases} y=x^2 \\ y=x \end{cases}$ 得两曲线的交点（0，0）和（1，1）. 取积分变量为x，于是所求图形面积为

$$A = \int_0^1 (x - x^2)\mathrm{d}x = \left[\frac{1}{2}x^2 - \frac{1}{3}x^3\right]_0^1 = \frac{1}{6}.$$

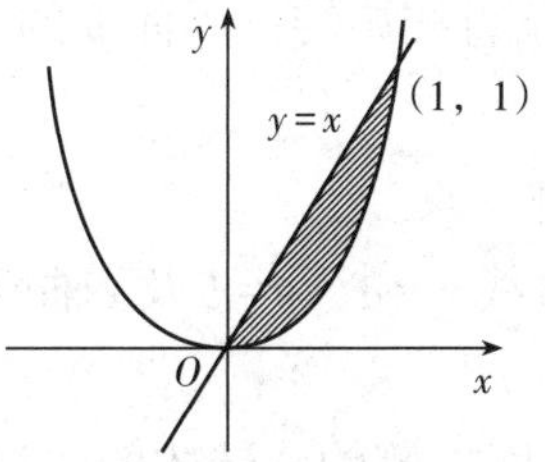

图6.7　例1的图形面积

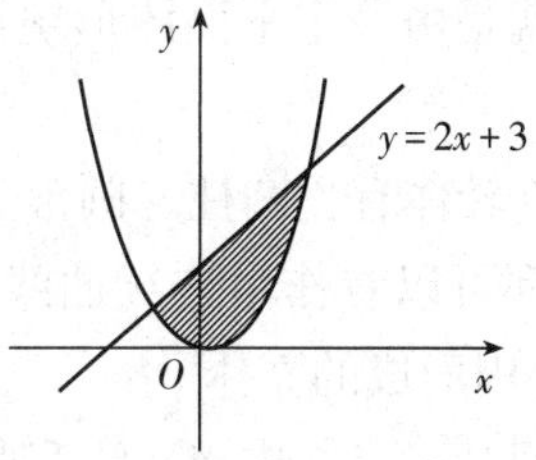

图6.8　例2的图形面积

例2 计算由曲线$y=x^2$与$y=2x+3$围成的图形面积（见图6.8）.

解 由方程组$\begin{cases}y=x^2\\y=2x+3\end{cases}$得两曲线的交点（-1，1）和（3，9）. 取积分变量为x，于是所求图形面积为

$$A=\int_{-1}^{3}(2x+3-x^2)\mathrm{d}x=\left[x^2+3x-\frac{1}{3}x^3\right]_{-1}^{3}=\frac{32}{3}.$$

例3 计算由曲线$y=x^2$与$y=\sqrt{x}$围成的图形面积（见图6.9）.

解 由方程组$\begin{cases}y=x^2\\y=\sqrt{x}\end{cases}$得两曲线的交点（0，0）和（1，1）. 取积分变量为x，于是所求图形面积为

$$A=\int_{0}^{1}\left(\sqrt{x}-x^2\right)\mathrm{d}x=\left[\frac{2}{3}x^{\frac{3}{2}}-\frac{1}{3}x^3\right]_{0}^{1}=\frac{1}{3}.$$

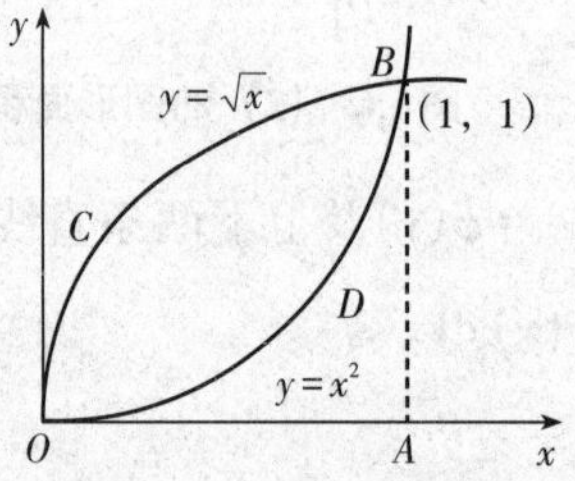

图6.9 例3的图形面积

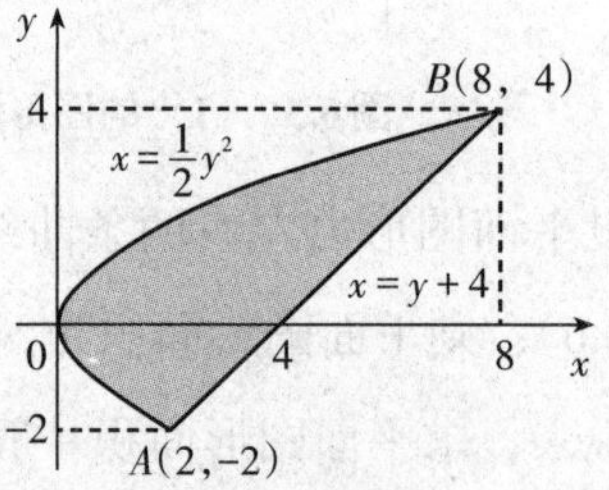

图6.10 例4的图形面积

例4 计算由抛物线$y^2=2x$与直线$y=x-4$围成的图形面积（见图6.10）.

解 求抛物线与直线的焦点，即解方程组$\begin{cases}y^2=2x\\y=x-4\end{cases}$得交点$A(2,\ -2)$，$B$（8，4）. 选$y$作积分变量，于是，所求图形面积为

$$A=\int_{-2}^{4}\left[(y+4)-\frac{y^2}{2}\right]\mathrm{d}y=18.$$

注：如果选x作积分变量，计算过程会比较复杂.

6.4.3 旋转体的体积

旋转体就是由一个平面图形绕这平面内一条直线旋转一周而成的立体. 直线叫作旋转轴.

常见的旋转体有：圆柱、圆锥、圆台、球体.

旋转体都可以看作由连续曲线$y=f(x)$，直线$x=a$、$x=b$及x轴所围成的曲边梯形绕x轴旋转一周而成的立体.

设过区间［a，b］内点x且垂直于x轴的平面左侧的旋转体的体积为$V(x)$，当平面左右平移$\mathrm{d}x$后，体积的增量近似为$\Delta V=\pi(f(x))^2\mathrm{d}x$，于是体积元素为

$$dV=\pi(f(x))^2dx,$$

旋转体的体积为

$$V=\int_a^b\pi\left(f(x)\right)^2dx.$$

例5　连接坐标原点O及点$P(h,\ r)$的直线，直线$x=h$及x轴围成一个直角三角形. 将它绕x轴旋转构成一个底半径为r、高为h的圆锥体. 计算这个圆锥体的体积.

解　直角三角形斜边的直线方程为$y=\frac{r}{h}x$. 所求圆锥体的体积为

$$V=\int_0^h\pi\left(\frac{r}{h}x\right)^2dx=\frac{\pi r^2}{h^2}\left[\frac{1}{3}x^3\right]_0^h=\frac{1}{3}\pi hr^2.$$

例6　计算由椭圆$\frac{x^2}{a^2}+\frac{y^2}{b^2}=1$形成的图形绕$x$轴旋转而成的旋转体（旋转椭球体）的体积.

解　这个旋转椭球体也可以看作由半个椭圆$y=\frac{b}{a}\sqrt{a^2-x^2}$及$x$轴围成的图形绕$x$轴旋转而成的立体. 体积元素为

$$dV=\pi y^2dx,$$

所求旋转椭球体的体积为

$$V=\int_{-a}^a\pi\frac{b^2}{a^2}(a^2-x^2)dx=\pi\frac{b^2}{a^2}\left[a^2x-\frac{1}{3}x^3\right]_{-a}^a=\frac{4}{3}\pi ab^2.$$

例7　求椭圆$\frac{x^2}{b^2}+\frac{y^2}{a^2}=1$绕$y$轴旋转所形成的椭球体的体积.

解　这个旋转体可以看成由半个椭圆$x=\frac{b}{a}\sqrt{a^2-y^2}$及$y$轴围成的图形绕$y$轴旋转一周而成的旋转体.

取积分变量为y，积分区间为［0，a］.

在区间［0，a］上任取一小区间［y，$y+dy$］，与它对应的薄片体积近似于以$\frac{b}{a}\sqrt{a^2-y^2}$为半径、$dy$为高的小圆柱体的体积，于是体积元素为

$$dV=\pi\left(\frac{b}{a}\sqrt{a^2-y^2}\right)^2dy.$$

计算定积分，得体积

$$V=2\pi\int_0^a\left(\frac{b}{a}\sqrt{a^2-y^2}\right)^2dy=\frac{2\pi b^2}{a^2}\int_0^a\left(a^2-y^2\right)dy$$
$$=\frac{2\pi b^2}{a^2}\left[a^2y-\frac{1}{3}y^3\right]_0^a=\frac{2\pi b^2}{a^2}\left(a^3-\frac{1}{3}a^3\right).$$

习题6.4

计算由下列曲线围成的平面图形的面积：

（1）$y=x^2$，$y=x+2$；

（2）$y=x^2$，$y=2-x^2$；

（3）$y=3x^2+1$，$x=-1$，$x=1$及x轴；

（4）$y=\dfrac{1}{x}$，直线$y=x$，$x=2$；

（5）$y=x^2$，$y^2=x$；

（6）$y=x^2$，直线$x+y=2$；

（7）$y=x^2$，$y=0$，$x=1$；

（8）$y=x$，$y=\sqrt{x}$；

（9）$y=4-x^2$，$y=0$.

模块2　线性代数

第7章 行列式

行列式是一个重要的数学工具，在数学的各个分支及其他学科领域都有广泛应用. 本章主要介绍行列式的概念与理论，以及著名的求解线性方程组的克莱姆法则.

7.1 行列式的定义

为了定义行列式，并研究行列式的性质，先介绍排列及其基本性质.

7.1.1 排列的逆序数

定义1 由 n 个自然数1，2，…，n 组成的一个无重复的有序数组 $i_1 i_2 \cdots i_n$，称为一个 n 级排列.

例如，1234和2431都是4级排列，而45321是一个5级排列.

显然，n 级排列共有 $n!$ 个.

排列 $1\ 2 \cdots n$ 中元素之间的次序为标准次序，这个排列是标准排列（通常也称为自然排列），其他排列的元素之间的次序未必是标准次序.

定义2 在 n 个不同元素的任一排列中，当某两个元素的次序与标准次序不同时，就称为逆序. 也就是说，在一个 n 级排列 $i_1 i_2 \cdots i_t \cdots i_s \cdots i_n$ 中，如果一个较大的数排在一个较小的数之前，即若 $i_t > i_s$，则称这两个数 i_t 和 i_s 组成一个逆序. 一个排列中所有逆序的总数，称为这个排列的逆序数，记作 $\tau(i_1 i_2 \cdots i_n)$ 或 τ.

例如，排列2431中，21，43，41，31是逆序，共有4个逆序，因此排列2431的逆序数 $\tau = 4$.

根据以上定义，可按照如下方法计算排列的逆序数：

设在一个 n 级排列 $i_1 i_2 \cdots i_n$ 中，比 i_t（$t = 1$，2，…，n）大的且排在 i_t 前面的数共有 t_i 个，则 i_t 的逆序的个数为 t_i，而该排列中所有数的逆序的个数之和就是这个排列的逆序数，即

$$\tau(i_1 i_2 \cdots i_n) = t_1 + t_2 + \cdots + t_n = \sum_{i=1}^{n} t_i.$$

例1 计算排列45321的逆序数.

解 因为4排在首位，故其逆序数为0；

比5大且排在5前面的数有0个，故其逆序数为0；

比3大且排在3前面的数有2个，故其逆序数为2；

比2大且排在2前面的数有3个，故其逆序数为3；

比1大且排在1前面的数有4个，故其逆序数为4.

可见所求排列的逆序数为

$$\tau(45321)=0+0+2+3+4=9.$$

定义3 若排列 $i_1 i_2 \cdots i_n$ 的逆序数为奇数，则称它为奇排列；若排列 $i_1 i_2 \cdots i_n$ 的逆序数为偶数，则称它为偶排列.

例如，2431是偶排列，45321是奇排列；标准排列 $1\ 2 \cdots n$ 的逆序数是0，因此是偶排列.

定义4 在排列 $i_1 i_2 \cdots i_t \cdots i_s \cdots i_n$ 中，将任意两数 i_t 和 i_s 的位置互换，而其余的数不动，就得到另一个排列，这被称为一次对换. 若将相邻两数对换，则称为相邻对换.

例如，对换排列45321中5和1的位置后，得到排列41325.

经过对换，排列的奇偶性有何变化呢？

定理1 对换改变排列的奇偶性.

经过一次对换，奇排列变成偶排列，而偶排列变成奇排列.

推论1 奇排列变成标准排列的对换次数为奇数，偶排列变成标准排列的对换次数为偶数.

7.1.2 行列式定义

二阶与三阶行列式分别为

$$\begin{vmatrix} a_{11} & a_{12} \\ a_{21} & a_{22} \end{vmatrix}=a_{11}a_{22}-a_{12}a_{21},$$

$$\begin{vmatrix} a_{11} & a_{12} & a_{13} \\ a_{21} & a_{22} & a_{23} \\ a_{31} & a_{32} & a_{33} \end{vmatrix}=a_{11}a_{22}a_{33}+a_{12}a_{23}a_{31}+a_{13}a_{21}a_{32}-a_{11}a_{23}a_{32}-a_{12}a_{21}a_{33}-a_{13}a_{22}a_{31}.$$

首先研究三阶行列式的结构. 行列式中的数 a_{ij} 称为它的元素. 其中元素 a_{i1}，a_{i2}，a_{i3} 组成行列式的第 i 行，元素 a_{1j}，a_{2j}，a_{3j} 组成行列式的第 j 列，元素 a_{11}，a_{22}，a_{33} 组成行列式的主对角线. 每个元素有两个下标：第一个是行标 i，表示该元素属于第 i 行；第二个是列标 j，表示该元素属于第 j 列.

在形式上，三阶行列式是一个数表，而实质上是其元素的一个多项式. 这个多项式由六项组成，每项包含三个元素的乘积. 这三个元素分别属于不同的行、不同的列. 现在每一项中元素的行标组成标准排列，则其列标恰组成所有的三阶排列. 如果列标排列是奇排列，则前面是负号. 如果列标排列是偶排列，则前面是正号. 于是，可以将三阶行列式写作

$$\begin{vmatrix} a_{11} & a_{12} & a_{13} \\ a_{21} & a_{22} & a_{23} \\ a_{31} & a_{32} & a_{33} \end{vmatrix} = \sum (-1)^t a_{1p_1} a_{2p_2} a_{3p_3},$$

其中 t 是列标排列 $p_1 p_2 p_3$ 的逆序数，求和遍及所有三阶排列.

按照三阶行列式的结构进行推广，得到 n 阶行列式的定义.

定义 5　设有 n^2 个数，排成 n 行 n 列的表

$$\begin{matrix} a_{11} & a_{12} & \cdots & a_{1n} \\ a_{21} & a_{22} & \cdots & a_{2n} \\ \vdots & \vdots & & \vdots \\ a_{n1} & a_{n2} & \cdots & a_{nn} \end{matrix},$$

作出表中位于不同行列的 n 个数的乘积，并冠以符号 $(-1)^\tau$，得到 $n!$ 个形如 $(-1)^\tau a_{1j_1} a_{2j_2} \cdots a_{nj_n}$ 的项，其中 $j_1 j_2 \cdots j_n$ 为自然数 1，2，…，n 的一个排列，τ 为这个排列的逆序数. 所有这 $n!$ 项的代数和 $\sum\limits_{j_1 j_2 \cdots j_n} (-1)^\tau a_{1j_1} a_{2j_2} \cdots a_{nj_n}$ 称为 n 阶行列式，记作

$$\begin{vmatrix} a_{11} & a_{12} & \cdots & a_{1n} \\ a_{21} & a_{22} & \cdots & a_{2n} \\ \vdots & \vdots & & \vdots \\ a_{n1} & a_{n2} & \cdots & a_{nn} \end{vmatrix} = \sum_{j_1 j_2 \cdots j_n} (-1)^{\tau(j_1 j_2 \cdots j_n)} a_{1j_1} a_{2j_2} \cdots a_{nj_n}.$$

其中 $\sum\limits_{j_1 j_2 \cdots j_n}$ 表示对所有的 n 级排列 $j_1 j_2 \cdots j_n$ 求和. 行列式有时也简记为 $\det(a_{ij})$，这里数 a_{ij} 称为行列式的元素，$(-1)^{\tau(j_1 j_2 \cdots j_n)} a_{1j_1} a_{2j_2} \cdots a_{nj_n}$ 称为行列式的一般项.

常将行列式简记作 D. 如果需要明确行列式的阶，则将 n 阶行列式记作 D_n.

一个 n 阶行列式有 $n!$ 项. 当 $n>1$ 时，其中正项与负项各占一半.

与三阶行列式类似，n 阶行列式也是其元素的多项式. 因此，如果行列式的元素都是数，则行列式也是数. 如果行列式的元素是某些字母的多项式，则行列式也是这些字母的多项式.

注：一阶行列式 $|a_{11}|$ 与数的绝对值的符号相同，但意义不同. 作为行列式 $|-2|=-2$，而作为数的绝对值 $|-2|=2$. 因此，必须用文字严格区分这两种不同对象.

定理 2　行列式 $\begin{vmatrix} a_{11} & a_{12} & \cdots & a_{1n} \\ a_{21} & a_{22} & \cdots & a_{2n} \\ \vdots & \vdots & & \vdots \\ a_{n1} & a_{n2} & \cdots & a_{nn} \end{vmatrix} = \sum (-1)^s a_{p_1 1} a_{p_2 2} \cdots a_{p_n n}$. 其中 s 是行标排列 $p_1 p_2 \cdots p_n$ 的逆序数.

证明　行列式定义中的一般项为 $(-1)^t a_{1p_1} a_{2p_2} \cdots a_{np_n}$. 对换它的两个元素，该项中的元素乘积 $a_{1p_1} a_{2p_2} \cdots a_{np_n}$ 不变. 考虑该项前面的符号，原来的符号是 $(-1)^t$，其中 t 是行标组成标准排列时，列标排列的逆序数. 经过对换两个元素，根据定理1，其行标排列与列标

排列同时改变奇偶性. 然而，行标排列与列标排列的逆序数之和不改变奇偶性. 继续这个过程，使列标组成标准排列. 由于标准排列的逆序数等于0，此时行标排列的奇偶性与原来列标排列的奇偶性相同，即 $(-1)^s=(-1)^t$.

定理2说明行标排列与列标排列的地位是相同的. 从定理2的证明中还可以看到：当行标排列与列标排列都不是标准排列时，行列式的项的符号可以由行标排列与列标排列的逆序数之和的奇偶性决定.

例2 证明行列式（其中非副对角线上元素全为0）

$$\begin{vmatrix} & & & a_{1n} \\ & & a_{2,\ n-1} & \\ & \begin{matrix} . \\ \cdot \ \ \end{matrix} & & \\ a_{n1} & & & \end{vmatrix}=(-1)^{\frac{n(n-1)}{2}}a_{1n}a_{2,\ n-1}\cdots a_{n1}.$$

证明 根据 n 阶行列式的定义易得

$$\begin{vmatrix} & & & a_{1n} \\ & & a_{2n} & \\ & \begin{matrix} . \\ \cdot \ \ \end{matrix} & & \\ a_{n1} & & & \end{vmatrix}=(-1)^{\tau(n\ (n-1)\ \cdots\ 2\ 1)}a_{1n}a_{2,\ n-1}\cdots a_{n1}=(-1)^{\frac{n(n-1)}{2}}a_{1n}a_{2,\ n-1}\cdots a_{n1}.$$

注：上例中行列式，其非副对角线上元素全为0，此类行列式可以直接求出结果，例如

$$\begin{vmatrix} 0 & 0 & 0 & 1 \\ 0 & 0 & 2 & 0 \\ 0 & 3 & 0 & 0 \\ 4 & 0 & 0 & 0 \end{vmatrix}=(-1)^{\tau(4\,3\,2\,1)}1\times 2\times 3\times 4=24.$$

非主对角线上元素全为0的行列式称为对角行列式，显然对角行列式的值为主对角线上元素的乘积，即有

$$\begin{vmatrix} a_{11} & & & \\ & a_{22} & & \\ & & \ddots & \\ & & & a_{nn} \end{vmatrix}=a_{11}a_{22}\cdots a_{nn}.$$

主对角线以下（或上）元素全为0的行列式称为上（或下）三角行列式，它的值与对角行列式的一样.

例3 计算上三角形行列式

$$\begin{vmatrix} a_{11} & a_{12} & \cdots & a_{1n} \\ 0 & a_{22} & \cdots & a_{2n} \\ \vdots & \vdots & & \vdots \\ 0 & 0 & \cdots & a_{nn} \end{vmatrix}.$$

解 一般项为 $(-1)^{\tau(j_1j_2\cdots j_n)}a_{1j_1}a_{2j_2}\cdots a_{nj_n}$，现考虑不为零的项.

a_{nj_n} 取自第 n 行，但只有 $a_{nn}\neq 0$，故只能取 $j_n=n$；$a_{n-1,\,j_{n-1}}$ 取自第 $n-1$ 行，只有 $a_{n-1,\,n-1}\neq 0$，$a_{n-1,\,n}\neq 0$，由于 a_{nn} 取自第 n 列，$a_{n-1,\,j_{n-1}}$ 不能取自第 n 列，所以 $j_{n-1}=n-1$.

同理可得，$j_{n-2}=n-2$，…，$j_2=2$，$j_1=1$. 故不为零的项只有

$$(-1)^{\tau(1\ 2\ \cdots\ n)}a_{11}a_{22}\cdots a_{nn}=a_{11}a_{22}\cdots a_{nn}.$$

所以

$$\begin{vmatrix} a_{11} & a_{12} & \cdots & a_{1n} \\ 0 & a_{22} & \cdots & a_{2n} \\ \vdots & \vdots & & \vdots \\ 0 & 0 & \cdots & a_{nn} \end{vmatrix}=a_{11}a_{22}\cdots a_{nn}.$$

在行列式的定义中，为了决定每一项的正负号，可以把 n 个元素按照行指标排起来. 事实上，数的乘法是交换的，因而这 n 个元素的次序是可以任意写的，n 阶行列式的项可以写成

$$a_{i_1j_1}a_{i_2j_2}\cdots a_{i_nj_n},$$

其中 $i_1\,i_2\cdots i_n$，$j_1j_2\cdots j_n$ 是两个 n 级排列.

例4　在四阶行列式中，$a_{21}a_{32}a_{14}a_{43}$ 应带什么符号？

解　(1) 按照定义2计算.

因为 $a_{21}a_{32}a_{14}a_{43}=a_{14}a_{21}a_{32}a_{43}$，而 4123 的逆序数为

$$\tau(4123)=0+1+1+1=3,$$

所以 $a_{21}a_{32}a_{14}a_{43}$ 的前面应带负号.

(2) 按照定理2计算.

因为 $a_{21}a_{32}a_{14}a_{43}$ 行指标排列的逆序数为

$$\tau(2314)=0+0+2+0=2,$$

列指标排列的逆序数为

$$\tau(1243)=0+0+0+1=1,$$

所以 $a_{21}a_{32}a_{14}a_{43}$ 的前面应带负号.

习题7.1

(1) 求下列九阶排列的逆序数，从而确定其奇偶性：

①135792468；　　　　②219786354.

(2) 选择 i 与 k，使下列九阶排列：

① $1274i56k9$ 为偶排列；　　　　② $1i25k4897$ 为奇排列.

(3) 求证：用对换将奇（偶）排列变成标准排列的对换次数为奇（偶）数.

(4) 已知排列 $p_1p_2\cdots p_n$ 的逆序数为 k，求排列 $p_np_{n-1}\cdots p_1$ 的逆序数.

(5) 在六阶行列式中，确定下列项的符号：

① $a_{23}a_{31}a_{46}a_{52}a_{14}a_{65}$； ② $a_{32}a_{43}a_{14}a_{51}a_{66}a_{25}$.

(6) 计算下列行列式：

① $\begin{vmatrix}1 & 3 & 1\\2 & 2 & 3\\3 & 1 & 6\end{vmatrix}$； ② $\begin{vmatrix}5 & 1 & 1\\-11 & 1 & -1\\-5 & -5 & 0\end{vmatrix}$.

(7) 计算下列行列式：

① $\begin{vmatrix}a_{11} & a_{12} & \cdots & a_{1,\,n-1} & a_{1n}\\a_{21} & a_{22} & \cdots & a_{2,\,n-1} & 0\\\vdots & \vdots & & \vdots & \vdots\\a_{n-1,\,1} & a_{n-1,\,2} & \cdots & 0 & 0\\a_{n1} & 0 & \cdots & 0 & 0\end{vmatrix}$； ② $\begin{vmatrix}0 & \cdots & 0 & 1 & 0\\0 & \cdots & 2 & 0 & 0\\\vdots & & \vdots & \vdots & \vdots\\n-1 & \cdots & 0 & 0 & 0\\0 & \cdots & 0 & 0 & n\end{vmatrix}$.

(8) 求证：$\begin{vmatrix}a_{11} & a_{12} & a_{13} & a_{14} & a_{15}\\a_{21} & a_{22} & a_{23} & a_{24} & a_{25}\\a_{31} & a_{32} & 0 & 0 & 0\\a_{41} & a_{42} & 0 & 0 & 0\\a_{51} & a_{52} & 0 & 0 & 0\end{vmatrix}=0$.

(9) 设一个 n 阶行列式至少有 n^2-n+1 个元素等于0，求证：这个行列式等于0.

7.2 行列式的性质

由行列式的定义及前面的例子不难看出，利用定义只能计算低阶（二、三阶）或某些特殊的高阶行列式，对于一般的 n 阶行列式，用定义来计算非常困难，为此需要研究行列式的基本性质.

定义 将行列式 D 的行列互换，而不改变行与列的先后顺序（第一行变成第一列，第二行变成第二列等），所得到的行列式称为原行列式的转置，记作 D'.

例如，行列式 $\begin{vmatrix}1 & 3 & 1\\2 & 2 & 3\\3 & 1 & 6\end{vmatrix}$ 的转置是 $\begin{vmatrix}1 & 2 & 3\\3 & 2 & 1\\1 & 3 & 6\end{vmatrix}$.

性质1 行列式的转置与原行列式相等，即 $D'=D$.

$$\begin{vmatrix}a_{11} & a_{12} & \cdots & a_{1n}\\a_{21} & a_{22} & \cdots & a_{2n}\\\vdots & \vdots & & \vdots\\a_{n1} & a_{n2} & \cdots & a_{nn}\end{vmatrix}=\begin{vmatrix}a_{11} & a_{21} & \cdots & a_{n1}\\a_{12} & a_{22} & \cdots & a_{n2}\\\vdots & \vdots & & \vdots\\a_{1n} & a_{2n} & \cdots & a_{nn}\end{vmatrix}.$$

证明 设行列式 D 的元素为 a_{ij}，转置 D' 的元素为 b_{ij}，则有 $b_{ij}=a_{ji}$. 根据定理2，有

$$D'=\sum(-1)^t b_{1p_1}b_{2p_2}\cdots b_{np_n}=\sum(-1)^t a_{p_1 1}a_{p_2 2}\cdots a_{p_n n}=D.$$

注：在行列式中，行与列的地位是相同的. 因此，对行列式的行成立的命题，对列也同样成立.

性质2 交换行列式中两行（或列）的位置，行列式反号.

证明 交换 D 的第 h 行与第 k 行产生的新行列式记作 D_{hk}. 设 D_{hk} 的元素为 b_{ij}，则有 $b_{hj}=a_{kj}$，$b_{kj}=a_{hj}$，$j=1，2，\cdots，n$，而 D_{hk} 的其他行的元素与 D 相同. 设 n 阶行列式 D 的一般项为 $(-1)^t a_{1p_1}\cdots a_{hp_h}\cdots a_{kp_k}\cdots a_{np_n}$，其中 t 是列标排列 $p_1\cdots p_h\cdots p_k\cdots p_n$ 的逆序数. 在 D_{hk} 的定义中，与上面 D 的一般项具有相同元素的项为

$$(-1)^s b_{1p_1}\cdots b_{kp_h}\cdots b_{hp_k}\cdots b_{np_n}=(-1)^s b_{1p_1}\cdots b_{hp_k}\cdots b_{kp_h}\cdots b_{np_n},$$

其中 s 是列标排列 $p_1\cdots p_k\cdots p_h\cdots p_n$ 的逆序数. 根据定理1，这两个排列的奇偶性不同，因此相应的两项符号相反. 因为 D_{hk} 与 D 的具有相同元素的项符号都相反，所以 $D_{hk}=-D$.

推论1 若行列式中有两行（或列）相同，则该行列式为零.

性质3 用一个数乘以行列式的某一行（或列），等于用这个数乘以此行列式，即

$$\begin{vmatrix} a_{11} & a_{12} & \cdots & a_{1n} \\ \vdots & \vdots & & \vdots \\ ka_{i1} & ka_{i2} & \cdots & ka_{in} \\ \vdots & \vdots & & \vdots \\ a_{n1} & a_{n2} & \cdots & a_{nn} \end{vmatrix} = k\begin{vmatrix} a_{11} & a_{12} & \cdots & a_{1n} \\ \vdots & \vdots & & \vdots \\ a_{i1} & a_{i2} & \cdots & a_{in} \\ \vdots & \vdots & & \vdots \\ a_{n1} & a_{n2} & \cdots & a_{nn} \end{vmatrix}.$$

第 i 行（或列）乘以 k，记作 $\gamma_i\times k$（或 $c_i\times k$）.

证明 设 n 阶行列式 $D=\sum(-1)^t a_{1p_1}\cdots a_{ip_i}\cdots a_{np_n}$，用数 k 乘以其第 i 行的每个元素产生的新行列式记作 $D_i(k)$，根据定义，有

$$D_i(k)=\sum(-1)^t a_{1p_1}\cdots\left(ka_{ip_i}\right)\cdots a_{np_n}=k\sum(-1)^t a_{1p_1}\cdots a_{ip_i}\cdots a_{np_n}=kD.$$

这个性质可以看作提取行列式的一行（或列）元素的公因数.

推论2 行列式的某一行（或列）中所有元素的公因子可以提到行列式符号的外面.

推论3 若行列式中一行（或列）的元素都为零，则该行列式为零.

推论4 若行列式中有两行（或列）成比例，则该行列式为零.

性质4 若行列式中第 i 行（或列）的元素是两组数的和，则此行列式等于两个行列式的和. 其中，这两组数分别是这两个行列式第 i 行（或列）的元素，而除去第 i 行（或列）外，这两个行列式其他各行（或列）的元素与原行列式的元素是相同的. 即

$$\begin{vmatrix} a_{11} & \cdots & a_{1j} & \cdots & a_{1n} \\ \vdots & & \vdots & & \vdots \\ b_{i1}+c_{i1} & \cdots & b_{ij}+c_{ij} & \cdots & b_{in}+c_{in} \\ \vdots & & \vdots & & \vdots \\ a_{n1} & \cdots & a_{nj} & \cdots & a_{nn} \end{vmatrix}$$

$$
=\begin{vmatrix} a_{11} & \cdots & a_{1j} & \cdots & a_{1n} \\ \vdots & & \vdots & & \vdots \\ b_{i1} & \cdots & b_{ij} & \cdots & b_{in} \\ \vdots & & \cdots & & \vdots \\ a_{n1} & \cdots & a_{nj} & \cdots & a_{nn} \end{vmatrix}+\begin{vmatrix} a_{11} & \cdots & a_{1j} & \cdots & a_{1n} \\ \vdots & & \vdots & & \vdots \\ c_{i1} & \cdots & c_{ij} & \cdots & c_{in} \\ \vdots & & \vdots & & \vdots \\ a_{n1} & \cdots & a_{nj} & \cdots & a_{nn} \end{vmatrix}.
$$

证明 设 n 阶行列式 $D_1=\sum(-1)^t a_{1p_1}\cdots b_{ip_i}\cdots a_{np_n}$， $D_2=\sum(-1)^t a_{1p_1}\cdots c_{ip_i}\cdots a_{np_n}$，其中只有第 i 行不同. 将两个行列式的第 i 行求和，其他行不变产生的新行列式记作 $D_i(+)$，根据行列式定义，有

$$
\begin{aligned}
D_i(+)&=\sum(-1)^t a_{1p_1}\cdots\left(b_{ip_i}+c_{ip_i}\right)\cdots a_{np_n} \\
&=\sum(-1)^t a_{1p_1}\cdots b_{ip_i}\cdots a_{np_n}+\sum(-1)^t a_{1p_1}\cdots c_{ip_i}\cdots a_{np_n}=D_1+D_2.
\end{aligned}
$$

性质5 将行列式的某一行（或列）的倍数加到另一行（或列）上，行列式不变.

例如，以数 k 乘第 j 行加到第 i 行上，记作 r_i+kr_j，有

$$
\begin{vmatrix} a_{11} & a_{12} & \cdots & a_{1n} \\ \vdots & \vdots & & \vdots \\ a_{i1} & a_{i2} & \cdots & a_{in} \\ \vdots & \vdots & & \vdots \\ a_{j1} & a_{j2} & \cdots & a_{jn} \\ \vdots & \vdots & & \vdots \\ a_{n1} & a_{n2} & \cdots & a_{nn} \end{vmatrix}=\begin{vmatrix} a_{11} & a_{12} & \cdots & a_{1n} \\ \vdots & \vdots & & \vdots \\ a_{i1}+ka_{j1} & a_{i2}+ka_{j2} & \cdots & a_{in}+ka_{jn} \\ \vdots & \vdots & & \vdots \\ a_{j1} & a_{j2} & \cdots & a_{jn} \\ \vdots & \vdots & & \vdots \\ a_{n1} & a_{n2} & \cdots & a_{nn} \end{vmatrix}.
$$

以数 k 乘第 j 列加到第 i 列上，记作 c_i+kc_j.

例1 计算行列式 $\begin{vmatrix} 1 & 2 & 0 & 1 \\ 1 & 3 & 5 & 0 \\ 0 & 1 & 5 & 6 \\ 1 & 2 & 3 & 4 \end{vmatrix}$.

解

$$
\begin{vmatrix} 1 & 2 & 0 & 1 \\ 1 & 3 & 5 & 0 \\ 0 & 1 & 5 & 6 \\ 1 & 2 & 3 & 4 \end{vmatrix}=\begin{vmatrix} 1 & 2 & 0 & 1 \\ 0 & 1 & 5 & -1 \\ 0 & 1 & 5 & 6 \\ 0 & 0 & 3 & 3 \end{vmatrix}=\begin{vmatrix} 1 & 2 & 0 & 1 \\ 0 & 1 & 5 & -1 \\ 0 & 0 & 0 & 7 \\ 0 & 0 & 3 & 3 \end{vmatrix}=-\begin{vmatrix} 1 & 2 & 0 & 1 \\ 0 & 1 & 5 & -1 \\ 0 & 0 & 3 & 3 \\ 0 & 0 & 0 & 7 \end{vmatrix}=-21.
$$

注：用性质将行列式变成三角行列式，再用定义计算. 这种方法称为消元法.

例2 计算行列式 $\begin{vmatrix} 3 & 1 & 1 & 1 \\ 1 & 3 & 1 & 1 \\ 1 & 1 & 3 & 1 \\ 1 & 1 & 1 & 3 \end{vmatrix}$.

解 先将下面各行加到第一行，提取第一行的公因数6，再用下面各行分别减去第一行，得

$$\begin{vmatrix}3&1&1&1\\1&3&1&1\\1&1&3&1\\1&1&1&3\end{vmatrix}=\begin{vmatrix}6&6&6&6\\1&3&1&1\\1&1&3&1\\1&1&1&3\end{vmatrix}=6\begin{vmatrix}1&1&1&1\\1&3&1&1\\1&1&3&1\\1&1&1&3\end{vmatrix}=6\begin{vmatrix}1&1&1&1\\0&2&0&0\\0&0&2&0\\0&0&0&2\end{vmatrix}=48.$$

注：如果行列式的列和（或行和）相等，常使用上述技巧.

例3　计算行列式$\begin{vmatrix}1+x&1&1&1\\1&1-x&1&1\\1&1&1+y&1\\1&1&1&1-y\end{vmatrix}$.

解　用第一列减第二列，提取x；第三列减第四列，提取y. 再用第二列和第四列分别减第一列和第三列，得

$$\begin{vmatrix}1+x&1&1&1\\1&1-x&1&1\\1&1&1+y&1\\1&1&1&1-y\end{vmatrix}=\begin{vmatrix}x&1&0&1\\x&1-x&0&1\\0&1&y&1\\0&1&y&1-y\end{vmatrix}$$

$$=xy\begin{vmatrix}1&1&0&1\\1&1-x&0&1\\0&1&1&1\\0&1&1&1-y\end{vmatrix}=xy\begin{vmatrix}1&0&0&0\\1&-x&0&0\\0&0&1&0\\0&0&1&-y\end{vmatrix}=x^2y^2.$$

注：计算时需要仔细观察行列式的结构，才能找到最简捷的方法.

习题7.2

（1）求证$\begin{vmatrix}ax+by&ay+bz&az+bx\\ay+bz&az+bx&ax+by\\az+bx&ax+by&ay+bz\end{vmatrix}=\left(a^3+b^3\right)\begin{vmatrix}x&y&z\\y&z&x\\z&x&y\end{vmatrix}$.

（2）计算行列式$\begin{vmatrix}-ab&ac&ae\\bd&-\mathrm{cd}&de\\bf&cf&-ef\end{vmatrix}$.

（3）计算下列行列式：

①$\begin{vmatrix}a^2&(a+1)^2&(a+2)^2&(a+3)^2\\b^2&(b+1)^2&(b+2)^2&(b+3)^2\\c^2&(c+1)^2&(c+2)^2&(c+3)^2\\d^2&(d+1)^2&(d+2)^2&(d+3)^2\end{vmatrix}$；　　②$\begin{vmatrix}1&2&2&\cdots&2\\2&2&2&\cdots&2\\2&2&3&\cdots&2\\\vdots&\vdots&\vdots&&\vdots\\2&2&2&\cdots&n\end{vmatrix}$.

（4）求t的值，使得行列式$\begin{vmatrix}1&1&1\\2&3&t\\3&6&2t\end{vmatrix}=2$.

（5）计算下列行列式：

$$①\begin{vmatrix} 1 & 2 & 3 & 4 \\ 2 & 3 & 4 & 1 \\ 3 & 4 & 1 & 2 \\ 4 & 1 & 2 & 3 \end{vmatrix};\qquad ②\begin{vmatrix} 0 & -1 & -1 & 2 \\ 1 & -1 & 0 & 2 \\ -1 & 2 & -1 & 0 \\ 2 & 1 & 1 & 0 \end{vmatrix}.$$

（6）计算行列式 $\begin{vmatrix} a_0 & 1 & 1 & \cdots & 1 \\ 1 & a_1 & 0 & \cdots & 0 \\ 1 & 0 & a_2 & \cdots & 0 \\ \vdots & \vdots & \vdots & & \vdots \\ 1 & 0 & 0 & \cdots & a_n \end{vmatrix}$，其中 $a_1a_2\cdots a_n\neq 0$.

（7）用两种方法计算行列式 $\begin{vmatrix} a & c & b \\ b & a & c \\ c & b & a \end{vmatrix}$，从而证明因式分解：

$$a^3+b^3+c^3-3abc=(a+b+c)(a^2+b^2+c^2-ab-ac-bc).$$

（8）计算行列式 $\begin{vmatrix} a_1-b_1 & a_1-b_2 & \cdots & a_1-b_n \\ a_2-b_1 & a_2-b_2 & \cdots & a_2-b_n \\ \vdots & \vdots & & \vdots \\ a_n-b_1 & a_n-b_2 & \cdots & a_n-b_n \end{vmatrix}$，其中 $n>2$.

（9）计算 n 阶行列式

$$D_n=\begin{vmatrix} a & b & b & \cdots & b \\ b & a & b & \cdots & b \\ b & b & a & \cdots & b \\ \vdots & \vdots & \vdots & & \vdots \\ b & b & b & \cdots & a \end{vmatrix}.$$

（10）计算行列式 $D_{2n}=\begin{vmatrix} a & & & & & & b \\ & a & & & & b & \\ & & \ddots & & \iddots & & \\ & & & a & b & & \\ & & & b & a & & \\ & & \iddots & & & \ddots & \\ & b & & & & & a \\ b & & & & & & a \end{vmatrix}$，其中未写出的元素都等于0.

7.3 行列式的展开定理

在行列式的计算中，计算低阶的行列式比计算高阶的行列式要简便. 本节主要介绍行列式的展开定理，这不仅能简化行列式的实际计算，而且在理论上也有重要价值.

定义 在 n 阶行列式中，把元素 a_{ij} 所在的第 i 行和第 j 列划去后，余下的（$n-1$）阶行列式，称为元素 a_{ij} 的余子式，记作 M_{ij}；再记

$$A_{ij}=(-1)^{i+j}M_{ij},$$

称 A_{ij} 为元素 a_{ij} 的代数余子式.

例如，对三阶行列式

$$\begin{vmatrix} a_{11} & a_{12} & a_{13} \\ a_{21} & a_{22} & a_{23} \\ a_{31} & a_{32} & a_{33} \end{vmatrix}$$

元素 a_{12} 的余子式和代数余子式分别为

$$M_{12}=\begin{vmatrix} a_{21} & a_{23} \\ a_{31} & a_{33} \end{vmatrix},$$

$$A_{12}=(-1)^{1+2}M_{12}=-M_{12}=-\begin{vmatrix} a_{21} & a_{23} \\ a_{31} & a_{33} \end{vmatrix}.$$

有了定义1，三阶行列式可以写成

$$\begin{vmatrix} a_{11} & a_{12} & a_{13} \\ a_{21} & a_{22} & a_{23} \\ a_{31} & a_{32} & a_{33} \end{vmatrix}=a_{11}M_{11}-a_{12}M_{12}+a_{13}M_{13}$$
$$=a_{11}A_{11}+a_{12}A_{12}+a_{13}A_{13}.$$

引理 一个 n 阶行列式 D，若其中第 i 行（或第 j 列）所有元素除 a_{ij} 外都为零，则该行列式等于 a_{ij} 与它的代数余子式的乘积，即

$$D=a_{ij}A_{ij}.$$

定理 行列式等于它的任一行（或列）的所有元素分别与其对应的代数余子式乘积之和，即

$$D=a_{i1}A_{i1}+a_{i2}A_{i2}+\cdots+a_{in}A_{in}\quad (i=1,\ 2,\ \cdots,\ n),$$

或

$$D=a_{1j}A_{1j}+a_{2j}A_{2j}+\cdots+a_{nj}A_{nj}\quad (j=1,\ 2,\ \cdots,\ n).$$

推论 行列式的任一行（或列）的元素与另一行（或列）的对应元素的代数余子式乘积之和等于零，即

$$a_{i1}A_{j1}+a_{i2}A_{j2}+\cdots+a_{in}A_{jn}=0\quad (i\neq j)$$

或

$$a_{1i}A_{1j}+a_{2i}A_{2j}+\cdots+a_{ni}A_{nj}=0\quad (i\neq j).$$

上述定理和推论合起来，称为行列式按行（或列）展开定理.

可以利用定理1来计算一些简单的行列式.

例1 计算行列式

$$D=\begin{vmatrix} 1 & 2 & 3 & 4 \\ 1 & 0 & 1 & 2 \\ 3 & -1 & -1 & 0 \\ 1 & 2 & 0 & 5 \end{vmatrix}.$$

解 因为 D 中第二行的数字比较简单，所以选择 D 的第二行.

$$D\xlongequal[c_4-2c_1]{c_3-c_1}\begin{vmatrix}1&2&2&2\\1&0&0&0\\3&-1&-4&-6\\1&2&-1&-7\end{vmatrix}\xlongequal[\text{展开}]{\text{按第二行}}(-1)^{2+1}\begin{vmatrix}2&2&2\\-1&-4&-6\\2&-1&-7\end{vmatrix}$$

$$=2\begin{vmatrix}1&1&1\\1&4&6\\2&-1&-7\end{vmatrix}\xlongequal[c_3-c_1]{c_2-c_1}2\begin{vmatrix}1&0&0\\1&3&5\\2&-3&-9\end{vmatrix}$$

$$=2\begin{vmatrix}3&5\\-3&-9\end{vmatrix}=2(-27+15)=-24.$$

例2 计算行列式 $\begin{vmatrix}0&3&4&2\\0&0&7&6\\2&4&3&1\\0&0&5&0\end{vmatrix}$.

解 先按照第四行展开，得

$$\begin{vmatrix}0&3&4&2\\0&0&7&6\\2&4&3&1\\0&0&5&0\end{vmatrix}=(-1)^{4+3}5\begin{vmatrix}0&3&2\\0&0&6\\2&4&1\end{vmatrix}=-10\begin{vmatrix}3&2\\0&6\end{vmatrix}=-180.$$

例3 计算 n 阶行列式

$$D_n=\begin{vmatrix}a&b&0&\cdots&0&0\\0&a&b&\cdots&0&0\\\vdots&\vdots&\vdots&&\vdots&\vdots\\0&0&0&\cdots&a&b\\b&0&0&\cdots&0&a\end{vmatrix}.$$

解 将 D_n 按第一列展开，则有

$$D_n=a\begin{vmatrix}a&b&\cdots&0&0\\0&a&\cdots&0&0\\\vdots&\vdots&&\vdots&\vdots\\0&0&\cdots&a&b\\0&0&\cdots&0&a\end{vmatrix}_{(n-1)}+(-1)^{n+1}b\begin{vmatrix}b&0&\cdots&0&0\\a&b&\cdots&0&0\\\vdots&\vdots&&\vdots&\vdots\\0&0&\cdots&b&0\\0&0&\cdots&a&b\end{vmatrix}_{(n-1)}$$

$$=a\cdot a^{n-1}+(-1)^{n+1}b\cdot b^{n-1}=a^n+(-1)^{n+1}b^n.$$

例4 证明范德蒙德（Vandermonde）行列式

$$D_n=\begin{vmatrix}1&1&\cdots&1\\x_1&x_2&\cdots&x_n\\x_1^2&x_2^2&\cdots&x_n^2\\\vdots&\vdots&&\vdots\\x_1^{n-1}&x_2^{n-1}&\cdots&x_n^{n-1}\end{vmatrix}=\prod_{n\geqslant i>j\geqslant 1}(x_i-x_j),$$

其中记号“Π”表示全体同类因子的乘积.

证明 用数学归纳法. 因为

$$D_2=\begin{vmatrix}1 & 1\\ x_1 & x_2\end{vmatrix}=x_2-x_1=\prod_{2\geqslant i>j\geqslant 1}(x_i-x_j),$$

所以，当 $n=2$ 时，公式成立. 现假设公式对于（$n-1$）阶范德蒙德行列式成立，要证对 n 阶范德蒙德行列式也成立.

对 D_n 降阶：从第 n 行开始，后行减去前行的 x_1 倍，有

$$D_n=\begin{vmatrix}1 & 1 & 1 & \cdots & 1\\ 0 & x_2-x_1 & x_3-x_1 & \cdots & x_n-x_1\\ 0 & x_2(x_2-x_1) & x_3(x_3-x_1) & \cdots & x_n(x_n-x_1)\\ \vdots & \vdots & \vdots & & \vdots\\ 0 & x_2^{n-2}(x_2-x_1) & x_3^{n-2}(x_3-x_1) & \cdots & x_n^{n-2}(x_n-x_1)\end{vmatrix}.$$

按第一列展开，并把每列的公因子 (x_i-x_1)（$i=2，3，\cdots，n$）提出，得到

$$D_n=(x_2-x_1)(x_3-x_1)\cdots(x_n-x_1)\begin{vmatrix}1 & 1 & \cdots & 1\\ x_2 & x_3 & \cdots & x_n\\ \vdots & \vdots & & \vdots\\ x_2^{n-2} & x_3^{n-2} & \cdots & x_n^{n-2}\end{vmatrix}.$$

上式右端的行列式是（$n-1$）阶范德蒙德行列式，由归纳假设，它等于所有因子 (x_i-x_j)（$n\geqslant i>j\geqslant 2$）乘积. 故

$$D_n=(x_2-x_1)(x_3-x_1)\cdots(x_n-x_1)\prod_{n\geqslant i>j\geqslant 2}(x_i-x_j)=\prod_{n\geqslant i>j\geqslant 1}(x_i-x_j).$$

范德蒙德行列式为零的充分必要条件是 $x_1，x_2，\cdots，x_n$ 这 n 个数中至少有两个相等. 另外，还可以直接计算行列式，如

$$\begin{vmatrix}1 & 1 & 1 & 1\\ 2 & 3 & 4 & 5\\ 2^2 & 3^2 & 4^2 & 5^2\\ 2^3 & 3^3 & 4^3 & 5^3\end{vmatrix}=(5-4)(5-3)(5-2)(4-3)(4-2)(3-2)=12.$$

习题7.3

（1）计算行列式 $D=\begin{vmatrix}1 & 2 & 0 & 1\\ 1 & 3 & 1 & -1\\ -1 & 0 & 2 & 1\\ 3 & -1 & 0 & 1\end{vmatrix}$ 的第二行所有元素的余子式与代数余子式.

（2）计算行列式 $D_n=\begin{vmatrix}x & y & 0 & \cdots & 0 & 0\\ 0 & x & y & \cdots & 0 & 0\\ 0 & 0 & x & \cdots & 0 & 0\\ \vdots & \vdots & \vdots & & \vdots & \vdots\\ 0 & 0 & 0 & \cdots & x & y\\ y & 0 & 0 & \cdots & 0 & x\end{vmatrix}$.

（3）求证 $D_{n+1}=\begin{vmatrix} x & -1 & 0 & \cdots & 0 & 0 \\ 0 & x & -1 & \cdots & 0 & 0 \\ 0 & 0 & x & \cdots & 0 & 0 \\ \vdots & \vdots & \vdots & & \vdots & \vdots \\ 0 & 0 & 0 & \cdots & x & -1 \\ a_n & a_{n-1} & a_{n-2} & \cdots & a_1 & a_0 \end{vmatrix}=a_0x^n+a_1x^{n-1}+\cdots+a_{n-1}x+a_n.$

（4）求证 $D_n=\begin{vmatrix} 2 & 1 & 0 & \cdots & 0 & 0 \\ 1 & 2 & 1 & \cdots & 0 & 0 \\ 0 & 1 & 2 & \cdots & 0 & 0 \\ \vdots & \vdots & \vdots & & \vdots & \vdots \\ 0 & 0 & 0 & \cdots & 2 & 1 \\ 0 & 0 & 0 & \cdots & 1 & 2 \end{vmatrix}=n+1.$

（5）设常数 a，b，c 两两不等，解方程 $f(x)=\begin{vmatrix} 1 & 1 & 1 & 1 \\ a & b & c & x \\ a^2 & b^2 & c^2 & x^2 \\ a^3 & b^3 & c^3 & x^3 \end{vmatrix}=0.$

（6）求证 $D_n=\begin{vmatrix} 1 & 1 & 1 & \cdots & 1 \\ x_1 & x_2 & x_3 & \cdots & x_n \\ \vdots & \vdots & \vdots & & \vdots \\ x_1^{n-2} & x_2^{n-2} & x_3^{n-2} & \cdots & x_n^{n-2} \\ x_1^n & x_2^n & x_3^n & \cdots & x_n^n \end{vmatrix}=\prod\limits_{j<i}(x_i-x_j)\sum\limits_{k=1}^{n}x_k.$

（7）求证 $D_n=\begin{vmatrix} 1+a_1 & 1 & 1 & \cdots & 1 \\ 1 & 1+a_2 & 1 & \cdots & 1 \\ 1 & 1 & 1+a_3 & \cdots & 1 \\ \vdots & \vdots & \vdots & & \vdots \\ 1 & 1 & 1 & \cdots & 1+a_n \end{vmatrix}=a_1a_2\cdots a_n\left(1+\sum\limits_{i=1}^{n}\dfrac{1}{a_i}\right)$，其中 $a_1a_2\cdots a_n\neq 0$.

第8章 矩 阵

矩阵是线性代数的一个重要内容，它不仅是线性代数的主要研究对象，而且是线性代数处理问题的主要工具之一. 矩阵的理论和方法几乎贯穿线性代数的始终，它在自然科学的各个领域及经济管理、经济分析中有着广泛的应用.

本章介绍了矩阵的概念、运算，逆矩阵的概念、性质，分块矩阵的概念、运算，以及初等矩阵和矩阵的秩.

8.1 矩阵及其运算

8.1.1 矩阵的概念

定义1 由 $m\times n$ 个数排成 m 行（横向）、n 列（纵向）的数表

$$\begin{matrix} a_{11} & a_{12} & \cdots & a_{1n} \\ a_{21} & a_{22} & \cdots & a_{2n} \\ \vdots & \vdots & & \vdots \\ a_{m1} & a_{m2} & \cdots & a_{mn} \end{matrix}$$

称为 $m\times n$ 矩阵，记作

$$\boldsymbol{A}=\begin{pmatrix} a_{11} & a_{12} & \cdots & a_{1n} \\ a_{21} & a_{22} & \cdots & a_{2n} \\ \vdots & \vdots & & \vdots \\ a_{m1} & a_{m2} & \cdots & a_{mn} \end{pmatrix},$$

简记为 $\boldsymbol{A}=\boldsymbol{A}_{m\times n}=\left(a_{ij}\right)_{m\times n}$ 或 $\boldsymbol{A}=\left(a_{ij}\right)_{m\times n}$，这 $m\times n$ 个数称为矩阵 $\boldsymbol{A}$ 的元素，简记为元. 其中 a_{ij} 为 $\boldsymbol{A}$ 的第 i 行第 j 列的元素.

例如，

$$\begin{pmatrix} 17 & 7 & 11 & 21 \\ 15 & 9 & 13 & 19 \\ 18 & 8 & 15 & 19 \end{pmatrix}$$

是3行4列的矩阵（外加方括号或圆括号），就称它为 3×4 的矩阵. 3×4 是一个记号，表明矩阵有3行4列.

注：(1) 行列式是算式，其行列数必须相同；矩阵是数表，其行列数可不同.

(2) 元素为实数的矩阵称为实矩阵，元素为复数的矩阵称为复矩阵，本章中所讲的矩阵除特别说明外，均指实矩阵.

定义 2 两个矩阵的行数相等、列数也相等时，称为同型矩阵.

例如，$\begin{pmatrix} 1 & -1 & 0 \\ 2 & 3 & -4 \end{pmatrix}$与$\begin{pmatrix} 0 & -1 & 2 \\ 4 & -5 & 3 \end{pmatrix}$是同型矩阵.

定义 3 设矩阵 $\boldsymbol{A}=(a_{ij})_{m\times n}$，$\boldsymbol{B}=(b_{ij})_{m\times n}$ 为同型矩阵，若

$$a_{ij}=b_{ij}\ (i=1,\ 2,\ \cdots,\ m;\ j=1,\ 2,\ \cdots,\ n),$$

则称矩阵 $\boldsymbol{A}$ 与 $\boldsymbol{B}$ 相等，记为 $\boldsymbol{A}=\boldsymbol{B}$.

例如，当$\begin{pmatrix} x & -1 & -8 \\ 0 & y & 4 \end{pmatrix}=\begin{pmatrix} 3 & -1 & z \\ 0 & 2 & 4 \end{pmatrix}$时，$x=3$，$y=2$，$z=-8$.

8.1.2 常用的特殊矩阵

(1) 行矩阵：只有一行的矩阵

$$\boldsymbol{A}=(a_1 \quad a_2 \quad \cdots \quad a_n)$$

称为行矩阵，又称行向量. 为避免元素间的混淆，行矩阵也可记作

$$\boldsymbol{A}=(a_1,\ a_2,\ \cdots,\ a_n).$$

(2) 列矩阵：只有一列的矩阵

$$\boldsymbol{B}=\begin{pmatrix} b_1 \\ b_2 \\ \vdots \\ b_m \end{pmatrix}$$

称为列矩阵，又称列向量.

(3) 零矩阵：所有元素都等于0的矩阵，称为零矩阵，记作 $\boldsymbol{O}$.

注：不同型的零矩阵是不同的.

例如，$(2 \quad 3 \quad 5 \quad 9)$ 为 1×4 矩阵，是行矩阵；

$\begin{pmatrix} 1 \\ 2 \\ 4 \end{pmatrix}$为 3×1 矩阵，是列矩阵.

$(0 \quad 0 \quad 0 \quad 0)$ 为 1×4 零矩阵，$\begin{pmatrix} 0 & 0 & 0 & 0 \\ 0 & 0 & 0 & 0 \\ 0 & 0 & 0 & 0 \\ 0 & 0 & 0 & 0 \end{pmatrix}$为 4×4 零矩阵，但

$$\begin{pmatrix} 0 & 0 & 0 & 0 \\ 0 & 0 & 0 & 0 \\ 0 & 0 & 0 & 0 \\ 0 & 0 & 0 & 0 \end{pmatrix}\neq(0 \quad 0 \quad 0 \quad 0).$$

（4）n 阶方阵：当 $m=n$ 时，称 $\boldsymbol{A}=\left(a_{ij}\right)_{m\times n}$ 为 $n\times n$ 矩阵或 n 阶方阵，有时用 $\boldsymbol{A}_n$ 表示.

1阶矩阵被当作“数”（即“元素”本身）对待.

（5）上（或下）三角阵：设 n 阶方阵 $\boldsymbol{A}=\left(a_{ij}\right)_{n\times n}$，若 $i>j$ 时，$a_{ij}=0\,(i,\ j=1,\ 2,\ \cdots,\ n)$，则称 $\boldsymbol{A}$ 为上三角阵；若 $i<j$ 时，$a_{ij}=0\,(i,\ j=1,\ 2,\ \cdots,\ n)$，则称 $\boldsymbol{A}$ 为下三角阵.

例如，$\begin{pmatrix}1 & 2 & 3\\ 0 & 5 & 6\\ 0 & 0 & 9\end{pmatrix}$ 是一上三角形阵，$\begin{pmatrix}1 & 0 & 0\\ 4 & 5 & 0\\ 7 & 8 & 9\end{pmatrix}$ 是一下三角形阵.

（6）对角矩阵：既是上三角阵又是下三角阵的矩阵称为对角矩阵，简称对角阵. 对角矩阵

$$\boldsymbol{\Lambda}=\begin{pmatrix}a_1 & & & \\ & a_2 & & \\ & & \ddots & \\ & & & a_n\end{pmatrix}$$

可简记为

$$\boldsymbol{\Lambda}=\mathrm{diag}(a_1,\ a_2,\ \cdots,\ a_n).$$

（7）数量矩阵（又称标量阵）：对角阵 $\boldsymbol{\Lambda}=\mathrm{diag}(a_1,\ a_2,\ \cdots,\ a_n)$ 中，若 $a_i=k$（$i=1,\ 2,\ \cdots,\ n$），则称为数量矩阵. 简记为

$$k\boldsymbol{E}_n=\begin{pmatrix}k & & & \\ & k & & \\ & & \ddots & \\ & & & k\end{pmatrix}.$$

（8）单位矩阵：数量矩阵中 $k=1$ 的矩阵称为单位矩阵，简称单位阵，记作 $\boldsymbol{I}$ 或 $\boldsymbol{E}$，即

$$\boldsymbol{E}=\begin{pmatrix}1 & & & \\ & 1 & & \\ & & \ddots & \\ & & & 1\end{pmatrix}.$$

例如，$\begin{pmatrix}1 & 0 & 0\\ 0 & 5 & 0\\ 0 & 0 & 9\end{pmatrix}$ 为3阶对角阵，$\begin{pmatrix}5 & 0 & 0\\ 0 & 5 & 0\\ 0 & 0 & 5\end{pmatrix}$ 为3阶数量矩阵，$\begin{pmatrix}1 & 0 & 0\\ 0 & 1 & 0\\ 0 & 0 & 1\end{pmatrix}$ 为3阶单位阵.

（9）对称矩阵：满足条件 $a_{ij}=a_{ji}$（$i,\ j=1,\ 2,\ \cdots,\ n$）的方阵 $\boldsymbol{A}=\left(a_{ij}\right)$ 称为对称矩阵，简称对称阵. 其特点是：它的元素以主对角线为对称轴对应相等.

（10）反对称矩阵：满足条件 $a_{ij}=-a_{ji}$（$i,\ j=1,\ 2,\ \cdots,\ n$）的方阵 $\boldsymbol{A}=\left(a_{ij}\right)$ 称为反对称矩阵，简称反对称阵. 其特点是：它的元素以主对角线为对称轴对应相反.

例如，$\begin{pmatrix}-1&2&-3\\2&0&5\\-3&5&4\end{pmatrix}$为对称阵，$\begin{pmatrix}0&2&-3\\-2&0&5\\3&-5&0\end{pmatrix}$为反对称阵.

8.1.3 矩阵的运算

8.1.3.1 矩阵的加法

定义4 设两个矩阵 $\boldsymbol{A}=(a_{ij})_{m\times n}$，$\boldsymbol{B}=(b_{ij})_{m\times n}$，定义 $\boldsymbol{A}$ 与 $\boldsymbol{B}$ 的和为

$$\boldsymbol{A}+\boldsymbol{B}=(a_{ij}+b_{ij})_{m\times n},$$

即

$$\boldsymbol{A}+\boldsymbol{B}=\begin{pmatrix}a_{11}+b_{11}&a_{12}+b_{12}&\cdots&a_{1n}+b_{1n}\\a_{21}+b_{21}&a_{22}+b_{22}&\cdots&a_{2n}+b_{2n}\\\vdots&\vdots&&\vdots\\a_{m1}+b_{m1}&a_{m2}+b_{m2}&\cdots&a_{mn}+b_{mn}\end{pmatrix}.$$

注：只有当两个矩阵是同型矩阵时，才能进行加法运算.

例1 设矩阵 $\boldsymbol{A}=\begin{pmatrix}3&0&-4\\-2&5&-1\end{pmatrix}$，$\boldsymbol{B}=\begin{pmatrix}-2&3&4\\0&-3&1\end{pmatrix}$，求 $\boldsymbol{A}+\boldsymbol{B}$，$\boldsymbol{A}-\boldsymbol{B}$.

解
$$\boldsymbol{A}+\boldsymbol{B}=\begin{pmatrix}3&0&-4\\-2&5&-1\end{pmatrix}+\begin{pmatrix}-2&3&4\\0&-3&1\end{pmatrix}=\begin{pmatrix}1&3&0\\-2&2&0\end{pmatrix},$$

$$\boldsymbol{A}-\boldsymbol{B}=\begin{pmatrix}3&0&-4\\-2&5&-1\end{pmatrix}-\begin{pmatrix}-2&3&4\\0&-3&1\end{pmatrix}=\begin{pmatrix}5&-3&-8\\-2&8&-2\end{pmatrix}.$$

注：$\boldsymbol{C}=\begin{pmatrix}1&2\\3&4\end{pmatrix}$与 $\boldsymbol{A}$，$\boldsymbol{B}$ 则不能进行加法运算，可见，只有同型矩阵才能进行加减法运算.

对 $\boldsymbol{A}=(a_{ij})_{m\times n}$，记 $-\boldsymbol{A}=(-a_{ij})_{m\times n}$，称为 $\boldsymbol{A}$ 的负矩阵. 有以下结论：

（1）$\boldsymbol{A}+(-\boldsymbol{A})=\boldsymbol{O}$；

（2）规定矩阵的减法为

$$\boldsymbol{A}-\boldsymbol{B}=\boldsymbol{A}+(-\boldsymbol{B}).$$

矩阵加法运算律（设 $\boldsymbol{A}$，$\boldsymbol{B}$，$\boldsymbol{C}$ 都是 $m\times n$ 矩阵）.

（1）$\boldsymbol{A}+\boldsymbol{B}=\boldsymbol{B}+\boldsymbol{A}$；

（2）$(\boldsymbol{A}+\boldsymbol{B})+\boldsymbol{C}=\boldsymbol{A}+(\boldsymbol{B}+\boldsymbol{C})$；

（3）$\boldsymbol{A}+\boldsymbol{O}=\boldsymbol{A}$；

（4）$\boldsymbol{A}+(-\boldsymbol{A})=\boldsymbol{O}$.

8.1.3.2 矩阵的数乘

定义5 设矩阵 $\boldsymbol{A}=(a_{ij})_{m\times n}$，$\lambda$ 为数，数 λ 与矩阵 $\boldsymbol{A}$ 的乘积定义为 $\lambda\boldsymbol{A}=(\lambda a_{ij})_{m\times n}$，或记为 $\boldsymbol{A}\lambda$. 即

$$\lambda A = A\lambda = \begin{pmatrix} \lambda a_{11} & \lambda a_{12} & \cdots & \lambda a_{1n} \\ \lambda a_{21} & \lambda a_{22} & \cdots & \lambda a_{2n} \\ \vdots & \vdots & & \vdots \\ \lambda a_{m1} & \lambda a_{m1} & \cdots & \lambda a_{mn} \end{pmatrix}.$$

例2 $A=\begin{bmatrix} 1 & -2 \\ 2 & 0 \\ 1 & 3 \end{bmatrix}$，$B=\begin{bmatrix} 1 & -2 \\ 3 & 2 \\ -1 & -2 \end{bmatrix}$，求 $5A-4B$.

解 先作矩阵的数乘运算$5A$和$4B$，然后求矩阵$5A$和$4B$的差.

因为，$5A=\begin{bmatrix} 5\times1 & 5\times(-2) \\ 5\times2 & 5\times0 \\ 5\times1 & 5\times3 \end{bmatrix}=\begin{bmatrix} 5 & -10 \\ 10 & 0 \\ 5 & 15 \end{bmatrix}$，$4B=\begin{bmatrix} 4\times1 & 4\times(-2) \\ 4\times3 & 4\times2 \\ 4\times(-1) & 4\times(-2) \end{bmatrix}=\begin{bmatrix} 4 & -8 \\ 12 & 8 \\ -4 & -8 \end{bmatrix}$，

所以，$5A-4B=\begin{bmatrix} 5 & -10 \\ 10 & 0 \\ 5 & 15 \end{bmatrix}-\begin{bmatrix} 4 & -8 \\ 12 & 8 \\ -4 & -8 \end{bmatrix}=\begin{bmatrix} 1 & -2 \\ -2 & -8 \\ 9 & 23 \end{bmatrix}$.

矩阵数乘的运算律（设A和B都是$m\times n$矩阵，λ和μ为数）.

（1）$1\cdot A=A$；

（2）$(\lambda\mu)A=\lambda(\mu A)$；

（3）$(\lambda+\mu)A=\lambda A+\mu A$；

（4）$\lambda(A+B)=\lambda A+\lambda B$.

矩阵的加法与矩阵的数乘运算统称为矩阵的线性运算.

8.1.3.3 矩阵与矩阵相乘

定义6 设 $A=(a_{ik})_{m\times l}$，$B=(b_{kj})_{l\times n}$，定义矩阵 $C=(c_{ij})_{m\times n}$，其中

$$c_{ij}=\sum_{k=1}^{l}a_{ik}b_{kj}=a_{i1}b_{1j}+a_{i2}b_{2j}+\cdots+a_{il}b_{lj}\quad (i=1,\ 2,\ \cdots,\ m;\ j=1,\ 2,\ \cdots,\ n)$$

为矩阵A左乘矩阵B之积，记作$C=AB$.

乘积矩阵$AB=C$的第i行第j列元素c_{ij}就是A的第i行元素与B的第j列对应元素的乘积之和.

例3 $A=\begin{pmatrix} 1 & 2 \\ 3 & 4 \\ 5 & 6 \end{pmatrix}_{3\times2}$，$B=\begin{pmatrix} 1 & 2 \\ 3 & 4 \end{pmatrix}_{2\times2}$，求$AB$.

解 $AB=\begin{pmatrix} 1 & 2 \\ 3 & 4 \\ 5 & 6 \end{pmatrix}\begin{pmatrix} 1 & 2 \\ 3 & 4 \end{pmatrix}=\begin{pmatrix} 1\times1+2\times3 & 1\times2+2\times4 \\ 3\times1+4\times3 & 3\times2+4\times4 \\ 5\times1+6\times3 & 5\times2+6\times4 \end{pmatrix}=\begin{pmatrix} 7 & 10 \\ 15 & 22 \\ 23 & 34 \end{pmatrix}_{3\times2}$.

注：（1）只有当第一个矩阵的列数等于第二个矩阵的行数时，两个矩阵才能相乘；

（2）乘积矩阵$AB=C$的第i行第j列元素c_{ij}就是A的第i行元素与B的第j列对应元素的乘积之和.

矩阵乘法的运算律（假设运算都是可行的）.

（1）$(\boldsymbol{AB})\boldsymbol{C}=\boldsymbol{A}(\boldsymbol{BC})$;

（2）$(\lambda\boldsymbol{A})\boldsymbol{B}=\boldsymbol{A}(\lambda\boldsymbol{B})=\lambda(\boldsymbol{AB})$;

（3）$\boldsymbol{A}(\boldsymbol{B}+\boldsymbol{C})=\boldsymbol{AB}+\boldsymbol{AC}$;

（4）$(\boldsymbol{A}+\boldsymbol{B})\boldsymbol{C}=\boldsymbol{AC}+\boldsymbol{BC}$.

例4 设 $\boldsymbol{A}=\begin{pmatrix}a_{11}&a_{12}&a_{13}\\a_{21}&a_{22}&a_{23}\end{pmatrix}$，$\boldsymbol{E}_3=\begin{pmatrix}1&0&0\\0&1&0\\0&0&1\end{pmatrix}$，$\boldsymbol{E}_2=\begin{pmatrix}1&0\\0&1\end{pmatrix}$. 求 $\boldsymbol{AE}_3$ 与 $\boldsymbol{E}_2\boldsymbol{A}$.

解 $\boldsymbol{AE}_3=\begin{pmatrix}a_{11}&a_{12}&a_{13}\\a_{21}&a_{22}&a_{23}\end{pmatrix}\begin{pmatrix}1&0&0\\0&1&0\\0&0&1\end{pmatrix}=\begin{pmatrix}a_{11}&a_{12}&a_{13}\\a_{21}&a_{22}&a_{23}\end{pmatrix}=\boldsymbol{A}$,

$\boldsymbol{E}_2\boldsymbol{A}=\begin{pmatrix}1&0\\0&1\end{pmatrix}\begin{pmatrix}a_{11}&a_{12}&a_{13}\\a_{21}&a_{22}&a_{23}\end{pmatrix}=\begin{pmatrix}a_{11}&a_{12}&a_{13}\\a_{21}&a_{22}&a_{23}\end{pmatrix}=\boldsymbol{A}$.

由此例可归纳：对于单位矩阵 $\boldsymbol{E}$，有

$$\boldsymbol{A}_{m\times n}\boldsymbol{E}_n=\boldsymbol{A}_{m\times n},\ \boldsymbol{E}_m\boldsymbol{A}_{m\times n}=\boldsymbol{A}_{m\times n},$$

或简写为

$$\boldsymbol{EA}=\boldsymbol{AE}=\boldsymbol{A}.$$

可见，单位矩阵 $\boldsymbol{E}$ 在矩阵乘法中的作用类似于数1.

关于矩阵的乘法，还要注意以下三点：

（1）矩阵乘法不满足交换律，即在一般情形下，$\boldsymbol{AB}\neq\boldsymbol{BA}$.

例如，设 $\boldsymbol{A}=\begin{pmatrix}1&1\\-1&-1\end{pmatrix}$，$\boldsymbol{B}=\begin{pmatrix}1&-1\\-1&1\end{pmatrix}$，则

$$\boldsymbol{AB}=\begin{pmatrix}0&0\\0&0\end{pmatrix},\ \boldsymbol{BA}=\begin{pmatrix}2&2\\-2&-2\end{pmatrix},\quad \boldsymbol{AB}\neq\boldsymbol{BA}.$$

（2）非零矩阵相乘，可能是零矩阵，即由 $\boldsymbol{AB}=\boldsymbol{O}$，不能推出 $\boldsymbol{A}=\boldsymbol{O}$ 或 $\boldsymbol{B}=\boldsymbol{O}$.

例如，设 $\boldsymbol{A}=\begin{pmatrix}1&1\\-1&-1\end{pmatrix}$，$\boldsymbol{B}=\begin{pmatrix}1&-1\\-1&1\end{pmatrix}$，则

$$\boldsymbol{AB}=\begin{pmatrix}0&0\\0&0\end{pmatrix}，但\ \boldsymbol{A}\neq\boldsymbol{O}\ 且\ \boldsymbol{B}\neq\boldsymbol{O}.$$

（3）两个矩阵乘法不满足消去律，即由 $\boldsymbol{AB}=\boldsymbol{AC}$，$\boldsymbol{A}\neq\boldsymbol{O}$，不能推出 $\boldsymbol{B}=\boldsymbol{C}$.

例如，设 $\boldsymbol{A}=\begin{pmatrix}1&1\\-1&-1\end{pmatrix}$，$\boldsymbol{B}=\begin{pmatrix}1&-1\\-1&1\end{pmatrix}$，$\boldsymbol{C}=\begin{pmatrix}2&-2\\-2&2\end{pmatrix}$，则

$$\boldsymbol{AB}=\begin{pmatrix}0&0\\0&0\end{pmatrix},\ \boldsymbol{AC}=\begin{pmatrix}0&0\\0&0\end{pmatrix}，则\ \boldsymbol{AB}=\boldsymbol{AC}，但\ \boldsymbol{B}\neq\boldsymbol{C}.$$

定义7 如果两个矩阵相乘，有 $\boldsymbol{AB}=\boldsymbol{BA}$，则称矩阵 $\boldsymbol{A}$ 与矩阵 $\boldsymbol{B}$ 可交换，简称 $\boldsymbol{A}$ 与 $\boldsymbol{B}$ 可换.

由 $(\lambda\boldsymbol{E})\boldsymbol{A}=\lambda\boldsymbol{A}$、$\boldsymbol{A}(\lambda\boldsymbol{E})=\lambda\boldsymbol{A}$ 可知，数量矩阵 $\lambda\boldsymbol{E}$ 与矩阵 $\boldsymbol{A}$ 的乘积等于数 λ 与 $\boldsymbol{A}$ 的乘

积，并且当 $\boldsymbol{A}$ 为 n 阶方阵时，有

$$(\lambda \boldsymbol{E}_n)\boldsymbol{A}_n = \lambda \boldsymbol{A}_n = \boldsymbol{A}_n(\lambda \boldsymbol{E}_n) \ (\lambda\text{为数})$$

这表明数量矩阵 $\lambda\boldsymbol{E}$ 与任意同阶方阵都是可以交换的.

8.1.3.4 方阵的幂

定义8 设 $\boldsymbol{A}$ 是 n 阶方阵，定义

$$\boldsymbol{A}^0 = \boldsymbol{E},\ \boldsymbol{A}^1 = \boldsymbol{A},\ \boldsymbol{A}^2 = \boldsymbol{A}^1\boldsymbol{A}^1,\ \cdots,\ \boldsymbol{A}^{k+1} = \boldsymbol{A}^k\boldsymbol{A}^1,$$

其中 k 为正整数，这就是说，$\boldsymbol{A}^k$ 就是 k 个 $\boldsymbol{A}$ 连乘，称为 $\boldsymbol{A}$ 的 k 次幂.

注：只有方阵，它的幂才有意义.

方阵幂的运算律.

(1) $\boldsymbol{A}^m\boldsymbol{A}^k = \boldsymbol{A}^{m+k}$;

(2) $(\boldsymbol{A}^m)^k = \boldsymbol{A}^{mk}$ （m，k 为正整数）.

一般地，对于两个 n 阶方阵 $\boldsymbol{A}$ 与 $\boldsymbol{B}$，$(\boldsymbol{AB})^k \neq \boldsymbol{A}^k\boldsymbol{B}^k$ （k 为正整数），只有交换时，才有 $(\boldsymbol{AB})^k = \boldsymbol{A}^k\boldsymbol{B}^k$ （其中 k 为正整数）.

类似可知，例如

$$(\boldsymbol{A}+\boldsymbol{B})^2 = \boldsymbol{A}^2 + 2\boldsymbol{AB} + \boldsymbol{B}^2,\quad (\boldsymbol{A}+\boldsymbol{B})(\boldsymbol{A}-\boldsymbol{B}) = \boldsymbol{A}^2 - \boldsymbol{B}^2$$

等公式，也只有当 $\boldsymbol{AB} = \boldsymbol{BA}$ 时，才成立.

例5 设矩阵 $\boldsymbol{A} = \begin{pmatrix} 1 & 2 \\ 0 & 1 \end{pmatrix}$，求矩阵 $\boldsymbol{A}^m$，其中 m 是正整数.

解 因为，当 m =2时，

$$\boldsymbol{A}^2 = \begin{pmatrix} 1 & 2 \\ 0 & 1 \end{pmatrix}\begin{pmatrix} 1 & 2 \\ 0 & 1 \end{pmatrix} = \begin{pmatrix} 1 & 2\times 2 \\ 0 & 1 \end{pmatrix}$$

设 $m = k$ 时，$\boldsymbol{A}^k = \begin{pmatrix} 1 & 2\times k \\ 0 & 1 \end{pmatrix}\begin{pmatrix} 1 & 2 \\ 0 & 1 \end{pmatrix} = \begin{pmatrix} 1 & 2+2\times k \\ 0 & 1 \end{pmatrix} = \begin{pmatrix} 1 & 2(k+1) \\ 0 & 1 \end{pmatrix}$,

则

$$\boldsymbol{A}^{k+1} = \boldsymbol{A}^k\boldsymbol{A} = \begin{pmatrix} 1 & 2\times k \\ 0 & 1 \end{pmatrix}\begin{pmatrix} 1 & 2 \\ 0 & 1 \end{pmatrix} = \begin{pmatrix} 1 & 2+2\times k \\ 0 & 1 \end{pmatrix} = \begin{pmatrix} 1 & 2(k+1) \\ 0 & 1 \end{pmatrix},$$

所以，由归纳法原理可知 $\boldsymbol{A}^m = \begin{pmatrix} 1 & 2m \\ 0 & 1 \end{pmatrix}$.

8.1.3.5 方阵的多项式

设

$$\varphi(x) = a_k x^k + a_{k-1}x^{k-1} + \cdots + a_1 x + a_0$$

为 x 的 k 次多项式，$\boldsymbol{A}$ 为 n 阶方阵，记

$$\varphi(A) = a_k\boldsymbol{A}^k + a_{k-1}\boldsymbol{A}^{k-1} + \cdots + a_1\boldsymbol{A} + a_0\boldsymbol{E},$$

$\varphi(A)$ 称为矩阵 $\boldsymbol{A}$ 的 k 次多项式.

因为矩阵 $\boldsymbol{A}^k$, $\boldsymbol{A}^l$ 和 $\boldsymbol{E}$ 都是可交换的，所以矩阵 $\boldsymbol{A}$ 的两个多项式 $\varphi(A)$ 和 $f(A)$ 总是可交换的，即总有 $\varphi(A)f(A) = f(A)\varphi(A)$，从而 $\boldsymbol{A}$ 的几个多项式可以像数 x 的多项式一样

相乘或分解因式.

例如,

$$(A+E)(A-E)=A^2-E,$$
$$(E+A)(2E-A)=2E+A-A^2,$$
$$(E-A)^3=E-3A+3A^2-A^3.$$

8.1.3.6 矩阵的转置

定义 9 把矩阵 $A=(a_{ij})_{m\times n}$ 行列互换所得到的一个新矩阵,称为矩阵 A 的转置矩阵,记为 A^{T}.

注:若 A 为对称矩阵,则 $A^{\mathrm{T}}=A$;若 A 为反对称矩阵,则 $A^{\mathrm{T}}=-A$.

矩阵转置的运算律(假设运算都是可行的).

(1) $(A^{\mathrm{T}})^{\mathrm{T}}=A$;

(2) $(A+B)^{\mathrm{T}}=A^{\mathrm{T}}+B^{\mathrm{T}}$;

(3) $(\lambda A)^{\mathrm{T}}=\lambda A^{\mathrm{T}}$;

(4) $(AB)^{\mathrm{T}}=B^{\mathrm{T}}A^{\mathrm{T}}$.

证明第(4)式.

证明 设矩阵

$$A=\begin{pmatrix} a_{11} & a_{12} & \cdots & a_{1s} \\ a_{21} & a_{22} & \cdots & a_{2s} \\ \vdots & \vdots & & \vdots \\ a_{m1} & a_{m2} & \cdots & a_{mm} \end{pmatrix},\ B=\begin{pmatrix} b_{11} & b_{12} & \cdots & b_{1n} \\ b_{21} & b_{22} & \cdots & b_{2n} \\ \vdots & \vdots & & \vdots \\ b_{s1} & b_{s2} & \cdots & b_{sn} \end{pmatrix}.$$

已知 $(AB)^{\mathrm{T}}$ 与 $B^{\mathrm{T}}A^{\mathrm{T}}$ 都是 $m\times n$ 矩阵. 而位于 $(AB)^{\mathrm{T}}$ 的第 i 行第 j 列的元素就是位于 AB 的第 j 行第 i 列的元素,因此等于

$$a_{j1}b_{1j}+a_{j2}b_{2j}+\cdots+a_{js}b_{sj}.$$

位于 $B^{\mathrm{T}}A^{\mathrm{T}}$ 的第 i 行第 j 列的元素就是位于 B^{T} 的第 i 行元素与 A^{T} 的第 j 列的对应元素之积的和

$$b_{1j}a_{j1}+b_{2j}a_{j2}+\cdots+b_{sj}a_{js}.$$

显然,上述两个式子相等,所以

$$(AB)^{\mathrm{T}}=B^{\mathrm{T}}A^{\mathrm{T}}.$$

例 6 已知 $A=\begin{pmatrix} -1 & 5 \\ 6 & 0 \end{pmatrix}$, $B=\begin{pmatrix} 1 & 2 \\ 4 & 4 \\ 3 & 5 \end{pmatrix}$, $C=\begin{pmatrix} 0 & 1 & 5 \\ 1 & 0 & 2 \end{pmatrix}$, 求 $AB^{\mathrm{T}}+4C$.

解
$$\begin{aligned} AB^{\mathrm{T}}+4C &= \begin{pmatrix} -1 & 5 \\ 6 & 0 \end{pmatrix}\begin{pmatrix} 1 & 2 \\ 4 & 4 \\ 3 & 5 \end{pmatrix}^{\mathrm{T}}+4\begin{pmatrix} 0 & 1 & 5 \\ 1 & 0 & 2 \end{pmatrix} \\ &= \begin{pmatrix} -1 & 5 \\ 6 & 0 \end{pmatrix}\begin{pmatrix} 1 & 4 & 3 \\ 2 & 4 & 5 \end{pmatrix}+4\begin{pmatrix} 0 & 1 & 5 \\ 1 & 0 & 2 \end{pmatrix} \end{aligned}$$

$$=\begin{pmatrix}9&16&22\\6&24&18\end{pmatrix}+\begin{pmatrix}0&4&20\\4&0&8\end{pmatrix}$$

$$=\begin{pmatrix}9&20&42\\10&24&26\end{pmatrix}.$$

8.1.3.7 方阵的行列式

定义 10 由 n 阶方阵 $\boldsymbol{A}$ 的元素所构成的行列式（各元素的位置不变），称为方阵 $\boldsymbol{A}$ 的行列式，记作 $|\boldsymbol{A}|$ 或 $\det\boldsymbol{A}$.

例如，$\boldsymbol{A}=\begin{pmatrix}2&3\\6&8\end{pmatrix}$，则 $|\boldsymbol{A}|=\begin{vmatrix}2&3\\6&8\end{vmatrix}=-2.$

矩阵行列式的运算律（设 $\boldsymbol{A}$，$\boldsymbol{B}$ 是 n 阶方阵，λ 是数）.

（1）$|\boldsymbol{A}^{\mathrm{T}}|=|\boldsymbol{A}|$;

（2）$|\lambda\boldsymbol{A}|=\lambda^{n}|\boldsymbol{A}|$;

（3）$|\boldsymbol{AB}|=|\boldsymbol{A}||\boldsymbol{B}|=|\boldsymbol{BA}|$;

（4）若$|\boldsymbol{AB}|=0$，则$|\boldsymbol{A}|=0$或$|\boldsymbol{B}|=0$.

例 7 已知 $\boldsymbol{A}=\begin{pmatrix}3&4\\5&7\end{pmatrix}$，$\boldsymbol{B}=\begin{pmatrix}2&-4\\-5&3\end{pmatrix}$，证明 $|\boldsymbol{AB}|=|\boldsymbol{A}|\cdot|\boldsymbol{B}|=|\boldsymbol{BA}|$.

证明 因为

$$\boldsymbol{AB}=\begin{pmatrix}3&4\\5&7\end{pmatrix}\begin{pmatrix}2&-4\\-5&3\end{pmatrix}=\begin{pmatrix}-14&0\\-25&1\end{pmatrix},$$

$$\boldsymbol{BA}=\begin{pmatrix}2&-4\\-5&3\end{pmatrix}\begin{pmatrix}3&4\\5&7\end{pmatrix}=\begin{pmatrix}-14&-20\\0&1\end{pmatrix},$$

所以

$$|\boldsymbol{AB}|=\begin{vmatrix}-14&0\\-25&1\end{vmatrix}=-14,\ |\boldsymbol{BA}|=\begin{vmatrix}-14&-20\\0&1\end{vmatrix}=-14.$$

又

$$|\boldsymbol{A}|=\begin{vmatrix}3&4\\5&7\end{vmatrix}=1,\ |\boldsymbol{B}|=\begin{vmatrix}2&-4\\-5&3\end{vmatrix}=-14,$$

故

$$|\boldsymbol{AB}|=|\boldsymbol{A}|\cdot|\boldsymbol{B}|=|\boldsymbol{BA}|.$$

8.1.3.8 共轭矩阵

定义 11 设 $\boldsymbol{A}=(a_{ij})_{m\times n}$ 为复（数）矩阵，用 $\overline{a_{ij}}$ 表示 a_{ij} 的共轭复数，记

$$\bar{\boldsymbol{A}}=(\overline{a_{ij}}).$$

$\bar{\boldsymbol{A}}$ 称为 $\boldsymbol{A}$ 的共轭矩阵.

共轭矩阵的运算律（设 $\boldsymbol{A}$，$\boldsymbol{B}$ 是复矩阵，λ 是数，且运算都是可行的）.

（1）$\overline{\boldsymbol{A}+\boldsymbol{B}}=\bar{\boldsymbol{A}}+\bar{\boldsymbol{B}}$;

（2）$\overline{\lambda\boldsymbol{A}}=\bar{\lambda}\bar{\boldsymbol{A}}$;

（3）$\overline{\boldsymbol{AB}}=\bar{\boldsymbol{A}}\bar{\boldsymbol{B}}$;

（4）$\overline{(\boldsymbol{A}^{\mathrm{T}})}=(\bar{\boldsymbol{A}})^{\mathrm{T}}$.

习题8.1

（1）$\boldsymbol{A}=\begin{pmatrix}-1 & 2 & 3\\ 0 & 3 & -2\end{pmatrix}$，$\boldsymbol{B}=\begin{pmatrix}4 & 3 & 2\\ 5 & -3 & 0\end{pmatrix}$，求 $3\boldsymbol{A}-2\boldsymbol{B}$，$4\boldsymbol{A}+3\boldsymbol{B}$.

（2）设 $\boldsymbol{A}=\begin{pmatrix}3 & -1 & 2 & 0\\ 1 & 5 & 7 & 9\\ 2 & 4 & 6 & 8\end{pmatrix}$，$\boldsymbol{B}=\begin{pmatrix}7 & 5 & -2 & 4\\ 5 & 1 & 9 & 7\\ 3 & 2 & -1 & 6\end{pmatrix}$，已知 $\boldsymbol{A}+2\boldsymbol{X}=\boldsymbol{B}$，求 $\boldsymbol{X}$.

（3）设 $\boldsymbol{A}$ 为三阶矩阵．已知 $|\boldsymbol{A}|=-2$，求行列式 $|3\boldsymbol{A}|$ 的值.

（4）设 $\boldsymbol{A}=\begin{pmatrix}-2 & 4\\ 1 & -2\end{pmatrix}$，$\boldsymbol{B}=\begin{pmatrix}2 & 4\\ -3 & -6\end{pmatrix}$，$\boldsymbol{C}=\begin{pmatrix}8 & 8\\ 0 & -4\end{pmatrix}$，求 $\boldsymbol{AB}$，$\boldsymbol{BA}$，$\boldsymbol{AC}$.

（5）设 $\boldsymbol{A}=\begin{pmatrix}-3 & 2 & -1\\ 0 & 3 & 0\\ 1 & 4 & -2\end{pmatrix}$，求 $P(\boldsymbol{A})=2\boldsymbol{A}^2-3\boldsymbol{A}+4\boldsymbol{E}$.

（6）设 $\boldsymbol{A}=\begin{pmatrix}2 & 0 & -1\\ 1 & 3 & 2\end{pmatrix}$，计算 $\boldsymbol{AA}^{\mathrm{T}}$ 和 $\boldsymbol{A}^{\mathrm{T}}\boldsymbol{A}$.

8.2 逆矩阵

8.2.1 逆矩阵的定义

在矩阵的运算中，单位矩阵 $\boldsymbol{E}$ 相当于数的乘法运算中的1，那么对于矩阵 $\boldsymbol{A}$，如果存在矩阵 $\boldsymbol{A}^{-1}$，使得

$$\boldsymbol{A}^{-1}\boldsymbol{A}=\boldsymbol{AA}^{-1}=\boldsymbol{E},$$

则矩阵 $\boldsymbol{A}^{-1}$ 可否称为矩阵 $\boldsymbol{A}$ 的逆呢?

定义1 设 $\boldsymbol{A}$ 为 n 阶方阵，若存在 n 阶方阵 $\boldsymbol{B}$，使

$$\boldsymbol{AB}=\boldsymbol{BA}=\boldsymbol{E}$$

成立，则称方阵 $\boldsymbol{A}$ 可逆，并称 $\boldsymbol{B}$ 是 $\boldsymbol{A}$ 的逆矩阵，简称逆阵，记作 $\boldsymbol{A}^{-1}=\boldsymbol{B}$．于是有

$$\boldsymbol{AA}^{-1}=\boldsymbol{A}^{-1}\boldsymbol{A}=\boldsymbol{E}.$$

结论.

（1）可逆矩阵一定是方阵，且其逆阵 $\boldsymbol{B}$ 也一定是方阵；

（2）若矩阵 $\boldsymbol{A}$ 与 $\boldsymbol{B}$ 满足 $\boldsymbol{AB}=\boldsymbol{BA}=\boldsymbol{E}$，则 $\boldsymbol{A}$ 与 $\boldsymbol{B}$ 都可逆，并且互为逆矩阵，即

$$\boldsymbol{A}^{-1}=\boldsymbol{B},\ \boldsymbol{B}^{-1}=\boldsymbol{A};$$

（3）零矩阵是不可逆矩阵；单位矩阵 $\boldsymbol{E}$ 是可逆矩阵，且其逆矩阵是其本身.

例1 设 $\boldsymbol{A}=\begin{pmatrix}1 & 2\\ 3 & 5\end{pmatrix}$，$\boldsymbol{B}=\begin{pmatrix}-5 & 2\\ 3 & -1\end{pmatrix}$，证明 $\boldsymbol{A}$，$\boldsymbol{B}$ 可逆，且互为逆矩阵.

证明 因为

$$\boldsymbol{AB}=\begin{pmatrix}1 & 2\\ 3 & 5\end{pmatrix}\begin{pmatrix}-5 & 2\\ 3 & -1\end{pmatrix}=\begin{pmatrix}1 & 0\\ 0 & 1\end{pmatrix},\quad \boldsymbol{BA}=\begin{pmatrix}-5 & 2\\ 3 & -1\end{pmatrix}\begin{pmatrix}1 & 2\\ 3 & 5\end{pmatrix}=\begin{pmatrix}1 & 0\\ 0 & 1\end{pmatrix},$$

所以 $\boldsymbol{A}$ 与 $\boldsymbol{B}$ 是两个可逆矩阵，并且互为逆矩阵，即 $\boldsymbol{A}^{-1}=\boldsymbol{B}$，$\boldsymbol{B}=\boldsymbol{A}^{-1}$.

定理1 若 $\boldsymbol{A}$ 可逆，则其逆矩阵唯一.

证明 设 $\boldsymbol{B}$，$\boldsymbol{C}$ 都是 $\boldsymbol{A}$ 的逆矩阵，则

$$\boldsymbol{AB}=\boldsymbol{BA}=\boldsymbol{E},\ \boldsymbol{AC}=\boldsymbol{CA}=\boldsymbol{E}.$$

从而

$$\boldsymbol{B}=\boldsymbol{EB}=(\boldsymbol{CA})\boldsymbol{B}=\boldsymbol{C}(\boldsymbol{AB})=\boldsymbol{CE}=\boldsymbol{C}.$$

例2 如果 $\boldsymbol{A}=\begin{pmatrix} a_1 & 0 & \cdots & 0 \\ 0 & a_2 & \cdots & 0 \\ \vdots & \vdots & & \vdots \\ 0 & 0 & \cdots & a_n \end{pmatrix}$，其中 $a_i\neq 0\ (i=1,\ 2,\ \cdots,\ n)$. 证明

$$\boldsymbol{A}^{-1}=\begin{pmatrix} \frac{1}{a_1} & 0 & \cdots & 0 \\ 0 & \frac{1}{a_2} & \cdots & 0 \\ \vdots & \vdots & & \vdots \\ 0 & 0 & \cdots & \frac{1}{a_n} \end{pmatrix}.$$

证明 因为

$$\boldsymbol{AA}^{-1}=\begin{pmatrix} a_1 & 0 & \cdots & 0 \\ 0 & a_2 & \cdots & 0 \\ \vdots & \vdots & & \vdots \\ 0 & 0 & \cdots & a_n \end{pmatrix}\begin{pmatrix} \frac{1}{a_1} & 0 & \cdots & 0 \\ 0 & \frac{1}{a_2} & \cdots & 0 \\ \vdots & \vdots & & \vdots \\ 0 & 0 & \cdots & \frac{1}{a_n} \end{pmatrix}=\boldsymbol{E},$$

$$\boldsymbol{A}^{-1}\boldsymbol{A}=\begin{pmatrix} \frac{1}{a_1} & 0 & \cdots & 0 \\ 0 & \frac{1}{a_2} & \cdots & 0 \\ \vdots & \vdots & & \vdots \\ 0 & 0 & \cdots & \frac{1}{a_n} \end{pmatrix}\begin{pmatrix} a_1 & 0 & \cdots & 0 \\ 0 & a_2 & \cdots & 0 \\ \vdots & \vdots & & \vdots \\ 0 & 0 & \cdots & a_n \end{pmatrix}=\boldsymbol{E},$$

所以

$$\boldsymbol{A}^{-1}=\begin{pmatrix} \frac{1}{a_1} & 0 & \cdots & 0 \\ 0 & \frac{1}{a_2} & \cdots & 0 \\ \vdots & \vdots & & \vdots \\ 0 & 0 & \cdots & \frac{1}{a_n} \end{pmatrix}.$$

此例说明：若对角矩阵 $\boldsymbol{\Lambda}=\mathrm{diag}(a_1,\ a_2,\ \cdots,\ a_n)$ 对角线上的元素都不为零，则 $\boldsymbol{\Lambda}$

可逆，且有 $\boldsymbol{\Lambda}^{-1}=\mathrm{diag}\left(\frac{1}{a_1}, \frac{1}{a_2}, \cdots, \frac{1}{a_n}\right)$.

8.2.2 矩阵可逆的充分必要条件

对于已给方阵 $\boldsymbol{A}$，怎么判定它是否可逆？若 $\boldsymbol{A}$ 可逆，又如何求出 $\boldsymbol{A}^{-1}$？为了讨论方阵可逆的充分必要条件及得出求逆矩阵的方法，首先引进“伴随矩阵”的概念.

8.2.2.1 伴随矩阵

定义 2 n 阶方阵 $\boldsymbol{A}=(a_{ij})$ 的行列式 $|\boldsymbol{A}|$ 中各个元素 a_{ij} 的代数余子式 A_{ij} 所构成的矩阵 (A_{ij}) 的转置矩阵，称为方阵 $\boldsymbol{A}$ 的伴随矩阵，记作 $\boldsymbol{A}^*$，即

$$\boldsymbol{A}^*=\begin{pmatrix} A_{11} & A_{21} & \cdots & A_{n1} \\ A_{12} & A_{22} & \cdots & A_{n2} \\ \vdots & \vdots & & \vdots \\ A_{1n} & A_{2n} & \cdots & A_{nn} \end{pmatrix}.$$

定理 2 对于 n 阶方阵 $\boldsymbol{A}$ 及其伴随矩阵 $\boldsymbol{A}^*$，有

$$\boldsymbol{A}\boldsymbol{A}^*=\boldsymbol{A}^*\boldsymbol{A}=|\boldsymbol{A}|\boldsymbol{E}.$$

证明 由矩阵乘法及行列式按照某一行（或列）展开的公式，可得

$$\boldsymbol{A}\boldsymbol{A}^*=\begin{pmatrix} a_{11} & a_{12} & \cdots & a_{1n} \\ a_{21} & a_{22} & \cdots & a_{2n} \\ \vdots & \vdots & & \vdots \\ a_{n1} & a_{n2} & \cdots & a_{nn} \end{pmatrix}\begin{pmatrix} A_{11} & A_{21} & \cdots & A_{n1} \\ A_{12} & A_{22} & \cdots & A_{n2} \\ \vdots & \vdots & & \vdots \\ A_{1n} & A_{2n} & \cdots & A_{nn} \end{pmatrix}=\begin{pmatrix} |\boldsymbol{A}| & 0 & \cdots & 0 \\ 0 & |\boldsymbol{A}| & \cdots & 0 \\ \vdots & \vdots & & \vdots \\ 0 & 0 & \cdots & |\boldsymbol{A}| \end{pmatrix}=|\boldsymbol{A}|\boldsymbol{E},$$

$$\boldsymbol{A}^*\boldsymbol{A}=\begin{pmatrix} A_{11} & A_{21} & \cdots & A_{n1} \\ A_{12} & A_{22} & \cdots & A_{n2} \\ \vdots & \vdots & & \vdots \\ A_{1n} & A_{2n} & \cdots & A_{nn} \end{pmatrix}\begin{pmatrix} a_{11} & a_{12} & \cdots & a_{1n} \\ a_{21} & a_{22} & \cdots & a_{2n} \\ \vdots & \vdots & & \vdots \\ a_{n1} & a_{n2} & \cdots & a_{nn} \end{pmatrix}=\begin{pmatrix} |\boldsymbol{A}| & 0 & \cdots & 0 \\ 0 & |\boldsymbol{A}| & \cdots & 0 \\ \vdots & \vdots & & \vdots \\ 0 & 0 & \cdots & |\boldsymbol{A}| \end{pmatrix}=|\boldsymbol{A}|\boldsymbol{E},$$

所以有 $\boldsymbol{A}\boldsymbol{A}^*=\boldsymbol{A}^*\boldsymbol{A}=|\boldsymbol{A}|\boldsymbol{E}$.

8.2.2.2 逆矩阵的求法

定理 3 n 阶方阵 $\boldsymbol{A}$ 可逆的充分必要条件是其行列式 $|\boldsymbol{A}|\neq 0$，且当 $\boldsymbol{A}$ 可逆时，有

$$\boldsymbol{A}^{-1}=\frac{1}{|\boldsymbol{A}|}\boldsymbol{A}^*.$$

其中，$\boldsymbol{A}^*$ 为 $\boldsymbol{A}$ 的伴随矩阵.

证明 （1）必要性.

由 $\boldsymbol{A}$ 可逆知，存在 n 阶矩阵 $\boldsymbol{B}$，满足

$$\boldsymbol{A}\boldsymbol{B}=\boldsymbol{E},$$

等式两边取行列式，可得

$$|\boldsymbol{A}||\boldsymbol{B}|=|\boldsymbol{A}\boldsymbol{B}|=|\boldsymbol{E}|=1\neq 0,$$

因此 $|\boldsymbol{A}|\neq 0$，同时 $|\boldsymbol{B}|\neq 0$.

（2）充分性.

设 $A=(a_{ij})_{n\times n}$，且 $|A|\neq 0$，得

$$AA^*=A^*A=|A|E,$$

两边乘以 $\frac{1}{|A|}$，得 $A\left(\frac{1}{|A|}A^*\right)=E$. 同理可得 $\left(\frac{1}{|A|}A^*\right)A=E$.

由逆矩阵的定义可知，A 可逆，且

$$A^{-1}=\frac{1}{|A|}A^*.$$

该定理不仅给出方阵可逆的充分必要条件，而且给出用伴随矩阵求逆矩阵 A^{-1} 的方法，此法称为伴随矩阵法.

推论 若 $AB=E$（或 $BA=E$），则 $B=A^{-1}$.

证明 由 $|AB|=|E|=1$，得 $|AB|=|A||B|=1$，所以 $|A|\neq 0$，即 A^{-1} 存在，有

$$B=EB=(A^{-1}A)B=A^{-1}(AB)=A^{-1}E=A^{-1},$$

同理可得

$$A=B^{-1}.$$

此推论说明：判断矩阵 A 是否可逆，只要验证 $AB=E$ 或 $BA=E$ 中的一个即可.

例3 设 $A=\begin{pmatrix}2&1\\-1&0\end{pmatrix}$，求 A 的逆矩阵.

解 因为 $|A|=\begin{vmatrix}2&1\\-1&0\end{vmatrix}=1\neq 0$，所以 A 可逆，则 A 的伴随矩阵为

$$A^*=\begin{pmatrix}0&-1\\1&2\end{pmatrix},$$

故

$$A^{-1}=\begin{pmatrix}0&-1\\1&2\end{pmatrix}.$$

一般地，对二阶方阵 $\begin{pmatrix}a&b\\c&d\end{pmatrix}$，当 $ad-bc\neq 0$ 时，有

$$\begin{pmatrix}a&b\\c&d\end{pmatrix}^{-1}=\frac{1}{ad-bc}\begin{pmatrix}d&-b\\-c&a\end{pmatrix}.$$

例4 判定矩阵 $A=\begin{pmatrix}1&2&3\\2&1&2\\1&3&3\end{pmatrix}$ 是否可逆，若可逆，求其逆矩阵.

解 由 $|A|=\begin{vmatrix}1&2&3\\2&1&2\\1&3&3\end{vmatrix}=4\neq 0$，可得 A 可逆.

而

$$A_{11}=\begin{vmatrix}1&2\\3&3\end{vmatrix}=-3,\quad A_{12}=-\begin{vmatrix}2&2\\1&3\end{vmatrix}=-4,\quad A_{13}=\begin{vmatrix}2&1\\1&3\end{vmatrix}=5,$$

$$A_{21}=-\begin{vmatrix}2&3\\3&3\end{vmatrix}=3,\quad A_{22}=\begin{vmatrix}1&3\\1&3\end{vmatrix}=0,\quad A_{23}=-\begin{vmatrix}1&2\\1&3\end{vmatrix}=-1,$$

$$A_{31}=\begin{vmatrix}2&3\\1&2\end{vmatrix}=1,\ A_{32}=-\begin{vmatrix}1&3\\2&2\end{vmatrix}=4,\ A_{33}=\begin{vmatrix}1&2\\2&1\end{vmatrix}=-3.$$

所以

$$A^*=\begin{pmatrix}-3&3&1\\-4&0&4\\5&-1&-3\end{pmatrix},$$

故

$$A^{-1}=\frac{1}{|A|}A^*=\frac{1}{4}\begin{pmatrix}-3&3&1\\-4&0&4\\5&-1&-3\end{pmatrix}=\begin{pmatrix}-\frac{3}{4}&\frac{3}{4}&\frac{1}{4}\\-1&0&1\\\frac{5}{4}&-\frac{1}{4}&-\frac{3}{4}\end{pmatrix}.$$

例5 设方阵 A 满足方程 $A^2-A-2E=O$，证明 $A+2E$ 为可逆矩阵，并求其逆.

证明 由 $A^2-A-2E=O$，得

$$(A+2E)(A-3E)+4E=O$$

或

$$(A+2E)\left(\frac{3}{4}E-\frac{1}{4}A\right)=E,$$

所以 $A+2E$ 可逆，且 $(A+2E)^{-1}=\frac{3}{4}E-\frac{1}{4}A.$

定义3 若 n 阶方阵 A 的行列式 $|A|\neq 0$，则称 A 为非奇异矩阵（又称非退化矩阵）；若 $|A|=0$，则称 A 为奇异矩阵（又称退化矩阵）.

定理4 设 A 为 n 阶方阵，则 A 为可逆矩阵的充分必要条件是 A 为非奇异矩阵；A 为不可逆矩阵的充分必要条件是 A 为奇异矩阵.

8.2.2.3 矩阵方程

对于标准矩阵方程（其中 A，B 均可逆）

$$AX=B,\ XA=B,\ AXB=C,$$

利用矩阵乘法的运算规律和逆矩阵的运算性质，通过在方程两边左乘或右乘相应矩阵的逆矩阵，可求出其解分别为

$$X=A^{-1}B,\ X=BA^{-1},\ X=A^{-1}CB^{-1}.$$

对于其他形式的矩阵方程，则可通过矩阵的有关运算性质化为标准矩阵方程，再进行求解.

例6 设 A，B，C 是同阶矩阵，且 A 可逆，下列结论如果正确，请尝试证明；如果不正确，试举反例说明之.

（1）若 $AB=AC$，则 $B=C$；

（2）若 $AB=CB$，则 $A=C$.

解 （1）正确. 由 $AB=AC$ 及 A 可逆，在方程两边左乘 A^{-1}，得

$$A^{-1}AB=A^{-1}AC,$$

从而有 $EB=EC$，即 $B=C$.

（2）不正确．例如，设

$$A=\begin{pmatrix}1&2\\0&1\end{pmatrix},\ B=\begin{pmatrix}1&1\\1&1\end{pmatrix},\ C=\begin{pmatrix}3&0\\0&1\end{pmatrix},$$

则

$$AB=\begin{pmatrix}1&2\\0&1\end{pmatrix}\begin{pmatrix}1&1\\1&1\end{pmatrix}=\begin{pmatrix}3&3\\1&1\end{pmatrix},\quad CB=\begin{pmatrix}3&0\\0&1\end{pmatrix}\begin{pmatrix}1&1\\1&1\end{pmatrix}=\begin{pmatrix}3&3\\1&1\end{pmatrix},$$

显然有 $AB=CB$，但 $A\neq C$.

例7 设 $A=\begin{pmatrix}1&2&3\\2&2&1\\3&4&3\end{pmatrix}$，$B=\begin{pmatrix}2&1\\5&3\end{pmatrix}$，$C=\begin{pmatrix}1&3\\2&0\\3&1\end{pmatrix}$，求矩阵 X，使满足 $AXB=C$.

解 $|A|=\begin{vmatrix}1&2&3\\2&2&1\\3&4&3\end{vmatrix}=2\neq 0$, $|B|=\begin{vmatrix}2&1\\5&3\end{vmatrix}=1\neq 0$，$A^{-1}$，$B^{-1}$ 都存在.

容易求得

$$A^{-1}=\begin{pmatrix}1&3&-2\\-\frac{3}{2}&-3&\frac{5}{2}\\1&1&-1\end{pmatrix},\ B^{-1}=\begin{pmatrix}3&-1\\-5&2\end{pmatrix}.$$

又由 $AXB=C$ 得到 $A^{-1}AXBB^{-1}=A^{-1}CB^{-1}$，即有

$$X=A^{-1}CB^{-1}=\begin{pmatrix}1&3&-2\\-\frac{3}{2}&-3&\frac{5}{2}\\1&1&-1\end{pmatrix}\begin{pmatrix}1&3\\2&0\\3&1\end{pmatrix}\begin{pmatrix}3&-1\\-5&2\end{pmatrix}=\begin{pmatrix}-2&1\\10&-4\\10&4\end{pmatrix}.$$

8.2.3 逆矩阵的性质

可逆矩阵具有下列性质.

（1）若 A 可逆，则 A^{-1} 也可逆，并且 $(A^{-1})^{-1}=A$；

（2）若 A 可逆，则 A^{T} 也可逆，并且 $(A^{\mathrm{T}})^{-1}=(A^{-1})^{\mathrm{T}}$；

（3）若 A 可逆且数 $\lambda\neq 0$，则 λA 也可逆，并且 $(\lambda A)^{-1}=\frac{1}{\lambda}A^{-1}$；

（4）若 A，B 为可逆的同阶方阵，则 AB 也可逆，并且 $(AB)^{-1}=B^{-1}A^{-1}$；

（5）$|A^{-1}|=\frac{1}{|A|}=|A|^{-1}$.

性质（4）可推广到有限个 n 阶可逆矩阵相乘的情形，即若 n 阶矩阵 A_1，A_2，⋯，A_m 都可逆，则 $A_1A_2\cdots A_m$ 也可逆，并且有

$$(A_1A_2\cdots A_m)^{-1}=A_m^{-1}\cdots A_2^{-1}A_1^{-1}\ （m\ 为正整数）.$$

证明 仅证明（4）.

因为

$$(AB)(B^{-1}A^{-1})=A(BB^{-1})A^{-1}=AEA^{-1}=AEA^{-1}=E,$$

所以

$$(AB)^{-1}=B^{-1}A^{-1}.$$

例8 已知 A 及 $E+AB$ 可逆，试证 $E+BA$ 可逆.

证明 $E+BA=A^{-1}A+BA=(A^{-1}+B)A=(A^{-1}+EB)A$

$$=(A^{-1}+A^{-1}AB)A=A^{-1}(E+AB)A,$$

即 $E+BA$ 可表示成可逆阵 A^{-1} 与 $(E+AB)A$ 的乘积，故 $E+BA$ 为可逆阵.

习题8.2

（1）求下列矩阵的逆：

① $A=\begin{pmatrix}1 & 2\\ 3 & 4\end{pmatrix}$； ② $A=\begin{pmatrix}1 & 2\\ 2 & 5\end{pmatrix}$.

（2）求下列矩阵的逆：

① $A=\begin{pmatrix}2 & 3 & 1\\ 0 & 1 & 3\\ 1 & 2 & 4\end{pmatrix}$； ② $A=\begin{pmatrix}1 & 2 & -1\\ 3 & 4 & -2\\ 5 & -4 & 1\end{pmatrix}$；

③ $\begin{pmatrix}a_1 & & & 0\\ & a_2 & & \\ & & \ddots & \\ 0 & & & a_n\end{pmatrix}$ $(a_1a_2\cdots a_n\neq 0)$.

（3）解下列矩阵方程：

① $\begin{pmatrix}2 & 5\\ 1 & 3\end{pmatrix}X=\begin{pmatrix}4 & -6\\ 2 & 1\end{pmatrix}$； ② $\begin{pmatrix}1 & 4\\ -1 & 2\end{pmatrix}X\begin{pmatrix}2 & 0\\ -1 & 1\end{pmatrix}=\begin{pmatrix}3 & 1\\ 0 & -1\end{pmatrix}$.

8.3 矩阵的初等变换

矩阵的初等变换是矩阵的一种重要运算，它在求矩阵的逆、矩阵的秩及研究线性方程组的解等理论中，起着非常重要的作用.

8.3.1 初等变换

定义1 下面三种变换称为矩阵 A 的初等行（或列）变换.

（1）互换：对换矩阵 A 的两行（或列）.

对换 i 和 j 两行（或列）的初等行（或列）变换，记作 $r_i\leftrightarrow r_j(c_i\leftrightarrow c_j)$.

（2）数乘：用非零数 k 乘矩阵 A 的某一行（或列）中所有元素.

以 $k\neq 0$ 乘矩阵的第 i 行（或列）的初等行（或列）变换，记作 $r_i\times k\,(c_i\times k)$.

（3）倍加：将矩阵 A 的某行（或列）乘以数 k 再加入另一行（或列）中.

矩阵 A 的第 i 行（或列）乘 k 后加到第 j 行（或列）的初等行（或列）变换，记

作 $r_j + kr_i(c_j + kc_i)$.

矩阵的初等行变换与矩阵的初等列变换，统称为矩阵的初等变换.

显然，矩阵的三种初等变换都是可逆的，且其逆变换是同一类型的初等变换.

变换 $r_i \leftrightarrow r_j$ 的逆变换就是其本身；变换 $r_i \times k$ 的逆变换为 $r_i \times \left(\frac{1}{k}\right)$（或记作 $r_i \div k$）；变换 $r_i + kr_j$ 的逆变换为 $r_i + (-k)r_j$（或记作 $r_i - kr_j$）.

8.3.2 等价矩阵

定义 2 若矩阵 $\boldsymbol{A}$ 经有限次初等变换变成矩阵 $\boldsymbol{B}$，则称矩阵 $\boldsymbol{A}$ 与 $\boldsymbol{B}$ 等价，记作 $\boldsymbol{A} \cong \boldsymbol{B}$.

矩阵之间的等价关系具有下列基本性质.

（1）反身性：$\boldsymbol{A} \cong \boldsymbol{A}$；

（2）对称性：若 $\boldsymbol{A} \cong \boldsymbol{B}$，则 $\boldsymbol{B} \cong \boldsymbol{A}$；

（3）传递性：若 $\boldsymbol{A} \cong \boldsymbol{B}$，$\boldsymbol{B} \cong \boldsymbol{C}$，则 $\boldsymbol{A} \cong \boldsymbol{C}$.

定理 1 对于任何矩阵 $\boldsymbol{A}_{m\times n}$，总可以通过有限次初等变换化为标准形：

$$\boldsymbol{B} = \underbrace{\begin{pmatrix} 1 & & & & & \\ & \ddots & & & & \\ & & 1 & & & \\ & & & 0 & & \\ & & & & \ddots & \\ & & & & & 0 \end{pmatrix}}_{r\text{列}} r\text{行} = \begin{pmatrix} \boldsymbol{E}_r & \boldsymbol{O}_{r\times(n-r)} \\ \boldsymbol{O}_{(m-r)\times r} & \boldsymbol{O}_{(m-r)\times(n-r)} \end{pmatrix},$$

这个标准形由 m，n，r 三个数完全确定，其中 r 是行阶梯形矩阵中非零行的行数（$r \leqslant \min\{m, n\}$）.

推论 如果 $\boldsymbol{A}$ 为 n 阶可逆矩阵，则矩阵 $\boldsymbol{A}$ 经过有限次初等变换可化为单位矩阵 $\boldsymbol{E}$，即 $\boldsymbol{A} \cong \boldsymbol{E}$.

例 1 设 $\boldsymbol{A} = \begin{pmatrix} 2 & -1 & -1 & 1 & 2 \\ 1 & 1 & -2 & 1 & 4 \\ 4 & -6 & 2 & -2 & 4 \\ 3 & 6 & -9 & 7 & 9 \end{pmatrix}$，把 $\boldsymbol{A}$ 化为标准形.

解 $$\boldsymbol{A} = \begin{pmatrix} 2 & -1 & -1 & 1 & 2 \\ 1 & 1 & -2 & 1 & 4 \\ 4 & -6 & 2 & -2 & 4 \\ 3 & 6 & -9 & 7 & 9 \end{pmatrix} \xrightarrow[r_3 \times \frac{1}{2}]{r_1 \leftrightarrow r_2} \begin{pmatrix} 1 & 1 & -2 & 1 & 4 \\ 2 & -1 & -1 & 1 & 2 \\ 2 & -3 & 1 & -1 & 2 \\ 3 & 6 & -9 & 7 & 9 \end{pmatrix}$$

$$\xrightarrow[\substack{r_3 - 2r_1 \\ r_4 - 3r_1}]{r_2 - r_3} \begin{pmatrix} 1 & 1 & -2 & 1 & 4 \\ 0 & 2 & -2 & 2 & 0 \\ 0 & -5 & 5 & -3 & -6 \\ 0 & 3 & -3 & 4 & -3 \end{pmatrix} \xrightarrow[\substack{r_3 + 5r_2 \\ r_4 - 3r_2}]{r_2 \div 2} \begin{pmatrix} 1 & 1 & -2 & 1 & 4 \\ 0 & 1 & -1 & 1 & 0 \\ 0 & 0 & 0 & 1 & -6 \\ 0 & 0 & 0 & 4 & -3 \end{pmatrix}$$

$$\xrightarrow{\substack{r_3\leftrightarrow r_4\\ r_4-2r_3}}\begin{pmatrix}1&1&-2&1&4\\0&1&-1&1&0\\0&0&0&1&-3\\0&0&0&0&0\end{pmatrix}\xrightarrow{\substack{r_1-r_2\\ r_2-r_3}}\begin{pmatrix}1&0&-1&0&4\\0&1&-1&0&3\\0&0&0&1&-3\\0&0&0&0&0\end{pmatrix}$$

$$\xrightarrow{\substack{c_3\leftrightarrow c_4\\ c_4+c_1+c_2\\ c_5-4c_1-3c_2+3c_3}}\begin{pmatrix}1&0&0&0&0\\0&1&0&0&0\\0&0&1&0&0\\0&0&0&0&0\end{pmatrix}.$$

上面最后一个矩阵，即矩阵 $\boldsymbol{A}$ 的标准形.

8.3.3 初等矩阵

定义 3 对单位矩阵 $\boldsymbol{E}$ 施行一次初等变换得到的矩阵称为初等矩阵.

三种初等变换分别对应着三种初等矩阵.

（1）初等互换矩阵：把 n 阶单位矩阵 $\boldsymbol{E}$ 的第 i，j 行（或列）互换得到的矩阵

$$\boldsymbol{E}(i,\ j)=\begin{pmatrix}1&&&&&&&&\\&\ddots&&&&&&&\\&&1&&&&&&\\&&&0&\cdots&1&&&\\&&&&1&&&&\\&&&\vdots&\ddots&\vdots&&&\\&&&&1&&&&\\&&&1&\cdots&0&&&\\&&&&&&1&&\\&&&&&&&\ddots&\\&&&&&&&&1\end{pmatrix}\begin{matrix}\\ \\ \\ \text{第}i\text{行}\\ \\ \\ \\ \text{第}j\text{行}\\ \\ \\ \\ \end{matrix}.$$

$$\qquad\qquad\text{第}i\text{列}\qquad\qquad\text{第}j\text{列}$$

（2）初等倍乘矩阵：把 n 阶单位矩阵 $\boldsymbol{E}$ 的第 i 行（或第 i 列）乘以非零数 k 得到的矩阵

$$\boldsymbol{E}(i(k))=\begin{pmatrix}1&&&&\\&\ddots&&&\\&&k&&\\&&&\ddots&\\&&&&1\end{pmatrix}\begin{matrix}\\ \\ \text{第}i\text{行}.\\ \\ \\ \end{matrix}$$

$$\text{第}i\text{列}$$

（3）初等倍加矩阵：把 n 阶单位矩阵 $\boldsymbol{E}$ 的第 j 行（或第 i 列）乘以数 k 加到第 i 行（或第 j 列）上得到的矩阵

$$E(i,\ j(k))=\begin{pmatrix}1 & & & & & & \\ & \ddots & & & & & \\ & & 1 & \cdots & k & & \\ & & & \ddots & \vdots & & \\ & & & & 1 & & \\ & & & & & \ddots & \\ & & & & & & 1\end{pmatrix}\begin{matrix}\\ \\ 第i行 \\ \\ 第j行 \\ \\ \\ \end{matrix}.$$

第i列　　第j列

单位矩阵在进行初等列变换时，应当把 $\boldsymbol{E}$ 的第 i 列乘以数 k 加到第 j 列上，得到的是 $\boldsymbol{E}(j,\ i(k))$.

由于初等行（或列）变换只有上述三种，所以由初等行（或列）变换得到的初等矩阵只有上述的 $\boldsymbol{E}(i,\ j)$，$\boldsymbol{E}(i(k))$，$\boldsymbol{E}(i,\ j(k))$ 三种类型，并且有

$$|\boldsymbol{E}(i,\ j)|=-1,\ |\boldsymbol{E}(i(k))|=k,\ |E(i,\ j(k))|=1.$$

对于上述的三种类型的初等矩阵 $\boldsymbol{E}(i,\ j)$，$\boldsymbol{E}(i(k))$，$E(i,\ j(k))$，因为它们的行列式都不等于零，因此初等矩阵都可逆. 另外，若对初等矩阵再作一次同类初等变换，就可以化为单位矩阵.

初等矩阵的逆矩阵是同类初等矩阵，由此得出初等矩阵的性质：

（1）$\boldsymbol{E}(i,\ j)^{-1}=\boldsymbol{E}(i,\ j)$；

（2）$\boldsymbol{E}(i(k))^{-1}=\boldsymbol{E}(i(k^{-1}))$；

（3）$\boldsymbol{E}(i,\ j(k))^{-1}=\boldsymbol{E}(i,\ j(-k))$.

定理2　设 $\boldsymbol{A}$ 是一个 $m\times n$ 矩阵，对 $\boldsymbol{A}$ 施行一次初等行变换，就相当于在 $\boldsymbol{A}$ 的左边乘以相应的 m 阶初等矩阵；对 $\boldsymbol{A}$ 施行一次初等列变换，就相当于在 $\boldsymbol{A}$ 的右边乘以相应的 n 阶初等矩阵.

8.3.4　求逆矩阵的初等变换法及矩阵可逆的充要条件

定理3　n 阶方阵 $\boldsymbol{A}$ 可逆的充分必要条件是 $\boldsymbol{A}$ 可以表示为若干初等矩阵的乘积.

证明　由定理1的推论可知，若 $\boldsymbol{A}$ 可逆，则 $\boldsymbol{A}$ 经若干次初等变换可化为 $\boldsymbol{E}$，即存在初等矩阵 $\boldsymbol{P}_1$，$\boldsymbol{P}_2$，$\cdots$，$\boldsymbol{P}_s$，$\boldsymbol{Q}_1$，$\boldsymbol{Q}_2$，$\cdots$，$\boldsymbol{Q}_t$，使

$$\boldsymbol{E}=\boldsymbol{P}_1\boldsymbol{P}_2\cdots\boldsymbol{P}_s\boldsymbol{A}\boldsymbol{Q}_1\boldsymbol{Q}_2\cdots\boldsymbol{Q}_t,$$

那么

$$\boldsymbol{A}=\boldsymbol{P}_s^{-1}\boldsymbol{P}_{s-1}^{-1}\cdots\boldsymbol{P}_1^{-1}\boldsymbol{E}\boldsymbol{Q}_t^{-1}\boldsymbol{Q}_{t-1}^{-1}\cdots\boldsymbol{Q}_1^{-1},$$

或

$$\boldsymbol{A}=\boldsymbol{P}_s^{-1}\boldsymbol{P}_{s-1}^{-1}\cdots\boldsymbol{P}_1^{-1}\boldsymbol{Q}_t^{-1}\boldsymbol{Q}_{t-1}^{-1}\cdots\boldsymbol{Q}_1^{-1},$$

故矩阵 $\boldsymbol{A}$ 可以表示为若干初等矩阵的乘积.

因为初等矩阵可逆，所以充分条件是显然的.

下面介绍用初等变换求逆矩阵的方法.

若 $\boldsymbol{A}$ 为可逆矩阵，则 $\boldsymbol{A}^{-1}$ 也可逆，由定理2，存在初等矩阵 $\boldsymbol{G}_1$，$\boldsymbol{G}_2$，…，$\boldsymbol{G}_k$，使

$$\boldsymbol{A}^{-1}=\boldsymbol{G}_1\boldsymbol{G}_2\cdots\boldsymbol{G}_k.$$

用 $\boldsymbol{A}$ 右乘上式两边，得

$$\boldsymbol{E}=\boldsymbol{G}_1\boldsymbol{G}_2\cdots\boldsymbol{G}_k\boldsymbol{A}. \qquad ①$$

又

$$\boldsymbol{A}^{-1}=\boldsymbol{G}_1\boldsymbol{G}_2\cdots\boldsymbol{G}_k\boldsymbol{E}. \qquad ②$$

比较①与②两式，①式中的 $\boldsymbol{A}$ 与②式中的 $\boldsymbol{E}$ 左乘的一系列初等矩阵是对应相同的. 这说明当把 $\boldsymbol{A}$ 经过一系列初等行变换化为单位矩阵时，同样这些初等行变换就把 $\boldsymbol{E}$ 化为 $\boldsymbol{A}^{-1}$.

由此可得，用初等行变换法求矩阵 $\boldsymbol{A}$ 的逆矩阵的具体做法如下：

在矩阵 $\boldsymbol{A}$ 的右边写出与 $\boldsymbol{A}$ 同阶单位矩阵 $\boldsymbol{E}$，构造一个 $n\times 2n$ 矩阵 $(\boldsymbol{A},\ \boldsymbol{E})$，然后对 $(\boldsymbol{A},\ \boldsymbol{E})$ 进行一系列的初等行变换，把 $\boldsymbol{A}$ 变为单位矩阵，与此同时，$\boldsymbol{E}$ 被变为矩阵 $\boldsymbol{A}^{-1}$. 用式子表示为

$$\boldsymbol{G}_1\boldsymbol{G}_2\cdots\boldsymbol{G}_k(\boldsymbol{A},\ \boldsymbol{E})=(\boldsymbol{G}_1\boldsymbol{G}_2\cdots\boldsymbol{G}_k\boldsymbol{A},\ \boldsymbol{G}_1\boldsymbol{G}_2\cdots\boldsymbol{G}_k\boldsymbol{E})=(\boldsymbol{E},\ \boldsymbol{A}^{-1}).$$

即

$$(\boldsymbol{A},\ \boldsymbol{E})\xrightarrow{r}(\boldsymbol{E},\ \boldsymbol{A}^{-1}).$$

例2 用初等行变换法求 $\boldsymbol{A}=\begin{pmatrix}1&2&3\\2&2&1\\3&4&3\end{pmatrix}$ 的逆矩阵.

解 因为 $(\boldsymbol{A},\ \boldsymbol{E})=\begin{pmatrix}1&2&3&1&0&0\\2&2&1&0&1&0\\3&4&3&0&0&1\end{pmatrix}$

$$\xrightarrow[r_3-3r_1]{r_2-2r_1}\begin{pmatrix}1&2&3&1&0&0\\0&-2&-5&-2&1&0\\0&-2&-6&-3&0&1\end{pmatrix}$$

$$\xrightarrow[r_3-r_2]{r_1+r_2}\begin{pmatrix}1&0&-2&-1&1&0\\0&-2&-5&-2&1&0\\0&0&-1&-1&-1&1\end{pmatrix}$$

$$\xrightarrow[r_2-5r_3]{r_1-2r_3}\begin{pmatrix}1&0&0&1&3&-2\\0&-2&0&3&6&-5\\0&0&-1&-1&-1&1\end{pmatrix}$$

$$\xrightarrow[r_3\times(-1)]{-\frac{1}{2}r_2}\begin{pmatrix}1&0&0&1&3&-2\\0&1&0&-\frac{3}{2}&-3&\frac{5}{2}\\0&0&1&1&1&-1\end{pmatrix}.$$

所以

$$A^{-1}=\begin{pmatrix}1&3&-2\\-\dfrac{3}{2}&-3&\dfrac{5}{2}\\1&1&-1\end{pmatrix}.$$

利用初等行变换求矩阵 $\boldsymbol{A}$ 的逆矩阵 $\boldsymbol{A}^{-1}$ 时，对 $(\boldsymbol{A},\ \boldsymbol{E})$ 只能用行变换，不能用列变换.

当然，也可用初等列变换求出 $\boldsymbol{A}$ 的逆矩阵 $\boldsymbol{A}^{-1}$，其方法是：在矩阵的下面写上与 $\boldsymbol{A}$ 同阶的单位矩阵 $\boldsymbol{E}$，形如

$$\begin{pmatrix}\boldsymbol{A}\\\boldsymbol{E}\end{pmatrix},$$

而后对其施行列变换，把 $\boldsymbol{A}$ 变为 $\boldsymbol{E}$，这时下半部 $\boldsymbol{E}$ 就变为 $\boldsymbol{A}^{-1}$，即

$$\begin{pmatrix}\boldsymbol{A}\\\boldsymbol{E}\end{pmatrix}\xrightarrow{c}\begin{pmatrix}\boldsymbol{E}\\\boldsymbol{A}^{-1}\end{pmatrix}.$$

8.3.5 用初等变换法求解矩阵方程 $\boldsymbol{AX}=\boldsymbol{B}$

设矩阵 $\boldsymbol{A}$ 可逆，则求解矩阵方程 $\boldsymbol{AX}=\boldsymbol{B}$ 等价于求矩阵 $\boldsymbol{X}=\boldsymbol{A}^{-1}\boldsymbol{B}$，为此，可采用类似初等行变换求矩阵的逆的方法，具体做法如下：

构造矩阵 $(\boldsymbol{A},\ \boldsymbol{B})$，对其进行初等行变换，将矩阵 $\boldsymbol{A}$ 化为单位矩阵 $\boldsymbol{E}$，则上述初等行变换同时也将其中的矩阵 $\boldsymbol{B}$ 化为 $\boldsymbol{A}^{-1}\boldsymbol{B}$，即

$$(\boldsymbol{A},\ \boldsymbol{B})\xrightarrow{r}(\boldsymbol{E},\ \boldsymbol{A}^{-1}\boldsymbol{B}).$$

同理，求解矩阵方程 $\boldsymbol{XA}=\boldsymbol{B}$，等价于计算矩阵 $\boldsymbol{BA}^{-1}$，也可利用初等列变换求矩阵 $\boldsymbol{BA}^{-1}$，即

$$\begin{pmatrix}\boldsymbol{A}\\\boldsymbol{B}\end{pmatrix}\xrightarrow{c}\begin{pmatrix}\boldsymbol{E}\\\boldsymbol{BA}^{-1}\end{pmatrix}.$$

例3 求解矩阵方程 $\boldsymbol{AX}=\boldsymbol{A}+\boldsymbol{X}$，其中 $\boldsymbol{A}=\begin{pmatrix}2&2&0\\2&1&3\\0&1&0\end{pmatrix}$.

解 把所给方程变形为

$$(\boldsymbol{A}-\boldsymbol{E})\boldsymbol{X}=\boldsymbol{A},$$

$$(\boldsymbol{A}-\boldsymbol{E},\ \boldsymbol{A})=\begin{pmatrix}1&2&0&2&2&0\\2&0&3&2&1&3\\0&1&-1&0&1&0\end{pmatrix}\xrightarrow[r_2\leftrightarrow r_3]{r_2-2r_1}\begin{pmatrix}1&2&0&2&2&0\\0&1&-1&0&1&0\\0&-4&3&-2&-3&3\end{pmatrix}$$

$$\xrightarrow[r_3\times(-1)]{r_3+4r_2}\begin{pmatrix}1&2&0&2&2&0\\0&1&-1&0&1&0\\0&0&1&2&-1&-3\end{pmatrix}$$

$$\xrightarrow[r_1-2r_2]{r_2+r_3}\begin{pmatrix}1&1&0&-2&2&-6\\0&1&1&2&0&-3\\0&1&1&-2&-1&-3\end{pmatrix}.$$

可见 $\boldsymbol{A}-\boldsymbol{E}\to\boldsymbol{E}$，因此 $\boldsymbol{A}-\boldsymbol{E}$ 可逆，且

$$X=(A-E)^{-1}A=\begin{pmatrix}-2&2&6\\2&0&-3\\2&-1&-3\end{pmatrix}.$$

习题8.3

（1）试利用矩阵的初等变换，求下列方阵的逆矩阵：

① $\begin{pmatrix}3&2&1\\3&1&5\\3&2&3\end{pmatrix}$； ② $\begin{pmatrix}3&-2&0&-1\\0&2&2&1\\1&-2&-3&-2\\0&1&2&1\end{pmatrix}$.

（2）设 $A=\begin{pmatrix}4&1&-2\\2&2&1\\3&1&-1\end{pmatrix}$，$B=\begin{pmatrix}1&-3\\2&2\\3&-1\end{pmatrix}$，求 X，使 $AX=B$.

8.4 矩阵的秩与分块矩阵

矩阵的秩是矩阵的一个数字特征，是矩阵在初等变换中的一个不变量，对研究矩阵的性质有着重要的作用.

8.4.1 矩阵的秩

8.4.1.1 矩阵秩的概念

定义1 若 A 为 $m\times n$ 矩阵，在 A 中任意取 k 行、k 列 $(k\leqslant m,\ k\leqslant n)$，则位于这些行与列交叉处的 k^2 个元素，不改变其在 A 中所处的位置次序而得到的 k 阶行列式，称为矩阵 A 的 k 阶子式.

显然，若 A 为 $m\times n$ 矩阵，则 A 的 k 阶子式共有 $C_m^k\cdot C_n^k$ 个.

当 $A=O$ 时，它的任何子式都为零；当 $A\neq O$ 时，它至少有一个元素不为零，即它至少有一个一阶子式不为零. 再考察二阶子式，若 A 中有一个二阶子式不为零，则往下考察三阶子式，如此进行下去，最后必达到 A 中有 r 阶子式不为零，而再没有比 r 更高阶的不为零的子式. 这个不为零的子式的最高阶数 r 反映了矩阵 A 内在的重要特征，在矩阵的理论与应用中都有重要意义.

定义2 设 A 为 $m\times n$ 矩阵，如果存在 A 的 r 阶子式不为零，而任何 $r+1$ 阶子式（如果存在）皆为零，则称数 r 为矩阵 A 的秩，记作 $R(A)$. 并规定零矩阵的秩等于零.

由定义2及行列式的性质易知，矩阵 A 的秩 $R(A)$ 就是矩阵 A 的最高阶非零子式的阶数.

8.4.1.2 矩阵秩的性质

性质1 若 $\boldsymbol{A}$ 为 $m\times n$ 矩阵，则 $0\leqslant R(\boldsymbol{A})\leqslant \min\{m, n\}$.

性质2 若矩阵 $\boldsymbol{A}$ 中有某个 s 阶非零子式，则 $R(\boldsymbol{A})\geqslant s$；若矩阵 $\boldsymbol{A}$ 中所有 t 阶子式全为零，则 $R(\boldsymbol{A})<t$.

性质3 若矩阵 $\boldsymbol{A}$ 的秩 $R(\boldsymbol{A})=r$，则 $R(\boldsymbol{A}^{\mathrm{T}})=R(\boldsymbol{A})$.

定义3 设 $\boldsymbol{A}$ 为 n 阶方阵，若 $R(\boldsymbol{A})=n$，则称矩阵 $\boldsymbol{A}$ 为满秩矩阵；若 $R(\boldsymbol{A})<n$，则称矩阵 $\boldsymbol{A}$ 为降秩矩阵.

由此可得

定理1 n 阶矩阵 $\boldsymbol{A}$ 为可逆矩阵的充分必要条件是矩阵 $\boldsymbol{A}$ 为满秩矩阵；n 阶矩阵 $\boldsymbol{A}$ 为不可逆矩阵的充分必要条件是矩阵 $\boldsymbol{A}$ 为降秩矩阵.

性质4 若矩阵 $\boldsymbol{A}\cong\boldsymbol{B}$,同则 $R(\boldsymbol{A})=R(\boldsymbol{B})$.

性质5 若矩阵 $\boldsymbol{P}$，$\boldsymbol{Q}$ 可逆，则 $R(\boldsymbol{PAQ})=R(\boldsymbol{A})$.

性质6 若矩阵 $\boldsymbol{A}$ 与 $\boldsymbol{B}$ 的秩分别为 $R(\boldsymbol{A})$，$R(\boldsymbol{B})$，则

$$\max\{R(\boldsymbol{A}),\ R(\boldsymbol{B})\}\leqslant R(\boldsymbol{A},\ \boldsymbol{B})\leqslant R(\boldsymbol{A})+R(\boldsymbol{B}),$$

特别地，当 $\boldsymbol{B}$ 为列向量时，则有 $R(\boldsymbol{A})\leqslant R(\boldsymbol{A},\ \boldsymbol{B})\leqslant R(\boldsymbol{A})+1$.

性质7 若矩阵 $\boldsymbol{A}$ 与 $\boldsymbol{B}$ 的秩分别为 $R(\boldsymbol{A})$，$R(\boldsymbol{B})$，则 $R(\boldsymbol{AB})\leqslant\min\{R(\boldsymbol{A}), R(\boldsymbol{B})\}$.

性质8 若矩阵 $\boldsymbol{A}_{m\times n}\boldsymbol{B}_{n\times l}=\boldsymbol{O}$，则 $R(\boldsymbol{A})+R(\boldsymbol{B})\leqslant n$.

例1 设 $\boldsymbol{A}$ 为 n 阶矩阵，且 $\boldsymbol{A}^2=\boldsymbol{E}$，证明 $R(\boldsymbol{A}+\boldsymbol{E})+R(\boldsymbol{A}-\boldsymbol{E})=n$.

证明 因为 $(\boldsymbol{A}+\boldsymbol{E})+(\boldsymbol{E}-\boldsymbol{A})=2\boldsymbol{E}$，由性质7得

$$R(\boldsymbol{A}+\boldsymbol{E})+R(\boldsymbol{E}-\boldsymbol{A})\geqslant R(2\boldsymbol{E})=n,$$

而 $R(\boldsymbol{E}-\boldsymbol{A})=R(\boldsymbol{A}-\boldsymbol{E})$，所以

$$R(\boldsymbol{A}+\boldsymbol{E})+R(\boldsymbol{A}-\boldsymbol{E})\geqslant n.$$

又因为 $(\boldsymbol{A}+\boldsymbol{E})(\boldsymbol{A}-\boldsymbol{E})=\boldsymbol{A}^2-\boldsymbol{E}^2=\boldsymbol{O}$，由性质8得

$$R(\boldsymbol{A}+\boldsymbol{E})+R(\boldsymbol{A}-\boldsymbol{E})\leqslant n.$$

综合即得

$$R(\boldsymbol{A}+\boldsymbol{E})+R(\boldsymbol{A}-\boldsymbol{E})=n.$$

8.4.1.3 矩阵秩的求法

定理2 矩阵经初等变换后，其秩不变. 也就是说，若 $\boldsymbol{A}\cong\boldsymbol{B}$，则 $R(\boldsymbol{A})=R(\boldsymbol{B})$.

根据这个定理，可以得到利用初等变换求矩阵的秩的方法：把矩阵用初等行变换变成行阶梯形矩阵，行阶梯形矩阵中非零行的行数就是该矩阵的秩.

例2 求矩阵 $\boldsymbol{A}=\begin{pmatrix}1&0&0&1\\1&2&0&-1\\3&-1&0&4\\1&4&5&1\end{pmatrix}$ 的秩.

解 $$A=\begin{pmatrix}1&0&0&1\\1&2&0&-1\\3&-1&0&4\\1&4&5&1\end{pmatrix}\xrightarrow[r_4-r_1]{\substack{r_2-r_1\\r_3-3r_1}}\begin{pmatrix}1&0&0&1\\0&2&0&-2\\0&-1&0&1\\0&4&5&0\end{pmatrix}$$

$$\xrightarrow[r_4-4r_2]{\substack{r_2\times\frac{1}{2}\\r_3+r_2}}\begin{pmatrix}1&0&0&1\\0&1&0&-1\\0&0&0&0\\0&0&5&4\end{pmatrix}\xrightarrow{r_3\leftrightarrow r_4}\begin{pmatrix}1&0&0&1\\0&1&0&-1\\0&0&5&4\\0&0&0&0\end{pmatrix},$$

所以

$$R(A)=3.$$

8.4.2 分块矩阵

8.4.2.1 分块矩阵的定义

定义 4 将矩阵 A 用若干横线和纵线分成一些小矩阵，每个小矩阵称为 A 的子块，以子块为元素的形式上的矩阵称为分块矩阵.

例如，设 $A=\left(\begin{array}{cc|cc|c}1&1&0&0&0\\-1&1&0&0&0\\\hline 0&0&1&0&0\\0&0&1&1&0\\\hline 0&0&0&0&1\end{array}\right)$，若记

$$A_1=\begin{pmatrix}1&1\\-1&1\end{pmatrix},\ A_2=\begin{pmatrix}1&0\\1&1\end{pmatrix},\ A_3=(1),$$

则 A 可表示为

$$A=\begin{pmatrix}A_1&0&0\\0&A_2&0\\0&0&A_3\end{pmatrix}.$$

8.4.2.2 分块矩阵的运算

（1）设矩阵 A 与 B 的行数相同、列数相同，采用相同的分块法，若

$$A=\begin{pmatrix}A_{11}&\cdots&A_{1t}\\\vdots&&\vdots\\A_{s1}&\cdots&A_{st}\end{pmatrix},\ B=\begin{pmatrix}B_{11}&\cdots&B_{1t}\\\vdots&&\vdots\\B_{s1}&\cdots&B_{st}\end{pmatrix},$$

其中，A_{ij} 与 B_{ij} 的行数相同、列数相同，则 $A+B=\begin{pmatrix}A_{11}+B_{11}&\cdots&A_{1t}+B_{1t}\\\vdots&&\vdots\\A_{s1}+B_{s1}&\cdots&A_{st}+B_{st}\end{pmatrix}.$

（2）设 $A=\begin{pmatrix}A_{11}&\cdots&A_{1t}\\\vdots&&\vdots\\A_{s1}&\cdots&A_{st}\end{pmatrix}$，$k$ 为数，则

$$kA=\begin{pmatrix} kA_{11} & \cdots & kA_{1t} \\ \vdots & & \vdots \\ kA_{s1} & \cdots & kA_{st} \end{pmatrix}.$$

（3）设 $\boldsymbol{A}$ 为 $m\times l$ 矩阵，$\boldsymbol{B}$ 为 $l\times n$ 矩阵，分块成

$$\boldsymbol{A}=\begin{pmatrix} A_{11} & \cdots & A_{1t} \\ \vdots & & \vdots \\ A_{s1} & \cdots & A_{st} \end{pmatrix},\ \boldsymbol{B}=\begin{pmatrix} B_{11} & \cdots & B_{1r} \\ \vdots & & \vdots \\ B_{t1} & \cdots & B_{tr} \end{pmatrix},$$

其中，A_{p1}，A_{p2}，…，A_{pt} 的列数分别等于 B_{1q}，B_{2q}，…，B_{tq} 的行数，则

$$\boldsymbol{AB}=\begin{pmatrix} C_{11} & \cdots & C_{1r} \\ \vdots & & \vdots \\ C_{s1} & \cdots & C_{sr} \end{pmatrix},$$

其中，

$$C_{pq}=\sum_{k=1}^{t}A_{pk}B_{kq} \qquad (p=1,\ 2,\ \cdots,\ s;\ q=1,\ 2,\ \cdots,\ r).$$

（4）分块矩阵的转置

设 $\boldsymbol{A}=\begin{pmatrix} A_{11} & \cdots & A_{1t} \\ \vdots & & \vdots \\ A_{s1} & \cdots & A_{st} \end{pmatrix}$，则 $\boldsymbol{A}^{\mathrm{T}}=\begin{pmatrix} A_{11}^{\mathrm{T}} & \cdots & A_{s1}^{\mathrm{T}} \\ \vdots & & \vdots \\ A_{1t}^{\mathrm{T}} & \cdots & A_{st}^{\mathrm{T}} \end{pmatrix}$.

（5）设 $\boldsymbol{A}$ 为 n 阶矩阵，若 $\boldsymbol{A}$ 的分块矩阵只有在主对角线上有非零子块，其余子块都为零矩阵，且在主对角线上的子块都是方阵，即

$$\boldsymbol{A}=\begin{pmatrix} \boldsymbol{A}_1 & & & \boldsymbol{O} \\ & \boldsymbol{A}_2 & & \\ & & \ddots & \\ \boldsymbol{O} & & & \boldsymbol{A}_s \end{pmatrix},$$

其中，$A_i\ (i=1,\ 2,\ \cdots,\ s)$ 都是方阵，则称 $\boldsymbol{A}$ 为分块对角矩阵.

8.4.2.3 分块对角矩阵的性质

分块对角矩阵的性质如下.

（1）若 $|\boldsymbol{A}_i|\neq 0(i=1,\ 2,\ \cdots,\ s)$，则 $|\boldsymbol{A}|\neq 0$，且 $|\boldsymbol{A}|=|\boldsymbol{A}_1||\boldsymbol{A}_2|\cdots|\boldsymbol{A}_s|$.

（2）若 $\boldsymbol{A}_i\ (i=1,\ 2,\ \cdots,\ s)$ 可逆，则 $\boldsymbol{A}^{-1}=\begin{pmatrix} \boldsymbol{A}_1^{-1} & & & \boldsymbol{O} \\ & \boldsymbol{A}_2^{-1} & & \\ & & \ddots & \\ \boldsymbol{O} & & & \boldsymbol{A}_s^{-1} \end{pmatrix}$.

（3）同结构的分块对角矩阵的和、差、积、数乘及逆，仍是分块对角矩阵，且运算表现为对应子块的运算.

例如，设有两个分块对角阵：

$$A=\begin{pmatrix} A_1 & & & 0 \\ & A_2 & & \\ & & \ddots & \\ 0 & & & A_k \end{pmatrix},\quad B=\begin{pmatrix} B_1 & & & 0 \\ & B_2 & & \\ & & \ddots & \\ 0 & & & B_k \end{pmatrix},$$

其中，矩阵 A_i 与 B_i 都是 n_i 阶方阵，则

$$AB=\begin{pmatrix} A_1B_1 & & & 0 \\ & A_2B_2 & & \\ & & \ddots & \\ 0 & & & A_kB_k \end{pmatrix}.$$

即分块对角阵相乘时，只需将主对角线上的块相乘即可.

例3 设 $A=\begin{pmatrix} 2 & 0 & 0 \\ 0 & 3 & 1 \\ 0 & 0 & 3 \end{pmatrix}$，求 A^{-1}.

解 $A=\left(\begin{array}{c|cc} 2 & 0 & 0 \\ \hline 0 & 3 & 1 \\ 0 & 0 & 3 \end{array}\right)=\begin{pmatrix} A_1 & O \\ O & A_2 \end{pmatrix}$.

$$A_1=(2),\ A_1^{-1}=\left(\frac{1}{2}\right);\ A_2=\begin{pmatrix} 3 & 1 \\ 0 & 3 \end{pmatrix},\ A_2^{-1}=\begin{pmatrix} \frac{1}{3} & -\frac{1}{9} \\ 0 & \frac{1}{3} \end{pmatrix},$$

所以 $A^{-1}=\left(\begin{array}{c|cc} \frac{1}{2} & 0 & 0 \\ \hline 0 & \frac{1}{3} & -\frac{1}{9} \\ 0 & 0 & \frac{1}{3} \end{array}\right)$.

8.4.2.4　矩阵的按行分块和按列分块

对矩阵分块时，有两种分块应该给予特别重视，这就是按行分块和按列分块. 矩阵按行（或列）分块是最常见的一种分块方法.

一般地，$m\times n$ 矩阵 A 有 m 行，称为矩阵 A 的 m 个行向量，若记第 i 行为 $a_i^{\mathrm{T}}=(a_{i1},\ a_{i2},\ \cdots,\ a_{in})$，则矩阵 A 可表示为 $A=\begin{pmatrix} a_1^{\mathrm{T}} \\ a_2^{\mathrm{T}} \\ \vdots \\ a_m^{\mathrm{T}} \end{pmatrix}$. 又 $m\times n$ 矩阵 A 有 n 列，称之为矩阵 A 的 n 个列向量，若第 j 列记作 $a_j=\begin{pmatrix} a_{1j} \\ a_{2j} \\ \vdots \\ a_{mj} \end{pmatrix}$，则 $A=(a_1,\ a_2,\ \cdots,\ a_n)$.

对于矩阵 $\boldsymbol{A}=(a_{ij})_{m\times s}$ 与 $\boldsymbol{B}=(b_{ij})_{s\times n}$ 的乘积矩阵 $\boldsymbol{AB}=\boldsymbol{C}=(c_{ij})_{m\times n}$，若把 $\boldsymbol{A}$ 按行分成 m 块，把 $\boldsymbol{B}$ 按列分成 n 块，便有

$$\boldsymbol{AB}=\begin{pmatrix} a_1^{\mathrm{T}} \\ a_2^{\mathrm{T}} \\ \vdots \\ a_m^{\mathrm{T}} \end{pmatrix}(b_1, b_2, \cdots, b_n)=\begin{pmatrix} a_1^{\mathrm{T}}b_1 & a_1^{\mathrm{T}}b_2 & \cdots & a_1^{\mathrm{T}}b_n \\ a_2^{\mathrm{T}}b_1 & a_2^{\mathrm{T}}b_2 & \cdots & a_2^{\mathrm{T}}b_n \\ \vdots & \vdots & & \vdots \\ a_m^{\mathrm{T}}b_1 & a_m^{\mathrm{T}}b_2 & \cdots & a_m^{\mathrm{T}}b_n \end{pmatrix}=(c_{ij})_{m\times n},$$

其中

$$c_{ij}=a_i^{\mathrm{T}}b_j=(a_{i1}, a_{i2}, \cdots, a_{is})\begin{pmatrix} b_{1j} \\ b_{2j} \\ \vdots \\ b_{sj} \end{pmatrix}=\sum_{k=1}^{s}a_{ik}b_{kj},$$

由此可进一步领会矩阵相乘的定义.

以对角阵 $\boldsymbol{\Lambda}_m$ 左乘矩阵 $\boldsymbol{A}_{m\times n}$ 时，把 $\boldsymbol{A}$ 按行分块，有

$$\boldsymbol{\Lambda}_m\boldsymbol{A}_{m\times n}=\begin{pmatrix} \lambda_1 & & & \\ & \lambda_2 & & \\ & & \ddots & \\ & & & \lambda_m \end{pmatrix}\begin{pmatrix} a_1^{\mathrm{T}} \\ a_2^{\mathrm{T}} \\ \vdots \\ a_m^{\mathrm{T}} \end{pmatrix}=\begin{pmatrix} \lambda_1 a_1^{\mathrm{T}} \\ \lambda_2 a_2^{\mathrm{T}} \\ \vdots \\ \lambda_m a_m^{\mathrm{T}} \end{pmatrix},$$

由此可见，以对角阵 $\boldsymbol{\Lambda}_m$ 左乘 $\boldsymbol{A}$ 的结果是 $\boldsymbol{A}$ 的每一行乘以 $\boldsymbol{\Lambda}$ 中与该行对应的主对角线上的元素.

以对角阵 $\boldsymbol{\Lambda}_n$ 右乘 $\boldsymbol{A}_{m\times n}$ 时，把 $\boldsymbol{A}$ 按列分块，有

$$\boldsymbol{A\Lambda}_n=(a_1, a_2, \cdots, a_n)\begin{pmatrix} \lambda_1 & & & \\ & \lambda_2 & & \\ & & \ddots & \\ & & & \lambda_n \end{pmatrix}=(\lambda_1 a_1, \lambda_2 a_2, \cdots, \lambda_n a_n),$$

由此可见，以对角阵 $\boldsymbol{\Lambda}$ 右乘 $\boldsymbol{A}$ 的结果是 $\boldsymbol{A}$ 的每一列乘以 $\boldsymbol{\Lambda}$ 中与该列对应的主对角线上的元素.

例4 设 $\boldsymbol{A}$ 为实矩阵，且 $\boldsymbol{A}^{\mathrm{T}}\boldsymbol{A}=\boldsymbol{O}$，证明 $\boldsymbol{A}=\boldsymbol{O}$.

证明 设 $\boldsymbol{A}=(a_{ij})_{m\times n}$，把 $\boldsymbol{A}$ 用列分块表示为 $\boldsymbol{A}=(a_1, a_2, \cdots, a_n)$，则

$$\boldsymbol{A}^{\mathrm{T}}\boldsymbol{A}=\begin{pmatrix} a_1^{\mathrm{T}} \\ a_2^{\mathrm{T}} \\ \vdots \\ a_n^{\mathrm{T}} \end{pmatrix}(a_1, a_2, \cdots, a_n)=\begin{pmatrix} a_1^{\mathrm{T}}a_1 & a_1^{\mathrm{T}}a_2 & \cdots & a_1^{\mathrm{T}}a_n \\ a_2^{\mathrm{T}}a_1 & a_2^{\mathrm{T}}a_2 & \cdots & a_2^{\mathrm{T}}a_n \\ \vdots & \vdots & & \vdots \\ a_n^{\mathrm{T}}a_1 & a_n^{\mathrm{T}}a_2 & \cdots & a_n^{\mathrm{T}}a_n \end{pmatrix},$$

即 $\boldsymbol{A}^{\mathrm{T}}\boldsymbol{A}$ 的第 i 行第 j 列元素为 $a_i^{\mathrm{T}}a_j$，因 $\boldsymbol{A}^{\mathrm{T}}\boldsymbol{A}=\boldsymbol{O}$，故

$$a_i^{\mathrm{T}}a_j=0 \quad (i, j=1, 2, \cdots, n).$$

特殊的，有

$$a_j^{\mathrm{T}} a_j = 0 \quad (j = 1, 2, \cdots, n),$$

而

$$a_j^{\mathrm{T}} a_j = (a_{1j}, a_{2j}, \cdots, a_{mj}) \begin{pmatrix} a_{1j} \\ a_{2j} \\ \vdots \\ a_{mj} \end{pmatrix} = a_{1j}^2 + a_{2j}^2 + \cdots + a_{mj}^2,$$

由 $a_{1j}^2 + a_{2j}^2 + \cdots + a_{mj}^2 = 0$（因 a_{ij} 为实数），得

$$a_{1j} = a_{2j} = \cdots = a_{mj} = 0 \quad (j = 1, 2, \cdots, n),$$

即

$$\boldsymbol{A} = \boldsymbol{O}.$$

习题8.4

（1）求下列矩阵的秩：

① $\begin{pmatrix} 3 & 1 & 0 & 2 \\ 1 & -1 & 2 & -1 \\ 1 & 3 & -4 & 4 \end{pmatrix}$； ② $\begin{pmatrix} 3 & 2 & -1 & -3 & -1 \\ 2 & -1 & 3 & 1 & -3 \\ 7 & 0 & 5 & -1 & -8 \end{pmatrix}$；

③ $\begin{pmatrix} 2 & 1 & 8 & 3 & 7 \\ 2 & -3 & 0 & 7 & -5 \\ 3 & -2 & 5 & 8 & 0 \\ 1 & 0 & 3 & 2 & 0 \end{pmatrix}$.

（2）设 $\boldsymbol{A} = \begin{pmatrix} 1 & -2 & 3k \\ -1 & 2k & -3 \\ k & -2 & 3 \end{pmatrix}$，问 k 为何值时，可使：

① $R(\boldsymbol{A}) = 1$； ② $R(\boldsymbol{A}) = 2$； ③ $R(\boldsymbol{A}) = 3$.

（3）设矩阵 $\boldsymbol{A} = \begin{pmatrix} 1 & 0 & 1 & 3 \\ 0 & 1 & 2 & 4 \\ 0 & 0 & -1 & 0 \\ 0 & 0 & 0 & -1 \end{pmatrix}$，$\boldsymbol{B} = \begin{pmatrix} 1 & 2 & 0 & 0 \\ 2 & 0 & 0 & 0 \\ 6 & 3 & 1 & 0 \\ 0 & -2 & 0 & 1 \end{pmatrix}$，用分块矩阵计算 $k\boldsymbol{A}$，$\boldsymbol{A} + \boldsymbol{B}$.

（4）设矩阵 $\boldsymbol{A} = \begin{pmatrix} 1 & 0 & 0 & 0 \\ 0 & 1 & 0 & 0 \\ -1 & 2 & 1 & 0 \\ 1 & 1 & 0 & 1 \end{pmatrix}$，$\boldsymbol{B} = \begin{pmatrix} 1 & 0 & 1 & 0 \\ -1 & 2 & 0 & 1 \\ 1 & 0 & 4 & 1 \\ -1 & -1 & 2 & 0 \end{pmatrix}$，用分块矩阵计算 $\boldsymbol{AB}$.

第9章　向量组的线性相关性

9.1　n维向量

定义1　n个有次序的数a_1, a_2, …, a_n所组成的数组称为n维向量，记作

$$\boldsymbol{a}=\begin{pmatrix}a_1\\a_2\\\vdots\\a_n\end{pmatrix}\quad 或\quad \boldsymbol{a}^{\mathrm{T}}=(a_1,\ a_2,\ \cdots,\ a_n).$$

其中a_i $(i=1,\ 2,\ \cdots,\ n)$称为向量$\boldsymbol{a}$或$\boldsymbol{a}^{\mathrm{T}}$的第$i$个分量.

分量全为实数的向量称为实向量，分量为复数的向量称为复向量.

向量$\boldsymbol{a}=\begin{pmatrix}a_1\\a_2\\\vdots\\a_n\end{pmatrix}$称为列向量，向量$\boldsymbol{a}^{\mathrm{T}}=(a_1,\ a_2,\ \cdots,\ a_n)$称为行向量. 列向量用黑体小写字母$\boldsymbol{a}$, $\boldsymbol{b}$, $\boldsymbol{\alpha}$, $\boldsymbol{\beta}$等表示，行向量则用$\boldsymbol{a}^{\mathrm{T}}$, $\boldsymbol{b}^{\mathrm{T}}$, $\boldsymbol{\alpha}^{\mathrm{T}}$, $\boldsymbol{\beta}^{\mathrm{T}}$等表示. 如无特别声明，向量都当作列向量.

n维向量可以看作矩阵，按矩阵的运算规则进行运算.

n维向量的全体所组成的集合

$$\boldsymbol{R}^n=\left\{x=(x_1,\ x_2,\ \cdots,\ x_n)^{\mathrm{T}}\middle|\,x_1,\ x_2,\ \cdots,\ x_n\in\mathbf{R}\right\}$$

叫作n维向量空间.

n维向量的集合

$$\left\{x=(x_1,\ x_2,\ \cdots,\ x_n)^{\mathrm{T}}\middle|\,a_1x_1+a_2x_2+\cdots+a_nx_n=b\right\}$$

叫作n维向量空间$\boldsymbol{R}^n$中的$n-1$维超平面.

若干个同维数的列向量（或同维数的行向量）所组成的集合叫作向量组.

矩阵的列向量组和行向量组都是只含有限个向量的向量组；反之，一个含有限个向量的向量组总可以构成一个矩阵. 例如，n个m维列向量所组成的向量组$\boldsymbol{a}_1$, $\boldsymbol{a}_2$, …, $\boldsymbol{a}_n$构成一个$m\times n$矩阵

$$\boldsymbol{A}_{m\times n}=(a_1,\ a_2,\ \cdots,\ a_n),$$

m 个 n 维行向量所组成的向量组 $\boldsymbol{\beta}_1^{\mathrm{T}}, \boldsymbol{\beta}_2^{\mathrm{T}}, \cdots, \boldsymbol{\beta}_m^{\mathrm{T}}$ 构成一个 $m\times n$ 矩阵

$$\boldsymbol{B}_{m\times n}=\begin{pmatrix}\boldsymbol{\beta}_1^{\mathrm{T}}\\ \boldsymbol{\beta}_2^{\mathrm{T}}\\ \vdots\\ \boldsymbol{\beta}_m^{\mathrm{T}}\end{pmatrix}.$$

综上所述，含有限个向量的有序向量组与矩阵一一对应.

定义2 给定向量组 $\boldsymbol{A}$：$\boldsymbol{a}_1, \boldsymbol{a}_2, \cdots, \boldsymbol{a}_m$，对于任何一组实数 $k_1, k_2, \cdots, k_m$，表达式

$$k_1\boldsymbol{a}_1+k_2\boldsymbol{a}_2+\cdots+k_m\boldsymbol{a}_m$$

称为向量组 $\boldsymbol{A}$ 的一个线性组合，$k_1, k_2, \cdots, k_m$ 称为其系数.

给定向量组 $\boldsymbol{A}$：$\boldsymbol{a}_1, \boldsymbol{a}_2, \cdots, \boldsymbol{a}_m$ 和向量 $\boldsymbol{b}$，如果存在一组数 $\lambda_1, \lambda_2, \cdots, \lambda_m$，使

$$\boldsymbol{b}=\lambda_1\boldsymbol{a}_1+\lambda_2\boldsymbol{a}_2+\cdots+\lambda_m\boldsymbol{a}_m,$$

则称向量 $\boldsymbol{b}$ 可由向量组 $\boldsymbol{A}$ 线性表示.

向量 $\boldsymbol{b}$ 可由向量组 $\boldsymbol{A}$ 线性表示，也就是方程组

$$x_1\boldsymbol{a}_1+x_2\boldsymbol{a}_2+\cdots+x_m\boldsymbol{a}_m=\boldsymbol{b}$$

有解.

例如，向量组

$$\boldsymbol{e}_1=(1, 0, \cdots, 0)^{\mathrm{T}}, \boldsymbol{e}_2=(0, 1, \cdots, 0)^{\mathrm{T}}, \cdots, \boldsymbol{e}_n=(0, 0, \cdots, 1)^{\mathrm{T}}$$

称为 n 维单位坐标向量. 对任一 n 维向量 $\boldsymbol{a}=(a_1, a_2, \cdots, a_n)^{\mathrm{T}}$，有

$$\boldsymbol{a}=a_1\boldsymbol{e}_1+a_2\boldsymbol{e}_2+\cdots+a_n\boldsymbol{e}_n.$$

例 设 $\boldsymbol{\alpha}_1=(1, 2, 1)^{\mathrm{T}}$，$\boldsymbol{\alpha}_2=(2, 1, -1)^{\mathrm{T}}$，$\boldsymbol{\alpha}_3=(2, -2, -4)^{\mathrm{T}}$，$\boldsymbol{\beta}=(1, -2, -3)^{\mathrm{T}}$. 证明：向量 $\boldsymbol{\beta}$ 可由向量组 $\boldsymbol{\alpha}_1, \boldsymbol{\alpha}_2, \boldsymbol{\alpha}_3$ 线性表示，并求出表示式.

证明 由于

$$(\boldsymbol{\alpha}_1, \boldsymbol{\alpha}_2, \boldsymbol{\alpha}_3, \boldsymbol{\beta})=\begin{pmatrix}1 & 2 & 2 & 1\\ 2 & 1 & -2 & -2\\ 1 & -1 & -4 & -3\end{pmatrix}\overset{r}{\sim}\begin{pmatrix}1 & 0 & 0 & \frac{1}{3}\\ 0 & 1 & 0 & -\frac{2}{3}\\ 0 & 0 & 1 & 1\end{pmatrix},$$

所以向量 $\boldsymbol{\beta}$ 可由向量组 $\boldsymbol{\alpha}_1, \boldsymbol{\alpha}_2, \boldsymbol{\alpha}_3$ 线性表示，且表示式为

$$\boldsymbol{\beta}=\frac{1}{3}\boldsymbol{\alpha}_1-\frac{2}{3}\boldsymbol{\alpha}_2+\boldsymbol{\alpha}_3.$$

定义3 设有两个向量组 $\boldsymbol{A}$：$\boldsymbol{a}_1, \boldsymbol{a}_2, \cdots, \boldsymbol{a}_m$ 及 $\boldsymbol{B}$：$\boldsymbol{b}_1, \boldsymbol{b}_2, \cdots, \boldsymbol{b}_l$，若 $\boldsymbol{B}$ 组中的每个向量都可由向量组 $\boldsymbol{A}$ 线性表示，则称向量组 $\boldsymbol{B}$ 可由向量组 $\boldsymbol{A}$ 线性表示. 若向量组 $\boldsymbol{A}$ 与向量组 $\boldsymbol{B}$ 可相互线性表示，则称这两个向量组等价.

习题9.1

（1）设 $\boldsymbol{v}_1=(1, 1, 0)^{\mathrm{T}}$，$\boldsymbol{v}_2=(0, 1, 1)^{\mathrm{T}}$，$\boldsymbol{v}_3=(3, 4, 0)^{\mathrm{T}}$，求 $\boldsymbol{v}_1-\boldsymbol{v}_2$ 及 $3\boldsymbol{v}_1+2\boldsymbol{v}_2-\boldsymbol{v}_3$.

（2） 设 $3(\boldsymbol{\alpha}_1-\boldsymbol{\alpha})+2(\boldsymbol{\alpha}_2+\boldsymbol{\alpha})=5(\boldsymbol{\alpha}_3+\boldsymbol{\alpha})$，且 $\boldsymbol{\alpha}_1=(2,\ 5,\ 1,\ 3)^{\mathrm{T}}$，$\boldsymbol{\alpha}_2=(10,\ 1,\ 5,\ 10)^{\mathrm{T}}$，$\boldsymbol{\alpha}_3=(4,\ 1,\ -1,\ 1)^{\mathrm{T}}$，求 $\boldsymbol{\alpha}$.

（3）设向量 $\boldsymbol{\beta}=(1,\ \alpha,\ 3)^{\mathrm{T}}$ 能由 $\boldsymbol{\alpha}_1=(2,\ 1,\ 0)^{\mathrm{T}}$，$\boldsymbol{\alpha}_2=(-3,\ 2,\ 1)^{\mathrm{T}}$ 线性表示，求 α 的值.

9.2　向量组的线性相关性

定义　给定向量组 $\boldsymbol{A}$：$\boldsymbol{a}_1,\ \boldsymbol{a}_2,\ \cdots,\ \boldsymbol{a}_m$，如果存在不全为零的数 $k_1,\ k_2,\ \cdots,\ k_m$，使

$$k_1\boldsymbol{a}_1+k_2\boldsymbol{a}_2+\cdots+k_m\boldsymbol{a}_m=0,$$

则称向量组 $\boldsymbol{A}$ 是线性相关的，否则称为线性无关.

向量组 $\boldsymbol{A}$：$\boldsymbol{a}_1,\ \boldsymbol{a}_2,\ \cdots,\ \boldsymbol{a}_m$ 构成矩阵 $\boldsymbol{A}=(\boldsymbol{a}_1,\ \boldsymbol{a}_2,\ \cdots,\ \boldsymbol{a}_m)$，向量组 $\boldsymbol{A}$ 线性相关，就是齐次线性方程组

$$x_1\boldsymbol{a}_1+x_2\boldsymbol{a}_2+\cdots+x_m\boldsymbol{a}_m=0,$$

即 $\boldsymbol{A}x=0$ 有非零解.

例 1　n 维单位坐标向量组 $\boldsymbol{e}_1,\ \boldsymbol{e}_2,\ \cdots,\ \boldsymbol{e}_n$ 线性无关.

证明　设有数 $x_1,\ x_2,\ \cdots,\ x_n$，使 $x_1\boldsymbol{e}_1+x_2\boldsymbol{e}_2+\cdots+x_n\boldsymbol{e}_n=0$，即

$$(x_1,\ x_2,\ \cdots,\ x_n)^{\mathrm{T}}=0,$$

故 $x_1=x_2=\cdots=x_n=0$，所以 $\boldsymbol{e}_1,\ \boldsymbol{e}_2,\ \cdots,\ \boldsymbol{e}_n$ 线性无关.

例 2　设 $\boldsymbol{\beta}_1=\boldsymbol{\alpha}_1+\boldsymbol{\alpha}_2$，$\boldsymbol{\beta}_2=\boldsymbol{\alpha}_2+\boldsymbol{\alpha}_3$，$\boldsymbol{\beta}_3=\boldsymbol{\alpha}_3+\boldsymbol{\alpha}_4$，$\boldsymbol{\beta}_4=\boldsymbol{\alpha}_4+\boldsymbol{\alpha}_1$，证明：向量组 $\boldsymbol{\beta}_1$，$\boldsymbol{\beta}_2$，$\boldsymbol{\beta}_3$，$\boldsymbol{\beta}_4$线性相关.

证明　由于 $\boldsymbol{\beta}_1+\boldsymbol{\beta}_3=\boldsymbol{\beta}_2+\boldsymbol{\beta}_4$，所以向量组 $\boldsymbol{\beta}_1$，$\boldsymbol{\beta}_2$，$\boldsymbol{\beta}_3$，$\boldsymbol{\beta}_4$ 线性相关.

例 3　设 n 维向量组 $\boldsymbol{A}$：$\boldsymbol{a}_1,\ \boldsymbol{a}_2,\ \cdots,\ \boldsymbol{a}_m$ 线性无关，$\boldsymbol{P}$ 为 n 阶可逆矩阵，证明：$\boldsymbol{P}\boldsymbol{a}_1$，$\boldsymbol{P}\boldsymbol{a}_2$，$\cdots$，$\boldsymbol{P}\boldsymbol{a}_m$也线性无关.

证明　假设 $\boldsymbol{P}\boldsymbol{a}_1,\boldsymbol{P}\boldsymbol{a}_2,\cdots,\boldsymbol{P}\boldsymbol{a}_m$ 线性相关，则齐次方程组

$$x_1\boldsymbol{P}\boldsymbol{a}_1+x_2\boldsymbol{P}\boldsymbol{a}_2+\cdots+x_m\boldsymbol{P}\boldsymbol{a}_m=0$$

有非零解. 上式两边左乘 $\boldsymbol{P}^{-1}$，可得

$$x_1\boldsymbol{a}_1+x_2\boldsymbol{a}_2+\cdots+x_m\boldsymbol{a}_m=0$$

也有非零解，则 $\boldsymbol{a}_1,\ \boldsymbol{a}_2,\ \cdots,\boldsymbol{a}_m$ 线性相关，这与题设相矛盾. 因此，$\boldsymbol{P}\boldsymbol{a}_1$，$\boldsymbol{P}\boldsymbol{a}_2$，$\cdots$，$\boldsymbol{P}\boldsymbol{a}_m$线性无关.

下面给出线性相关和线性无关的一些重要结论.

定理 1　向量组 $\boldsymbol{A}$：$\boldsymbol{a}_1,\ \boldsymbol{a}_2,\ \cdots,\ \boldsymbol{a}_m(m\geqslant 2)$ 线性相关的充要条件，是在向量组 $\boldsymbol{A}$ 中至少有一个向量可由其余 $m-1$ 个向量线性表示.

证明（1）必要性. 设向量组 $\boldsymbol{A}$：$\boldsymbol{a}_1,\ \boldsymbol{a}_2,\ \cdots,\ \boldsymbol{a}_m$ 线性相关，则有不全为零的数k_1，k_2，$\cdots$，k_m（不妨设 $k_1\neq 0$），使

$$k_1\boldsymbol{a}_1+k_2\boldsymbol{a}_2+\cdots+k_m\boldsymbol{a}_m=0,$$

从而

$$\boldsymbol{a}_1=-\frac{k_2}{k_1}\boldsymbol{a}_2-\cdots-\frac{k_m}{k_1}\boldsymbol{a}_m,$$

即 $\boldsymbol{a}_1$ 可由 $\boldsymbol{a}_2, \cdots, \boldsymbol{a}_m$ 线性表示.

(2) 充分性. 设向量组 $\boldsymbol{A}$ 中有某个向量可由其余 $m-1$ 个向量线性表示，不妨设 $\boldsymbol{a}_m$ 可由 $\boldsymbol{a}_1, \cdots, \boldsymbol{a}_{m-1}$ 线性表示，即有 $\lambda_1, \lambda_2, \cdots, \lambda_{m-1}$，使

$$\boldsymbol{a}_m=\lambda_1\boldsymbol{a}_1+\lambda_2\boldsymbol{a}_2+\cdots+\lambda_{m-1}\boldsymbol{a}_{m-1},$$

于是

$$\lambda_1\boldsymbol{a}_1+\lambda_2\boldsymbol{a}_2+\cdots+\lambda_{m-1}\boldsymbol{a}_{m-1}+(-1)\boldsymbol{a}_m=0$$

因为，$\lambda_1, \lambda_2, \cdots, \lambda_{m-1}, -1$ 这 m 个数不全为零，所以，向量组 $\boldsymbol{A}$ 线性相关.

定理2 若向量组 $\boldsymbol{A}$：$\boldsymbol{a}_1, \boldsymbol{a}_2, \cdots, \boldsymbol{a}_r$ 线性相关，则向量组 $\boldsymbol{B}$：$\boldsymbol{a}_1, \boldsymbol{a}_2, \cdots, \boldsymbol{a}_r, \boldsymbol{a}_{r+1}$ 也线性相关. 换言之，若向量组 $\boldsymbol{B}$ 线性无关，则向量组 $\boldsymbol{A}$ 也线性无关.

证明 由于向量组 $\boldsymbol{a}_1, \boldsymbol{a}_2, \cdots, \boldsymbol{a}_r$ 线性相关，所以存在不全为零的 r 个数 $k_1, k_2, \cdots, k_r$，使

$$k_1\boldsymbol{a}_1+k_2\boldsymbol{a}_2+\cdots+k_r\boldsymbol{a}_r=0,$$

从而

$$k_1\boldsymbol{a}_1+k_2\boldsymbol{a}_2+\cdots+k_r\boldsymbol{a}_r+0\cdot\boldsymbol{a}_{r+1}=0.$$

且 $k_1, k_2, \cdots, k_r$，$r+1$ 个数不全为零. 因此，$\boldsymbol{a}_1, \boldsymbol{a}_2, \cdots, \boldsymbol{a}_r, \boldsymbol{a}_{r+1}$ 线性相关.

定理3 设向量组 $\boldsymbol{A}$：$\boldsymbol{a}_1, \boldsymbol{a}_2, \cdots, \boldsymbol{a}_r$ 线性无关，而向量组 $\boldsymbol{B}$：$\boldsymbol{a}_1, \boldsymbol{a}_2, \cdots, \boldsymbol{a}_r, \boldsymbol{b}$ 线性相关，则向量 $\boldsymbol{b}$ 必可由向量组 $\boldsymbol{A}$ 唯一地线性表示.

证明 由于向量组 $\boldsymbol{B}$：$\boldsymbol{a}_1, \boldsymbol{a}_2, \cdots, \boldsymbol{a}_r, \boldsymbol{b}$ 线性相关，所以存在不全为零的 $r+1$ 个数 $k_1, k_2, \cdots, k_r, k$，使

$$k_1\boldsymbol{a}_1+k_2\boldsymbol{a}_2+\cdots+k_r\boldsymbol{a}_r+k\boldsymbol{b}=0.$$

若 $k=0$，则 $k_1, k_2, \cdots, k_r$ 必不全为零，于是

$$k_1\boldsymbol{a}_1+k_2\boldsymbol{a}_2+\cdots+k_r\boldsymbol{a}_r=0.$$

这与向量组 $\boldsymbol{A}$：$\boldsymbol{a}_1, \boldsymbol{a}_2, \cdots, \boldsymbol{a}_r$ 线性无关矛盾，所以 $k\neq0$. 故

$$\boldsymbol{b}=-\frac{k_1}{k}\boldsymbol{a}_1-\frac{k_2}{k}\boldsymbol{a}_2-\cdots-\frac{k_r}{k}\boldsymbol{a}_r.$$

设有 $\boldsymbol{b}=\lambda_1\boldsymbol{a}_1+\lambda_2\boldsymbol{a}_2+\cdots+\lambda_r\boldsymbol{a}_r$，$\boldsymbol{b}=\mu_1\boldsymbol{a}_1+\mu_2\boldsymbol{a}_2+\cdots+\mu_r\boldsymbol{a}_r$ 两式相减，则有

$$(\lambda_1-\mu_1)\boldsymbol{a}_1+(\lambda_2-\mu_2)\boldsymbol{a}_2+\cdots+(\lambda_r-\mu_r)\boldsymbol{a}_r=0.$$

由于向量组 $\boldsymbol{A}$：$\boldsymbol{a}_1, \boldsymbol{a}_2, \cdots, \boldsymbol{a}_r$ 线性无关，$\lambda_i-\mu_i=0\ (i=1, 2, \cdots, r)$，即

$$\lambda_i=\mu_i\ (i=1, 2, \cdots, r).$$

所以，向量 $\boldsymbol{b}$ 可由向量组 $\boldsymbol{A}$ 唯一地线性表示.

定理4 向量组 $\boldsymbol{A}$：$\boldsymbol{a}_1, \boldsymbol{a}_2, \cdots, \boldsymbol{a}_r$ 线性相关 $\Leftrightarrow R(A)<r$. 换言之，向量组 $\boldsymbol{A}$：$\boldsymbol{a}_1, \boldsymbol{a}_2, \cdots, \boldsymbol{a}_r$ 线性无关 $\Leftrightarrow R(A)=r$.

证明（1） 必要性. 设向量组 $\boldsymbol{A}$：$\boldsymbol{a}_1, \boldsymbol{a}_2, \cdots, \boldsymbol{a}_r$ 线性相关，则存在不全为零的 r 个

数 k_1, k_2, $\cdots$, k_r（不妨设 $k_r \neq 0$），使

$$k_1\boldsymbol{a}_1 + k_2\boldsymbol{a}_2 + \cdots + k_r\boldsymbol{a}_r = 0,$$

即

$$\boldsymbol{a}_r = -\frac{k_1}{k_r}\boldsymbol{a}_1 - \frac{k_2}{k_r}\boldsymbol{a}_2 - \cdots - \frac{k_{r-1}}{k_r}\boldsymbol{a}_{r-1}$$

对 $\boldsymbol{A} = (\boldsymbol{a}_1, \boldsymbol{a}_2, \cdots, \boldsymbol{a}_r)$ 施行初等列变换

$$\boldsymbol{c}_r + \frac{k_1}{k_r}\boldsymbol{c}_1 + \frac{k_2}{k_r}\boldsymbol{c}_2 + \cdots + \frac{k_{r-1}}{k_r}\boldsymbol{c}_{r-1},$$

可将 $\boldsymbol{A}$ 的第 r 列变成0，则 $\boldsymbol{A} \overset{c}{\sim} (\boldsymbol{a}_1, \boldsymbol{a}_2, \cdots, \boldsymbol{a}_{r-1}, 0)$，所以

$$R(\boldsymbol{A}) = R(\boldsymbol{a}_1, \boldsymbol{a}_2, \cdots, \boldsymbol{a}_{r-1}) < r.$$

（2）充分性. 设 $R(\boldsymbol{A}) = s < r$，可用列初等变换将 $\boldsymbol{A}$ 化为列阶梯形矩阵，即存在可逆矩阵 $\boldsymbol{Q}$，使得 $\boldsymbol{AQ} = (C_{n\times s}, 0)$，矩阵 $\boldsymbol{A}$ 的列向量组 $\boldsymbol{a}_1$, $\boldsymbol{a}_2$, $\cdots$, $\boldsymbol{a}_n$ 线性相关.

定理5　若向量组 $\boldsymbol{a}_1$, $\boldsymbol{a}_2$, $\cdots$, $\boldsymbol{a}_r$ 线性相关，向量组 $\boldsymbol{b}_1$, $\boldsymbol{b}_2$, $\cdots$, $\boldsymbol{b}_r$ 可由向量组 $\boldsymbol{a}_1$, $\boldsymbol{a}_2$, $\cdots$, $\boldsymbol{a}_r$ 线性表示，则向量组 $\boldsymbol{b}_1$, $\boldsymbol{b}_2$, $\cdots$, $\boldsymbol{b}_r$ 也线性相关.

证明　向量组 $\boldsymbol{B}$: $\boldsymbol{b}_1$, $\boldsymbol{b}_2$, $\cdots$, $\boldsymbol{b}_r$ 可由向量组 $\boldsymbol{A}$: $\boldsymbol{a}_1$, $\boldsymbol{a}_2$, $\cdots$, $\boldsymbol{a}_r$ 线性表示，则有

$$\boldsymbol{B} = (\boldsymbol{b}_1, \boldsymbol{b}_2, \cdots, \boldsymbol{b}_r) = (k_{11}\boldsymbol{a}_1 + k_{12}\boldsymbol{a}_2 + \cdots + k_{1r}\boldsymbol{a}_r, \cdots, k_{r1}\boldsymbol{a}_1 + k_{r2}\boldsymbol{a}_2 + \cdots + k_{rr}\boldsymbol{a}_r),$$

即

$$\boldsymbol{B} = (\boldsymbol{a}_1, \boldsymbol{a}_2, \cdots, \boldsymbol{a}_r)\begin{bmatrix} k_{11} & k_{21} & \cdots & k_{r1} \\ k_{12} & k_{22} & \cdots & k_{r2} \\ \vdots & \vdots & & \vdots \\ k_{1r} & k_{2r} & \cdots & k_{rr} \end{bmatrix} = \boldsymbol{AK}.$$

因为矩阵 A 的列向量组线性相关，所以 $R(\boldsymbol{A}) < r$，由矩阵的秩的性质可知

$$R(\boldsymbol{B}) = R(\boldsymbol{AK}) \leqslant R(\boldsymbol{A}) < r,$$

故 $\boldsymbol{B}$ 的列向量组 $\boldsymbol{b}_1$, $\boldsymbol{b}_2$, $\cdots$, $\boldsymbol{b}_r$ 线性相关.

推论1　若向量组 $\boldsymbol{B}$: $\boldsymbol{b}_1, \boldsymbol{b}_2, \cdots, \boldsymbol{b}_r, \boldsymbol{b}_{r+s}$ 可由向量组 $\boldsymbol{A}$: $\boldsymbol{a}_1$, $\boldsymbol{a}_2$, $\cdots$, $\boldsymbol{a}_r$ 线性表示，则向量组 $\boldsymbol{B}$: $\boldsymbol{b}_1$, $\boldsymbol{b}_2$, $\cdots$, $\boldsymbol{b}_r$, $\boldsymbol{b}_{r+s}$ 线性相关.

证明　向量组 $\boldsymbol{B}$: $\boldsymbol{b}_1$, $\boldsymbol{b}_2$, $\cdots$, $\boldsymbol{b}_r$, $\boldsymbol{b}_{r+s}$ 可由向量组 $\boldsymbol{A}$: $\boldsymbol{a}_1$, $\boldsymbol{a}_2$, $\cdots$, $\boldsymbol{a}_r$, 0, $\cdots$, 0（s 个零向量）线性表示，向量组 $\boldsymbol{A}'$ 线性相关，$\boldsymbol{B}$: $\boldsymbol{b}_1$, $\boldsymbol{b}_2$, $\cdots$, $\boldsymbol{b}_r$, $\boldsymbol{b}_{r+s}$ 线性相关.

推论2　$n+1$ 个 n 维向量一定线性相关.

证明　$n+1$ 个 n 维向量组 $\boldsymbol{A}$ 一定可由

$$\boldsymbol{e}_1 = (1, 0, \cdots, 0)^{\mathrm{T}}, \ \boldsymbol{e}_2 = (0, 1, \cdots, 0)^{\mathrm{T}}, \ \cdots, \ \boldsymbol{e}_n = (0, 0, \cdots, 1)^{\mathrm{T}}$$

线性表示，由推论1立即可得结论.

习题9.2

（1）判断向量组 $\boldsymbol{\alpha}_1 = (1, 2, 0, 1)^{\mathrm{T}}$，$\boldsymbol{\alpha}_2 = (1, 3, 0, -1)^{\mathrm{T}}$，$\boldsymbol{\alpha}_3 = (-1, -1, 1, 0)^{\mathrm{T}}$ 是否线性

相关.

（2）判断向量组 $\boldsymbol{\alpha}_1=(1,\ 2,\ -1,\ 5)^{\mathrm{T}}$，$\boldsymbol{\alpha}_2=(2,\ -1,\ 1,\ 1)^{\mathrm{T}}$，$\boldsymbol{\alpha}_3=(4,\ 3,\ -1,\ 11)^{\mathrm{T}}$ 是否线性相关.

（3）设 $\boldsymbol{a}_1=\begin{pmatrix}1\\1\\2\\2\end{pmatrix}$，$\boldsymbol{a}_2=\begin{pmatrix}1\\2\\1\\3\end{pmatrix}$，$\boldsymbol{a}_3=\begin{pmatrix}1\\-1\\4\\0\end{pmatrix}$，$\boldsymbol{b}=\begin{pmatrix}1\\0\\3\\1\end{pmatrix}$，证明向量 $\boldsymbol{b}$ 能由向量组 $\boldsymbol{a}_1$，$\boldsymbol{a}_2$，$\boldsymbol{a}_3$ 线性表示，并求出表示式.

（4）已知向量组

$\boldsymbol{A}$：$\boldsymbol{a}_1=(0,\ 1,\ 1)^{\mathrm{T}}$，$\boldsymbol{a}_2=(1,\ 1,\ 0)^{\mathrm{T}}$；

$\boldsymbol{B}$：$\boldsymbol{b}_1=(1,\ 0,\ 1)^{\mathrm{T}}$，$\boldsymbol{b}_2=(1,\ 2,\ 1)^{\mathrm{T}}$，$\boldsymbol{b}_3=(3,\ 2,\ 1)^{\mathrm{T}}$. 证明 $\boldsymbol{A}$ 组与 $\boldsymbol{B}$ 组等价.

（5）判定下列向量组是线性相关还是线性无关.

① $\boldsymbol{a}_1=(1,\ 3,\ 1)^{\mathrm{T}}$，$\boldsymbol{a}_2=(2,\ 1,\ 0)^{\mathrm{T}}$，$\boldsymbol{a}_3=(1,\ 4,\ 1)^{\mathrm{T}}$；

② $\boldsymbol{b}_1=(2,\ 3,\ 0)^{\mathrm{T}}$，$\boldsymbol{b}_2=(1,\ 4,\ 0)^{\mathrm{T}}$，$\boldsymbol{b}_3=(0,\ 0,\ 2)^{\mathrm{T}}$.

（6）当 $\boldsymbol{a}$ 取什么值时，下列向量组线性相关？

$\boldsymbol{a}_1=(a,\ 1,\ 1)^{\mathrm{T}}$，$\boldsymbol{a}_2=(1,\ a,\ 1)^{\mathrm{T}}$，$\boldsymbol{a}_3=(1,\ 1,\ a)^{\mathrm{T}}$.

9.3 向量组的秩

矩阵的秩在讨论向量组的线性组合和线性相关性时，起到十分关键的作用. 向量组的秩也是一个很重要的概念，它在向量组的线性相关性问题中同样起到十分重要的作用.

定义 给定向量组 $\boldsymbol{A}$，如果存在 $\boldsymbol{A}_0\subseteq\boldsymbol{A}$，满足

（1）$\boldsymbol{A}_0$：$\boldsymbol{a}_1,\ \boldsymbol{a}_2,\ \cdots,\ \boldsymbol{a}_r$ 线性无关；

（2）向量组 $\boldsymbol{A}$ 中任意 $r+1$ 个向量（如果 $\boldsymbol{A}$ 中有 $r+1$ 个向量）都线性相关.

那么称向量组 $\boldsymbol{A}_0$ 是向量组 $\boldsymbol{A}$ 的一个极大线性无关向量组（简称极大无关组），r 称为向量组 $\boldsymbol{A}$ 的秩，记作 R_A.

规定：只含零向量的向量组的秩为零.

极大无关组的一个基本性质：向量组 $\boldsymbol{A}$ 的任意一个极大无关组 $\boldsymbol{A}_0$：$\boldsymbol{a}_1,\ \boldsymbol{a}_2,\ \cdots,\ \boldsymbol{a}_r$ 与 $\boldsymbol{A}$ 是等价的.

事实上，$\boldsymbol{A}_0$ 组可由 $\boldsymbol{A}$ 组线性表示（$\alpha=\alpha$）. 而由定义的条件（2）可知，对于 $\boldsymbol{A}$ 中任一向量 $\boldsymbol{a}$，$r+1$ 个向量 $\boldsymbol{a}_1,\ \boldsymbol{a}_2,\ \cdots,\ \boldsymbol{a}_r,\ \boldsymbol{a}$ 线性相关，而 $\boldsymbol{a}_1,\ \boldsymbol{a}_2,\ \cdots,\ \boldsymbol{a}_r$ 线性无关. a 可由 $\boldsymbol{a}_1,\ \boldsymbol{a}_2,\ \cdots,\ \boldsymbol{a}_r$ 线性表示，即 $\boldsymbol{A}$ 组可由 $\boldsymbol{A}_0$ 组线性表示. 所以 $\boldsymbol{A}_0$ 组与 $\boldsymbol{A}$ 组等价.

定理 1 矩阵的秩等于其列向量组的秩，也等于其行向量组的秩.

证明 设矩阵 $\boldsymbol{A}=(\boldsymbol{a}_1,\ \boldsymbol{a}_2,\ \cdots,\ \boldsymbol{a}_m)$，$R(\boldsymbol{A})=r$，并设 r 阶子式 $D_r\neq0$. 由 $D_r\neq0$ 知 D_r

所在的 r 个列向量线性无关；又由 $\boldsymbol{A}$ 中所有 $r+1$ 阶子式全为零知 $\boldsymbol{A}$ 中任意 $r+1$ 个列向量都线性相关. 因此 D_r 所在的 r 个列向量是 $\boldsymbol{A}$ 的列向量组的一个极大无关组，所以列向量组的秩等于 r.

类似可证矩阵 $\boldsymbol{A}$ 的行向量组的秩也等于 $R(\boldsymbol{A})$.

例如，$\boldsymbol{E}$：$\boldsymbol{e}_1, \boldsymbol{e}_2, \cdots, \boldsymbol{e}_n$ 是 n 维向量空间 $\boldsymbol{R}^n$ 的一个极大无关组，R^n 的秩等于 n.

极大无关组有如下等价定义.

推论1 设向量组 $\boldsymbol{A}_0$：$\boldsymbol{a}_1, \boldsymbol{a}_2, \cdots, \boldsymbol{a}_r$ 是向量组 $\boldsymbol{A}$ 的一个部分组，且满足

（1）$\boldsymbol{A}_0$ 线性无关；

（2）$\boldsymbol{A}$ 中任一向量都可由 $\boldsymbol{A}_0$ 线性表示.

那么，$\boldsymbol{A}_0$ 是 $\boldsymbol{A}$ 的一个极大无关组.

证明 任取 $\boldsymbol{b}_1, \boldsymbol{b}_2, \cdots, \boldsymbol{b}_{r+1} \in \boldsymbol{A}$，由条件（2）可知，这 $r+1$ 个向量可由向量组 $\boldsymbol{A}_0$ 线性表示. 根据9.2节定理5推论1可知 $\boldsymbol{b}_1, \boldsymbol{b}_2, \cdots, \boldsymbol{b}_{r+1} \in \boldsymbol{A}$ 线性相关. 因此，$\boldsymbol{A}_0$ 是 $\boldsymbol{A}$ 的一个极大无关组.

设向量组 $\boldsymbol{A}_0$：$\boldsymbol{a}_1, \boldsymbol{a}_2, \cdots, \boldsymbol{a}_r$ 构成矩阵 $\boldsymbol{A}=(a_1, a_2, \cdots, a_m)$，根据向量组的秩的定义及定理，有

$$R_A = R(\boldsymbol{a}_1, \boldsymbol{a}_2, \cdots, \boldsymbol{a}_m) = R(\boldsymbol{A}),$$

因此，$R(\boldsymbol{a}_1, \boldsymbol{a}_2, \cdots, \boldsymbol{a}_m)$ 既可理解为矩阵的秩，也可理解成向量组的秩.

定理2 如向量组 $\boldsymbol{A}$ 可以被向量组 $\boldsymbol{B}$ 线性表示，则 $R_A \leqslant R_B$.

证明 设向量组 $\boldsymbol{A}$ 和向量组 $\boldsymbol{B}$ 的极大无关组分别是 $\boldsymbol{a}_1, \boldsymbol{a}_2, \cdots, \boldsymbol{a}_s$ 与 $\boldsymbol{b}_1, \boldsymbol{b}_2, \cdots, \boldsymbol{b}_t$，显然 $\boldsymbol{a}_1, \boldsymbol{a}_2, \cdots, \boldsymbol{a}_s$ 可以被 $\boldsymbol{b}_1, \boldsymbol{b}_2, \cdots, \boldsymbol{b}_t$ 线性表示，如 $s>t$，$\boldsymbol{a}_1, \boldsymbol{a}_2, \cdots, \boldsymbol{a}_s$ 线性相关，与 $\boldsymbol{a}_1, \boldsymbol{a}_2, \cdots, \boldsymbol{a}_s$ 是极大无关组矛盾，所以 $s \leqslant t$，即 $R_A \leqslant R_B$.

定理3 设有两个同维数的向量组 $\boldsymbol{A}$ 和向量组 $\boldsymbol{B}$，向量组 $\boldsymbol{C}$ 由向量组 $\boldsymbol{A}$ 和向量组 $\boldsymbol{B}$ 合并而成，则向量组 $\boldsymbol{B}$ 可由向量组 $\boldsymbol{A}$ 线性表示的充要条件是 $R_A = R_C$.

向量 $\boldsymbol{b}$ 可由向量组 $\boldsymbol{A}$：$\boldsymbol{a}_1, \boldsymbol{a}_2, \cdots, \boldsymbol{a}_m$ 线性表示的充要条件是

$$R(\boldsymbol{a}_1, \boldsymbol{a}_2, \cdots, \boldsymbol{a}_m) = R(\boldsymbol{a}_1, \boldsymbol{a}_2, \cdots, \boldsymbol{a}_m, \boldsymbol{b}).$$

证明 设 $R(A)=r$，并设 $\boldsymbol{A}_0$：$\boldsymbol{a}_1, \boldsymbol{a}_2, \cdots, \boldsymbol{a}_r$ 是 $\boldsymbol{A}$ 组的一个极大无关组.

（1）必要性. $\boldsymbol{C}$ 组由 $\boldsymbol{A}$ 组和 $\boldsymbol{B}$ 组合并而成，由于 $\boldsymbol{B}$ 组可由 $\boldsymbol{A}$ 组表示，所以 $\boldsymbol{C}$ 组可由 $\boldsymbol{A}$ 组表示，由定理2，$R_C \leqslant R_A$，显然 $\boldsymbol{A}$ 组可由 $\boldsymbol{C}$ 组表示，所以 $R_A \leqslant R_C$，$R_A = R_C$.

（2）充分性. 任取 $\boldsymbol{b} \in \boldsymbol{B}$. 由于 $r = R(\boldsymbol{a}_1, \boldsymbol{a}_2, \cdots, \boldsymbol{a}_r) \leqslant R(\boldsymbol{a}_1, \boldsymbol{a}_2, \cdots, \boldsymbol{a}_r, \boldsymbol{b}) \leqslant R_C = R_A = r$，则 $R(\boldsymbol{a}_1, \boldsymbol{a}_2, \cdots, \boldsymbol{a}_r, \boldsymbol{b}) = r$，可知向量组 $\boldsymbol{a}_1, \boldsymbol{a}_2, \cdots, \boldsymbol{a}_r, \boldsymbol{b}$ 线性相关，而向量组 $\boldsymbol{A}_0$：$\boldsymbol{a}_1, \boldsymbol{a}_2, \cdots, \boldsymbol{a}_r$ 线性无关. 由定理2可知，$\boldsymbol{b}$ 可由 $\boldsymbol{A}_0$ 组表示，所以 $\boldsymbol{b}$ 可由 $\boldsymbol{A}$ 组表示. 由 $\boldsymbol{b}$ 的任意性，于是 $\boldsymbol{B}$ 组可由 $\boldsymbol{A}$ 组表示.

推论2 设 $\boldsymbol{A}$ 和 $\boldsymbol{B}$ 是两个同维数的向量组，向量组 $\boldsymbol{C}$ 由向量组 $\boldsymbol{A}$ 和向量组 $\boldsymbol{B}$ 合并而成，则向量组 $\boldsymbol{A}$ 与向量组 $\boldsymbol{B}$ 等价的充分必要条件是 $R_A = R_B = R_C$.

例1 设 n 维向量组 $\boldsymbol{A}$：$\boldsymbol{a}_1, \boldsymbol{a}_2, \cdots, \boldsymbol{a}_m$ 构成 $n \times m$ 矩阵 $\boldsymbol{A}=(\boldsymbol{a}_1, \boldsymbol{a}_2, \cdots, \boldsymbol{a}_m)$. 证明：

任一 n 维向量可由向量组 A 线性表示的充要条件是 $R(A)=n$.

证明 （1）必要性. 由于任一 n 维向量可由向量组 A 线性表示，故向量组 $e_1, e_2, \cdots, e_n$ 可由向量组 A 线性表示，从而根据定理3，有 $R(A)=R(A, E)$. 而

$$n \leqslant R(E) \leqslant R(A, E) \leqslant n,$$

所以 $R(A, E)=n$，因此 $R(A)=n$.

（2）充分性. 设 β 是任一 n 维向量，$n=R(A) \leqslant R(A, \beta) \leqslant n$，则 $R(A)=R(A, \beta)$，所以由定理3可知 β 可由向量组 A 线性表示.

例2 设矩阵

$$A=\begin{pmatrix} 1 & -2 & 1 & 0 & -2 \\ 4 & 4 & -8 & 7 & 7 \\ 3 & -7 & 4 & -3 & 0 \\ 2 & 5 & -7 & 6 & 5 \end{pmatrix},$$

求矩阵 A 的列向量组的一个极大无关组，并把不属于极大无关组的列向量用极大无关组线性表示.

解 由于

$$A \triangleq (a_1, a_2, a_3, a_4, a_5) \overset{r}{\sim} \begin{pmatrix} 1 & 0 & -1 & 0 & 4 \\ 0 & 1 & -1 & 0 & 3 \\ 0 & 0 & 0 & 1 & -3 \\ 0 & 0 & 0 & 0 & 0 \end{pmatrix} \triangleq (b_1, b_2, b_3, b_4, b_5) \triangleq B,$$

而方程 $Ax=0$ 与 $Bx=0$ 同解，即方程

$$x_1 a_1 + x_2 a_2 + x_3 a_3 + x_4 a_4 + x_5 a_5 = 0 \quad 与 \quad x_1 b_1 + x_2 b_2 + x_3 b_3 + x_4 b_4 + x_5 b_5 = 0$$

同解，因此向量 a_1, a_2, a_3, a_4, a_5 之间与向量 b_1, b_2, b_3, b_4, b_5 之间有相同的线性关系. 而 b_1, b_2, b_4 是 b_1, b_2, b_3, b_4, b_5 的一个极大无关组，且 $b_3=-b_1-b_2$，$b_5=4b_1+3b_2-3b_4$，所以 a_1, a_2, a_4 是 a_1, a_2, a_3, a_4, a_5 的一个极大无关组，且 $a_3=-a_1-a_2$，$a_5=4a_1+3a_2-3a_4$.

习题9.3

（1）举例说明下列各命题是错误的：

①若向量组 $a_1, a_2, \cdots, a_m$ 是线性相关的，则 a_1 可由 $a_2, \cdots, a_m$ 线性表示.

②若有不全为零的数 $\lambda_1, \lambda_2, \cdots, \lambda_m$ 使 $\lambda_1 a_1 + \cdots + \lambda_m a_m + \lambda_1 b_1 + \cdots + \lambda_m b_m = 0$ 成立，则 $a_1, \cdots, a_m$ 线性相关，$b_1, \cdots, b_m$ 也线性相关.

③若只有当 $\lambda_1, \lambda_2, \cdots, \lambda_m$ 全为零时，等式 $\lambda_1 a_1 + \cdots + \lambda_m a_m + \lambda_1 b_1 + \cdots + \lambda_m b_m = 0$ 才能成立，则 $a_1, \cdots, a_m$ 线性无关，$b_1, \cdots, b_m$ 也线性无关.

④若 $a_1, \cdots, a_m$ 线性相关，$b_1, \cdots, b_m$ 也线性相关，则有不全为零的数 $\lambda_1, \lambda_2, \cdots, \lambda_m$，使 $\lambda_1 a_1 + \cdots + \lambda_m a_m = 0$, $\lambda_1 b_1 + \cdots + \lambda_m b_m = 0$ 同时成立.

（2）利用初等行变换求下列矩阵的列向量组的一个最大无关组，并把其余列向量用

最大无关组线性表示：

① $\begin{pmatrix} 25 & 31 & 17 & 43 \\ 75 & 94 & 53 & 132 \\ 75 & 94 & 54 & 134 \\ 25 & 32 & 20 & 48 \end{pmatrix}$；　　② $\begin{pmatrix} 1 & 1 & 2 & 2 & 1 \\ 0 & 2 & 1 & 5 & -1 \\ 2 & 0 & 3 & -1 & 3 \\ 1 & 1 & 0 & 4 & -1 \end{pmatrix}$.

（3）求下列向量组的秩，并求一个最大无关组：

① $\boldsymbol{a}_1=\begin{pmatrix} 1 \\ 2 \\ -1 \\ 4 \end{pmatrix}$， $\boldsymbol{a}_2=\begin{pmatrix} 9 \\ 100 \\ 10 \\ 4 \end{pmatrix}$， $\boldsymbol{a}_3=\begin{pmatrix} -2 \\ -4 \\ 2 \\ -8 \end{pmatrix}$；

② $\boldsymbol{a}_1=(1,\ 2,\ 1,\ 3)^{\mathrm{T}}$， $\boldsymbol{a}_2=(4,\ -1,\ -5,\ -6)^{\mathrm{T}}$， $\boldsymbol{a}_3=(1,\ -3,\ -4,\ -7)^{\mathrm{T}}$.

（4）设向量组 $\boldsymbol{\alpha}_1=(a,\ 3,\ 1)^{\mathrm{T}}, \boldsymbol{\alpha}_2=(2,\ b,\ 3)^{\mathrm{T}}, \boldsymbol{\alpha}_3=(1,\ 2,\ 1)^{\mathrm{T}}, \boldsymbol{\alpha}_4=(2,\ 3,\ 1)^{\mathrm{T}}$ 的秩为2，求 a，b.

9.4　向量的内积与正交矩阵

定义1　设有 n 维向量 $\boldsymbol{x}=(x_1,\ x_2,\ \cdots,\ x_n)^{\mathrm{T}}$， $\boldsymbol{y}=(y_1,\ y_2,\ \cdots,\ y_n)^{\mathrm{T}}$，令

$$[x,\ y]=x_1y_1+x_2y_2+\cdots+x_ny_n,$$

称 $[\boldsymbol{x},\ \boldsymbol{y}]$ 为向量 $\boldsymbol{x}$ 与 $\boldsymbol{y}$ 的内积.

当 $\boldsymbol{x}$ 与 $\boldsymbol{y}$ 都是列向量时，有 $[\boldsymbol{x},\ \boldsymbol{y}]=\boldsymbol{x}^{\mathrm{T}}\boldsymbol{y}$.

内积具有下列性质（其中 $\boldsymbol{x}$，$\boldsymbol{y}$，$\boldsymbol{z}$ 为 n 维向量，λ 为实数）.

（1） $[\boldsymbol{x},\ \boldsymbol{y}]=[\boldsymbol{y},\ \boldsymbol{x}]$；

（2） $[\lambda\boldsymbol{x},\ \boldsymbol{y}]=\lambda[\boldsymbol{x},\ \boldsymbol{y}]$；

（3） $[\boldsymbol{x}+\boldsymbol{y},\ \boldsymbol{z}]=[\boldsymbol{x},\ \boldsymbol{z}]+[\boldsymbol{y},\ \boldsymbol{z}]$；

（4）当 $\boldsymbol{x}=0$ 时，$[\boldsymbol{x},\ \boldsymbol{x}]=0$；当 $\boldsymbol{x}\neq 0$ 时，$[\boldsymbol{x},\ \boldsymbol{x}]>0$.

这些性质可根据内积定义直接证明.

定义2　令

$$\|\boldsymbol{x}\|=\sqrt{[\boldsymbol{x},\boldsymbol{x}]}=\sqrt{x_1^2+x_2^2+\cdots+x_n^2}$$

称 $\|\boldsymbol{x}\|$ 为 n 维向量 $\boldsymbol{x}$ 的长度（或范数）.

当 $\|\boldsymbol{x}\|=1$ 时，称 $\boldsymbol{x}$ 为单位向量.

向量的长度具有下述性质.

（1）非负性：当 $\boldsymbol{x}\neq 0$ 时，$\|\boldsymbol{x}\|>0$；当 $\boldsymbol{x}=0$ 时，$\|\boldsymbol{x}\|=0$.

（2）齐次性：$\|\lambda\boldsymbol{x}\|=|\lambda|\cdot\|\boldsymbol{x}\|$.

（3）三角不等式：$\|\boldsymbol{x}+\boldsymbol{y}\|\leqslant\|\boldsymbol{x}\|+\|\boldsymbol{y}\|$.

证明　（1）与（2）是显然的，只需证明（3）. 因为

$$\|\boldsymbol{x}+\boldsymbol{y}\|^2=[\boldsymbol{x}+\boldsymbol{y},\boldsymbol{x}+\boldsymbol{y}]=[\boldsymbol{x},\boldsymbol{x}]+2[\boldsymbol{x},\boldsymbol{y}]+[\boldsymbol{y},\boldsymbol{y}]\leqslant\|\boldsymbol{x}\|^2+2\|\boldsymbol{x}\|\cdot\|\boldsymbol{y}\|+\|\boldsymbol{y}\|^2=(\|\boldsymbol{x}\|+\|\boldsymbol{y}\|)^2,$$

所以

$$\|x+y\| \leqslant \|x\|+\|y\|.$$

上面证明中用到了施瓦茨不等式. 即当 $x \neq 0$, $y \neq 0$ 时,

$$\left|\frac{[x, y]}{\|x\| \cdot\|y\|}\right| \leqslant 1.$$

事实上，由于

$$\varphi(t) \triangleq[t x+y, t x+y]=t^{2}[x, x]+2 t[x, y]+[y, y] \geqslant 0,$$

因此

$$\Delta=4\left([x, y]^{2}-[x, x][y, y]\right) \leqslant 0,$$

而 $x \neq 0$, $y \neq 0$, 所以 $\left|\frac{[x, y]}{\|x\| \cdot\|y\|}\right| \leqslant 1.$

由上述可得如下定义:

（1）当 $x \neq 0$, $y \neq 0$ 时, $\theta=\arccos \left|\frac{[x, y]}{\|x\| \cdot\|y\|}\right|$ 称为 n 维向量 x 与 y 的夹角.

（2）当 $[x, y]=0$ 时，称向量 x 与 y 正交. 显然，若 $x=0$ ，则 x 与任何向量都正交.

定理 若 n 维向量 $\alpha_1, \alpha_2, \cdots, \alpha_r$ 是一组两两正交的非零向量，则 $\alpha_1, \alpha_2, \cdots, \alpha_r$ 线性无关.

证明 设有 $\lambda_1, \lambda_2, \cdots, \lambda_r$, 使

$$\lambda_1 \alpha_1+\lambda_2 \alpha_2+\cdots+\lambda_r \alpha_r=0,$$

以 α_i^{T} 左乘上式两端，得 $\lambda_i \alpha_i^{\mathrm{T}} \alpha_i=0$ ，因 $\alpha_i \neq 0$ ，故

$$\alpha_i^{\mathrm{T}} \alpha_i=\|\alpha_i\|^2 \neq 0,$$

从而必有 $\lambda_i=0\ (i=1,2, \cdots, r)$. 因此，向量组 $\alpha_1, \alpha_2, \cdots, \alpha_r$ 线性无关.

定义 3 设 n 维向量 e_1, e_2, $\cdots$, e_r 是向量空间 $V\left(V \subseteq R^n\right)$ 的一个基，如果 e_1，e_2，$\cdots$，e_r 两两正交，且都是单位向量，则称 e_1，e_2，$\cdots$，e_r 是 V 的一个规范正交基.

例如，$e_1=\frac{1}{3}\begin{pmatrix}1 \\ -2 \\ -2\end{pmatrix}$, $e_2=\frac{1}{3}\begin{pmatrix}2 \\ -1 \\ 2\end{pmatrix}$, $e_3=\frac{1}{3}\begin{pmatrix}2 \\ 2 \\ -1\end{pmatrix}$ 就是 R^3 的一个规范正交基.

为了计算方便，需要从向量空间 V 的一个基 $\alpha_1, \alpha_2, \cdots, \alpha_r$ 出发，找出 V 的一个规范正交基 e_1，e_2，$\cdots$，e_r，使 e_1，e_2，$\cdots$，e_r 与 $\alpha_1, \alpha_2, \cdots, \alpha_r$ 等价，称为把 $\alpha_1, \alpha_2, \cdots, \alpha_r$ 这个基规范正交化.

施密特正交化 设 $\alpha_1, \alpha_2, \cdots, \alpha_r$ 是向量空间 V 中的一个基，首先将 $\alpha_1, \alpha_2, \cdots, \alpha_r$ 正交化:

$$\beta_1=\alpha_1$$

$$\beta_2=\alpha_2-\frac{[\beta_1, \alpha_2]}{[\beta_1, \beta_1]} \beta_1$$

$$\cdots\cdots$$

$$\boldsymbol{\beta}_r=\boldsymbol{\alpha}_r-\frac{[\boldsymbol{\beta}_1,\ \boldsymbol{\alpha}_r]}{[\boldsymbol{\beta}_1,\ \boldsymbol{\beta}_1]}\boldsymbol{\beta}_1-\frac{[\boldsymbol{\beta}_2,\ \boldsymbol{\alpha}_r]}{[\boldsymbol{\beta}_2,\ \boldsymbol{\beta}_2]}\boldsymbol{\beta}_2-\cdots-\frac{[\boldsymbol{\beta}_{r-1},\ \boldsymbol{\alpha}_r]}{[\boldsymbol{\beta}_{r-1},\ \boldsymbol{\beta}_{r-1}]}\boldsymbol{\beta}_{r-1}$$

然后将 $\boldsymbol{\beta}_1, \boldsymbol{\beta}_2, \cdots, \boldsymbol{\beta}_r$ 单位化：

$$\boldsymbol{e}_1=\frac{1}{\|\boldsymbol{\beta}_1\|}\boldsymbol{\beta}_1,\ \boldsymbol{e}_2=\frac{1}{\|\boldsymbol{\beta}_2\|}\boldsymbol{\beta}_2,\ \cdots,\ \boldsymbol{e}_r=\frac{1}{\|\boldsymbol{\beta}_r\|}\boldsymbol{\beta}_r.$$

容易验证，$\boldsymbol{e}_1$，$\boldsymbol{e}_2$，$\cdots$，$\boldsymbol{e}_r$是 $\boldsymbol{V}$ 的一个规范正交基，且与 $\boldsymbol{\alpha}_1, \boldsymbol{\alpha}_2, \cdots, \boldsymbol{\alpha}_r$ 等价.

上述从线性无关向量组 $\boldsymbol{\alpha}_1, \boldsymbol{\alpha}_2, \cdots, \boldsymbol{\alpha}_r$ 导出正交向量组 $\boldsymbol{\beta}_1, \boldsymbol{\beta}_2, \cdots, \boldsymbol{\beta}_r$ 的过程称为施密特正交化过程. 满足的条件是：对任何 $k\,(1\leqslant k\leqslant r)$，向量组 $\boldsymbol{\beta}_1, \boldsymbol{\beta}_2, \cdots, \boldsymbol{\beta}_k$ 与 $\boldsymbol{\alpha}_1, \boldsymbol{\alpha}_2, \cdots, \boldsymbol{\alpha}_k$ 等价.

例　试用施密特正交化过程将线性无关向量组

$$\boldsymbol{\alpha}_1=(1,\ 1,\ 1)^{\mathrm{T}},\ \boldsymbol{\alpha}_2=(1,\ 2,\ 3)^{\mathrm{T}},\ \boldsymbol{\alpha}_3=(1,\ 4,\ 9)^{\mathrm{T}}$$

规范正交化.

解　取

$$\boldsymbol{\beta}_1=\boldsymbol{\alpha}_1=\begin{pmatrix}1\\1\\1\end{pmatrix},\ \boldsymbol{\beta}_2=\boldsymbol{\alpha}_2-\frac{[\boldsymbol{\beta}_1,\boldsymbol{\alpha}_2]}{[\boldsymbol{\beta}_1,\boldsymbol{\beta}_1]}\boldsymbol{\beta}_1=\begin{pmatrix}-1\\0\\1\end{pmatrix},\ \boldsymbol{\beta}_3=\boldsymbol{\alpha}_3-\frac{[\boldsymbol{\beta}_1,\boldsymbol{\alpha}_3]}{[\boldsymbol{\beta}_1,\boldsymbol{\beta}_1]}\boldsymbol{\beta}_1-\frac{[\boldsymbol{\beta}_2,\boldsymbol{\alpha}_3]}{[\boldsymbol{\beta}_2,\boldsymbol{\beta}_2]}\boldsymbol{\beta}_2=\frac{1}{3}\begin{pmatrix}1\\-2\\1\end{pmatrix},$$

再取

$$\boldsymbol{e}_1=\frac{\boldsymbol{\beta}_1}{\|\boldsymbol{\beta}_1\|}=\frac{1}{\sqrt{3}}\begin{pmatrix}1\\1\\1\end{pmatrix},\ \boldsymbol{e}_2=\frac{\boldsymbol{\beta}_2}{\|\boldsymbol{\beta}_2\|}=\frac{1}{\sqrt{2}}\begin{pmatrix}-1\\0\\1\end{pmatrix},\ \boldsymbol{e}_3=\frac{\boldsymbol{\beta}_3}{\|\boldsymbol{\beta}_3\|}=\frac{1}{\sqrt{6}}\begin{pmatrix}1\\-2\\1\end{pmatrix},$$

$\boldsymbol{e}_1$，$\boldsymbol{e}_2$，$\boldsymbol{e}_3$ 即为所求.

定义4　若 n 阶方阵 $\boldsymbol{A}$ 满足 $\boldsymbol{A}^{\mathrm{T}}\boldsymbol{A}=\boldsymbol{E}$（即 $\boldsymbol{A}^{-1}=\boldsymbol{A}^{\mathrm{T}}$），则称 $\boldsymbol{A}$ 为正交矩阵，简称正交阵.

正交阵有下述性质：

（1）若 $\boldsymbol{A}$ 为正交阵，则 $\boldsymbol{A}^{-1}=\boldsymbol{A}^{\mathrm{T}}$ 也是正交阵，且 $|\boldsymbol{A}|=\pm 1$；

（2）若 $\boldsymbol{A}$ 和 $\boldsymbol{B}$ 都是正交阵，则 $\boldsymbol{AB}$ 也是正交阵；

（3）方阵 $\boldsymbol{A}$ 为正交阵的充要条件是 $\boldsymbol{A}$ 的 n 个列（或行）向量构成向量空间 $\boldsymbol{R}^n$ 的一个规范正交基.

证明　性质（1）、（2）显然成立. 下面证明性质（3）.

就列向量加以证明. 设 $\boldsymbol{A}=(\boldsymbol{a}_1,\ \boldsymbol{a}_2,\ \cdots,\ \boldsymbol{a}_n)$，因为

$$\boldsymbol{A}^{\mathrm{T}}\boldsymbol{A}=\begin{pmatrix}a_1^{\mathrm{T}}\\a_2^{\mathrm{T}}\\\vdots\\a_n^{\mathrm{T}}\end{pmatrix}(\boldsymbol{a}_1,\ \boldsymbol{a}_2,\ \cdots,\ \boldsymbol{a}_n),$$

所以

$$\boldsymbol{A}^{\mathrm{T}}\boldsymbol{A}=\boldsymbol{E}\Leftrightarrow(\boldsymbol{a}_i^{\mathrm{T}}\boldsymbol{a}_j)=(\delta_{ij}),$$

即 $\boldsymbol{A}$ 为正交阵的充要条件是 $\boldsymbol{A}$ 的 n 个列向量构成向量空间 $\boldsymbol{R}^n$ 的一个规范正交基.

定义5 若 $\boldsymbol{P}$ 为正交阵，则线性变换 $\boldsymbol{y}=\boldsymbol{P}\boldsymbol{x}$ 称为正交变换.

设 $\boldsymbol{y}=\boldsymbol{P}\boldsymbol{x}$ 为正交变换，则有

$$\|\boldsymbol{y}\|=\sqrt{\boldsymbol{y}^{\mathrm{T}}\boldsymbol{y}}=\sqrt{\boldsymbol{x}^{\mathrm{T}}\boldsymbol{P}^{\mathrm{T}}\boldsymbol{P}\boldsymbol{x}}=\sqrt{\boldsymbol{x}^{\mathrm{T}}\boldsymbol{x}}=\|\boldsymbol{x}\|,$$

由此可知，经正交变换两点间的距离保持不变，这是正交变换的优良特性.

习题9.4

（1）已知 $(\boldsymbol{\alpha},\ \boldsymbol{\beta})=2$，$\|\boldsymbol{\beta}\|=1$，$(\boldsymbol{\alpha},\ \boldsymbol{\gamma})=3$，$(\boldsymbol{\beta},\ \boldsymbol{\gamma})=-1$，求内积 $(2\boldsymbol{\alpha}+\boldsymbol{\beta},\ \boldsymbol{\beta}-3\boldsymbol{\gamma})$.

（2）求一个与 $\boldsymbol{\alpha}_1=(1,\ -2,\ 3)$，$\boldsymbol{\alpha}_2=(2,\ 2,\ 0)$ 都正交的单位向量.

（3）设 $\boldsymbol{A}$ 为正交矩阵，证明 $\boldsymbol{A}$ 的伴随矩阵 $\boldsymbol{A}^*$ 也是正交矩阵.

（4）设方阵 $\boldsymbol{A}=\boldsymbol{E}-2\boldsymbol{\alpha}\boldsymbol{\alpha}^{\mathrm{T}}$，其中 $\boldsymbol{E}$ 为 n 阶单位矩阵，$\boldsymbol{\alpha}$ 为 n 维单位列向量. 证明 $\boldsymbol{A}$ 为对称的正交矩阵.

（5）试用施密特正交化方法将向量组 $\boldsymbol{\alpha}_1=(1,\ 1,\ 2,\ 3)^{\mathrm{T}}$，$\boldsymbol{\alpha}_2=(-1,\ 1,\ 4,\ -1)^{\mathrm{T}}$ 化成正交单位向量组.

第10章　线性方程组

10.1　线性方程组与矩阵的行等价

10.1.1　线性方程组

定义1　多元一次方程组 $\begin{cases} a_{11}x_1 + a_{12}x_2 + \cdots + a_{1n}x_n = b_1 \\ a_{21}x_1 + a_{22}x_2 + \cdots + a_{2n}x_n = b_2 \\ \cdots\cdots \\ a_{m1}x_1 + a_{m2}x_2 + \cdots + a_{mn}x_n = b_m \end{cases}$ 称为线性方程组.

方程组有 m 个方程，n 个未知数 x_i（$i=1$，2，…，n），而 a_{ij}（$i=1$，2，…，n；$j=1$，2，…，m）是未知数的系数，b_j（$j=1$，2，…，m）是常数项.

如果 $b_j=0$（$j=1$，2，…，m），则称为齐次线性方程组，否则称为非齐次线性方程组.

数组 c_1，c_2，…，c_n 是方程组的一个解，如果用它们分别代替方程组中的未知数 x_1，x_2，…，x_n，可以使方程组变成等式组. 方程组的全部解的集合称为方程组的通解. 相对于通解，称方程组的一个解为特解.

定义2　如果两个线性方程组有相同的通解，则称它们同解.

按照定义，两个方程组同解是指解的集合相等. 集合相等是一种等价关系，因此，方程组同解也是一种等价关系. 方程组同解具有传递性.

通过消元，可将线性方程组变成比较简单的同解方程组，从而得到原方程组的解.

例1　解线性方程组 $\begin{cases} 2x_1 - x_2 + 3x_3 = 1 \\ 2x_1 + x_2 + x_3 = 5 \\ 4x_1 + x_2 + 2x_3 = 5 \end{cases}$.

解　从上向下消元，得同解方程组 $\begin{cases} 2x_1 - x_2 + 3x_3 = 1 \\ 2x_1 + 2x_3 = 4 \\ -x_3 = -3 \end{cases}$. 这种方程组称为阶梯形方程组.

从下向上消元，得同解方程组 $\begin{cases} 2x_1 = -3 \\ 2x_2 = 10 \\ -x_3 = -3 \end{cases}$.

再除以第一个未知数的系数，得线性方程组的解 $x_1=-\dfrac{3}{2}$，$x_2=5$，$x_3=3$.

注：加减消元法是解线性方程组的基本方法.

定义 3 下列三种运算称为方程组的初等变换.

（1）交换两个方程的位置；

（2）用一个非零常数乘以一个方程；

（3）将一个方程的 k 倍加到另一个方程上去.

注：如果用一种初等变换将一个线性方程组变成另一个线性方程组，则也可以用初等变换将后者变成前者，即初等变换的过程是可逆的.

定理 1 用初等变换得到的新的线性方程组与原方程组同解.

证明 先证明只进行一次初等变换.

首先，如果一组数是原方程组的解，则它满足方程组中的每一个方程. 之后，无论进行的是哪种初等变换，这组数也满足新方程组的每个方程，即新方程组的解. 反之，由于初等变换的可逆性，新方程组的解也是原方程组的解. 因此，两个方程组同解. 最后，由于方程组同解的传递性，进行任意多次初等变换所得方程组与原方程组同解.

10.1.2 矩阵的行等价

用矩阵乘法可以将线性方程组 $\begin{cases}a_{11}x_1+a_{12}x_2+\cdots+a_{1n}x_n=b_1\\a_{21}x_1+a_{22}x_2+\cdots+a_{2n}x_n=b_2\\\qquad\cdots\cdots\\a_{m1}x_1+a_{m2}x_2+\cdots+a_{mn}x_n=b_m\end{cases}$ 写作

$$\begin{pmatrix}a_{11}&a_{12}&\cdots&a_{1n}\\a_{21}&a_{22}&\cdots&a_{2n}\\\vdots&\vdots&&\vdots\\a_{m1}&a_{m2}&\cdots&a_{mn}\end{pmatrix}\begin{pmatrix}x_1\\x_2\\\vdots\\x_n\end{pmatrix}=\begin{pmatrix}b_1\\b_2\\\vdots\\b_m\end{pmatrix},$$

称为线性方程组的矩阵表示. 其中 $m\times n$ 矩阵 $\boldsymbol{A}=(a_{ij})$ 称为方程组的系数矩阵，$n\times 1$ 列矩阵 $\boldsymbol{x}=(x_1, x_2, \cdots, x_n)^{\mathrm{T}}$ 称为未知数（矩阵），$m\times 1$ 列矩阵 $\boldsymbol{b}=(b_1, b_2, \cdots, b_m)^{\mathrm{T}}$ 称为常数（矩阵）. 此时，线性方程组可以简写作 $\boldsymbol{Ax}=\boldsymbol{b}$.

如果数组 c_1，c_2，$\cdots$，c_n 是线性方程组 $\boldsymbol{Ax}=\boldsymbol{b}$ 的解，令列矩阵 $\boldsymbol{\xi}=(c_1, c_2, \cdots, c_n)^{\mathrm{T}}$，则有矩阵等式 $\boldsymbol{A\xi}=\boldsymbol{b}$. 列矩阵 $\boldsymbol{\xi}=(c_1, c_2, \cdots, c_n)^{\mathrm{T}}$ 是方程组的解的矩阵表示.

将常数矩阵添加到系数矩阵上作为最后一列，得到分块矩阵 $\bar{\boldsymbol{A}}=(\boldsymbol{A}, \boldsymbol{b})$，称为线性方程组的增广矩阵. 线性方程组与其增广矩阵是互相唯一确定的. 因此，可以将方程组的语言翻译成矩阵的语言.

定理 2 如果两个线性方程组的增广矩阵行等价，则这两个线性方程组同解.

通过初等变换，可以从线性方程组产生一个阶梯形方程组. 换成矩阵的语言，通过行初等变换，可以从矩阵产生下面的具有特殊结构的矩阵.

如果矩阵中某行中所有元素都是0，则称为零行，否则称为非零行.

定义4　具有下面的性质的矩阵称为行阶梯形阵.

（1）非零行在上，零行在下；

（2）每个非零行的第一个非零元素（首元素）在上面的非零行的首元素的右下方.

例1　用行初等变换化简矩阵 $\boldsymbol{A}=\begin{pmatrix}2 & -1 & 3 & 1\\ 2 & 1 & 1 & 5\\ 4 & 1 & 2 & 5\end{pmatrix}$.

解　作行初等变换，得

$$\boldsymbol{A}=\begin{pmatrix}2 & -1 & 3 & 1\\ 2 & 1 & 1 & 5\\ 4 & 1 & 2 & 5\end{pmatrix}\xrightarrow{r}\begin{pmatrix}2 & -1 & 3 & 1\\ 0 & 2 & -2 & 4\\ 0 & 3 & -4 & 3\end{pmatrix}\xrightarrow{r}\begin{pmatrix}2 & -1 & 3 & 1\\ 0 & 2 & -2 & 4\\ 0 & 0 & -1 & -3\end{pmatrix}.$$

经过消元，得到的已经是行阶梯形阵. 继续消元，得

$$\boldsymbol{A}\xrightarrow{r}\begin{pmatrix}2 & -1 & 3 & 1\\ 0 & 2 & -2 & 4\\ 0 & 0 & -1 & -3\end{pmatrix}\xrightarrow{r}\begin{pmatrix}2 & -1 & 0 & -8\\ 0 & 2 & 0 & 10\\ 0 & 0 & -1 & -3\end{pmatrix}\xrightarrow{r}\begin{pmatrix}2 & 0 & 0 & -3\\ 0 & 2 & 0 & 10\\ 0 & 0 & -1 & -3\end{pmatrix}.$$

最后，每行除以其首元素，得

$$\boldsymbol{A}\xrightarrow{r}\begin{pmatrix}2 & 0 & 0 & -3\\ 0 & 2 & 0 & 10\\ 0 & 0 & -1 & -3\end{pmatrix}\xrightarrow{r}\begin{pmatrix}1 & 0 & 0 & -\dfrac{3}{2}\\ 0 & 1 & 0 & 5\\ 0 & 0 & 1 & 3\end{pmatrix}.$$

定义5　具有下列性质的行阶梯形阵称为行最简阵.

（1）每个非零行的首元素等于1；

（2）包含首元素的列的其他元素都是0.

在上面的例子中，最后得到的是行最简阵. 由以上讨论可得下面定理.

定理3　对于任意矩阵$\boldsymbol{A}$，存在一个行最简阵$\boldsymbol{R}$，使得$\boldsymbol{A}$与$\boldsymbol{R}$行等价.

如果矩阵$\boldsymbol{A}$与行阶梯形阵$\boldsymbol{R}$行等价，则称$\boldsymbol{R}$是$\boldsymbol{A}$的行阶梯形阵. 如果$\boldsymbol{A}$与行最简阵$\boldsymbol{R}$行等价，则称$\boldsymbol{R}$为矩阵$\boldsymbol{A}$的行等价标准形.

矩阵的行初等变换的过程与线性方程组的初等变换的过程完全一样. 唯一的区别在于，这里只有系数和常数，没有未知数和等号. 由于增广矩阵与线性方程组可以互相唯一确定，因此缺少未知数和等号完全不影响问题的解决.

习题10.1

（1）写出线性方程组 $\begin{cases}x_1+x_2+x_3+x_4=5\\ x_1+2x_2-x_3+4x_4=-2\\ 2x_1-3x_2-x_3-5x_4=-2\\ 3x_1+x_2+2x_3+11x_4=0\end{cases}$ 的系数矩阵与增广矩阵，并用消元法

求解.

(2) 设线性方程组的增广矩阵为$\begin{pmatrix} 2 & 1 & -3 & -1 & 5 \\ 3 & -2 & 2 & 4 & 5 \\ 5 & -3 & -1 & -8 & 16 \end{pmatrix}$，写出该线性方程组，并用消元法求解.

(3) 求下列矩阵的行等价标准形：

① $\begin{pmatrix} 1 & 0 & 2 & -1 \\ 2 & 0 & 3 & 1 \\ 3 & 0 & 4 & -3 \end{pmatrix}$； ② $\begin{pmatrix} 0 & 2 & -3 & 1 \\ 0 & 3 & -4 & 3 \\ 0 & 4 & -7 & -1 \end{pmatrix}$；

③ $\begin{pmatrix} 1 & -1 & 3 & -4 & 3 \\ 3 & -3 & 5 & -4 & 1 \\ 2 & -2 & 3 & -2 & 0 \\ 3 & -3 & 4 & -2 & -1 \end{pmatrix}$； ④ $\begin{pmatrix} 2 & 3 & 1 & -3 & -7 \\ 1 & 2 & 0 & -2 & -4 \\ 3 & -2 & 8 & 3 & 0 \\ 2 & -3 & 7 & 4 & 3 \end{pmatrix}$.

(4) 求t的值，使得矩阵$\begin{pmatrix} 1 & -2 & 3 & -1 & 1 \\ 3 & -1 & 5 & -3 & 2 \\ 2 & 1 & 2 & -2 & t \end{pmatrix}$的行等价标准形恰有两个非零行.

10.2 齐次线性方程组的基础解系

齐次线性方程组的矩阵表示为$\boldsymbol{Ax}=\boldsymbol{0}$，此时方程组与其系数矩阵$\boldsymbol{A}$互相唯一确定. 齐次线性方程组$\boldsymbol{Ax}=\boldsymbol{0}$总有零解. 于是，解齐次线性方程组的基本问题是：对给定的齐次线性方程组，判定是否有非零解；如果有非零解，求出所有的解（通解）.

性质 如果列矩阵$\boldsymbol{\xi}_1$与$\boldsymbol{\xi}_2$是齐次线性方程组$\boldsymbol{Ax}=\boldsymbol{0}$的两个特解，则对于任意的数$h$和$k$，列矩阵$h\boldsymbol{\xi}_1+k\boldsymbol{\xi}_2$也是方程组的解.

证明 将$h\boldsymbol{\xi}_1+k\boldsymbol{\xi}_2$代入方程组，得

$$\boldsymbol{A}(h\boldsymbol{\xi}_1+k\boldsymbol{\xi}_2)=h\boldsymbol{A}\boldsymbol{\xi}_1+k\boldsymbol{A}\boldsymbol{\xi}_2=\boldsymbol{0}+\boldsymbol{0}=\boldsymbol{0}.$$

由10.1节定理1与定理2可得解齐次线性方程组的基础解系.

下面通过例题予以说明.

例1 求齐次线性方程组$\begin{cases} x_2+2x_3+2x_4+6x_5=0 \\ -x_1-x_2-x_3-x_4-x_5=0 \\ 3x_1+2x_2+x_3+2x_4-3x_5=0 \\ 5x_1+4x_2+3x_3+4x_4-x_5=0 \end{cases}$的通解.

解 首先写出方程组的系数矩阵

$$\boldsymbol{A}=\begin{pmatrix} 0 & 1 & 2 & 2 & 6 \\ -1 & -1 & -1 & -1 & -1 \\ 3 & 2 & 1 & 2 & -3 \\ 5 & 4 & 3 & 4 & -1 \end{pmatrix}.$$

然后作行初等变换，由矩阵$\boldsymbol{A}$产生行阶梯形阵

$$\begin{pmatrix}-1&-1&-1&-1&-1\\0&1&2&2&6\\3&2&1&2&-3\\5&4&3&4&-1\end{pmatrix}\xrightarrow{r}\begin{pmatrix}-1&-1&-1&-1&-1\\0&1&2&2&6\\0&0&0&1&0\\0&0&0&0&0\end{pmatrix}.$$

继续作行初等变换，得到矩阵$\boldsymbol{A}$的行等价标准形

$$\begin{pmatrix}-1&0&1&0&5\\0&1&2&0&6\\0&0&0&1&0\\0&0&0&0&0\end{pmatrix}\xrightarrow{r}\begin{pmatrix}1&0&-1&0&-5\\0&1&2&0&6\\0&0&0&1&0\\0&0&0&0&0\end{pmatrix}.$$

从行等价标准形得到同解方程组$\begin{cases}x_1-x_3-5x_5=0\\x_2+2x_3+6x_5=0\\x_4=0\\0=0\end{cases}$.

将行等价标准形的非零行中的首元素对应的未知数留在方程组的左边，将其余未知数移到方程组的右边，得到

$$\begin{cases}x_1=x_3+5x_5\\x_2=-2x_3-6x_5\\x_4=0\\0=0\end{cases}.$$

任意取定右边未知数（自由未知数）的值，则左边未知数（约束未知数）的值也随之确定，由此产生方程组的一个解.

实际上，由此可以得到方程组的全部解. 设$(d_1, d_2, d_3, d_4, d_5)^{\mathrm{T}}$是方程组的任意的特解，上面求解时$x_3$与$x_5$可以任意取值，自然包含取值$x_3=d_3$与$x_5=d_5$. 由于$(d_1, d_2, d_3, d_4, d_5)^{\mathrm{T}}$是方程组的解，必须满足方程组.

因此，$d_1=d_3+5d_5$，$d_2=-2d_3-6d_5$，$d_4=0$. 于是，这个特解可以由上面的方法产生.

令$x_3=h$，$x_5=k$，得到齐次线性方程组的通解$x_1=h+5k$，$x_2=-2h-6k$，$x_3=h$，$x_4=0$，$x_5=k$，其中h，k是任意常数.

在通解中，令$h=1$，$k=0$，得到齐次线性方程组的一个特解$\boldsymbol{\xi}_1=(1, -2, 1, 0, 0)^{\mathrm{T}}$. 反之，令$h=1$，$k=0$，得到另一个特解$\boldsymbol{\xi}_2=(5, -6, 0, 0, 1)^{\mathrm{T}}$. 从而得到齐次线性方程组的通解的矩阵表示：

$$x=h\boldsymbol{\xi}_1+k\boldsymbol{\xi}_2 \quad（其中h，k是任意常数）.$$

为了得到方程组的通解，只需求得特解$\boldsymbol{\xi}_1$与$\boldsymbol{\xi}_2$，因此，称$\boldsymbol{\xi}_1$，$\boldsymbol{\xi}_2$为齐次线性方程组的基础解系.

注：将一个自由未知数取1，其他自由未知数取0，得到齐次线性方程组的一个特解. 这些特解的集合就是基础解系. 因此，如果有s个自由未知数，则方程组的基础解

系包含s个特解.

定理 设$\boldsymbol{A}$是$m\times n$矩阵，则齐次线性方程组$\boldsymbol{Ax}=\boldsymbol{0}$的基础解系中所包含的特解的个数等于$n-\mathrm{rank}(\boldsymbol{A})$.

证明 系数矩阵$\boldsymbol{A}$的秩等于行等价标准形R中非零行的个数，也就是约束未知数的个数. 于是，未知数的个数n与系数矩阵的秩$\mathrm{rank}(\boldsymbol{A})$的差等于自由未知数的个数，也就是基础解系中所包含的特解的个数.

推论1 齐次线性方程组只有零解的充分必要条件：系数矩阵的秩等于它的列数.

证明 根据定理，此时没有自由未知数，于是只有一个零解.

推论2 设$\boldsymbol{A}$是n阶方阵，求证：齐次线性方程组$\boldsymbol{Ax}=\boldsymbol{0}$只有零解的充分必要条件为行列式$|\boldsymbol{A}|\neq 0$.

证明 根据推论1，齐次线性方程组$\boldsymbol{Ax}=\boldsymbol{0}$只有零解的充分必要条件为$\mathrm{rank}(\boldsymbol{A})=n$. 由矩阵的秩的定义，$\mathrm{rank}(\boldsymbol{A})=n$的充分必要条件为$|\boldsymbol{A}|\neq 0$.

例2 设$\boldsymbol{A}$是n阶方阵，且$\mathrm{rank}(\boldsymbol{A})=r<n$，求证：存在$n$阶方阵$\boldsymbol{B}$，满足$\boldsymbol{AB}=0$，且$\mathrm{rank}(\boldsymbol{B})=n-r$.

证明 考虑齐次线性方程组$\boldsymbol{Ax}=\boldsymbol{0}$，则$n-r$个特解$\boldsymbol{\xi}_1$，$\boldsymbol{\xi}_2$，…，$\boldsymbol{\xi}_{n-r}$组成基础解系，即$\boldsymbol{A\xi}_i=\boldsymbol{0}$（$i=1$，2，…，$n-r$）.

构造分块n阶方阵$\boldsymbol{B}=(\boldsymbol{\xi}_1,\ \boldsymbol{\xi}_2,\ \cdots,\ \boldsymbol{\xi}_{n-r},\ 0,\ \cdots,\ 0)$，即$\boldsymbol{B}$的前$n-r$列是基础解系中的特解构成的列矩阵，后面的$r$个列的元素都是0. 由基础解系的构造，在$\boldsymbol{B}$的前$n-r$列中，与自由未知数对应的行可以构成一个单位阵，因此，$\mathrm{rank}(\boldsymbol{B})=n-r$.

另一方面，由分块矩阵的运算规则，有

$$\boldsymbol{AB}=\boldsymbol{A}(\boldsymbol{\xi}_1,\ \boldsymbol{\xi}_2,\ \boldsymbol{\xi}_{n-r},\ 0,\ \cdots,\ 0)=(\boldsymbol{A\xi}_1,\ \boldsymbol{A\xi}_2,\ \cdots,\ \boldsymbol{A\xi}_{n-r},\ 0,\ \cdots,\ 0)=0.$$

习题10.2

（1）求下列齐次线性方程组的通解：

① $\begin{cases} x_1-x_2+2x_3=0 \\ x_1+x_2+x_3=0; \\ 2x_1+3x_3=0 \end{cases}$ ② $\begin{cases} x_1+2x_2-x_3+3x_4-6x_5=0 \\ 2x_1+4x_2-2x_3-x_4+5x_5=0; \\ 2x_1+4x_2-2x_3+4x_4-2x_5=0 \end{cases}$

③ $\begin{cases} x_1+x_2+x_3+x_4+x_5=0 \\ 3x_1+2x_2+x_3+x_4-3x_5=0 \\ x_2+2x_3+2x_4+6x_5=0 \\ 5x_1+4x_2+3x_3+3x_4-x_5=0 \end{cases}$； ④ $\begin{cases} x_1-2x_2+x_3-x_4+x_5=0 \\ 2x_1+x_2-x_3+2x_4-3x_5=0 \\ 3x_1-2x_2-x_3+x_4-2x_5=0 \\ 2x_1-5x_2+x_3-2x_4+2x_5=0 \end{cases}$.

（2）设齐次线性方程组的系数矩阵的列数大于行数，求证该方程组有非零解.

（3）当a满足什么条件时，齐次线性方程组$\begin{cases} ax_1+x_2+x_3=0 \\ x_1+ax_2+x_3=0 \\ x_1+x_2+x_3=0 \end{cases}$只有零解？

（4）求a的值，使得齐次线性方程组$\begin{cases} ax_1+x_2+2x_3=0 \\ x_1+2x_2+4x_3=0 \\ x_1-x_2+x_3=0 \end{cases}$有非零解，并求其基础解系.

（5）设$n>0$，求证：n次多项式至多有n个两两不同的零点.

10.3　非齐次线性方程组的通解

解非齐次线性方程组$\boldsymbol{Ax}=\boldsymbol{b}$的基本问题：对于给定的方程组，判断是否有解；如果有解，求出全部解（通解）.

定义　将非齐次线性方程组$\boldsymbol{Ax}=\boldsymbol{b}$中各方程的右边变成0，得到的齐次线性方程组$\boldsymbol{Ax}=\boldsymbol{0}$称为方程组$\boldsymbol{Ax}=\boldsymbol{b}$的导出组.

性质　设列矩阵$\boldsymbol{\eta}_1$与$\boldsymbol{\eta}_2$是线性方程组$\boldsymbol{Ax}=\boldsymbol{b}$的两个特解，则差$\boldsymbol{\xi}=\boldsymbol{\eta}_1-\boldsymbol{\eta}_2$是它的导出组$\boldsymbol{Ax}=\boldsymbol{0}$的解.

证明　将$\boldsymbol{\xi}=\boldsymbol{\eta}_1-\boldsymbol{\eta}_2$代入导出组的左边，得

$$\boldsymbol{A\xi}=\boldsymbol{A}(\boldsymbol{\eta}_1-\boldsymbol{\eta}_2)=\boldsymbol{A\eta}_1-\boldsymbol{A\eta}_2=\boldsymbol{b}-\boldsymbol{b}=\boldsymbol{0}.$$

推论1　如果非齐次线性方程组有解，则通解是一个特解与导出组的通解的和.

证明　首先，设列矩阵$\boldsymbol{\eta}$是方程组$\boldsymbol{Ax}=\boldsymbol{b}$的特解，列矩阵$\boldsymbol{\xi}$是其导出组$\boldsymbol{Ax}=\boldsymbol{0}$的特解，则有

$$\boldsymbol{A}(\boldsymbol{\xi}+\boldsymbol{\eta})=\boldsymbol{A\xi}+\boldsymbol{A\eta}=\boldsymbol{b}+\boldsymbol{0}=\boldsymbol{b},$$

即列矩阵$\boldsymbol{\xi}+\boldsymbol{\eta}$是方程组$\boldsymbol{Ax}=\boldsymbol{b}$的解.

其次，设列矩阵$\boldsymbol{\zeta}$是方程组$\boldsymbol{Ax}=\boldsymbol{b}$的任意的特解，列矩阵$\boldsymbol{\xi}=\boldsymbol{\zeta}-\boldsymbol{\eta}$是导出组$\boldsymbol{Ax}=\boldsymbol{0}$的解. 移项，得$\boldsymbol{\zeta}=\boldsymbol{\eta}+\boldsymbol{\xi}$，即方程组$\boldsymbol{Ax}=\boldsymbol{b}$的任意的特解$\boldsymbol{\zeta}$可以表示为取定的特解$\boldsymbol{\eta}$与导出组$\boldsymbol{Ax}=\boldsymbol{0}$的解$\boldsymbol{\xi}$的和.

最后，综合两方面，即证得本推论.

注：求非齐次线性方程组的通解，只需求出一个特解，以及导出组的通解即可.

在齐次线性方程组的解题路线中，用增广矩阵代替系数矩阵，得非齐次线性方程组的解题路线. 现举例说明.

例1　求非齐次线性方程组$\begin{cases} x_2+2x_3+2x_4+6x_5=24 \\ -x_1-x_2-x_3-x_4-x_5=-7 \\ 3x_1+2x_2+x_3+x_4-3x_5=-3 \\ 5x_1+4x_2+3x_3+3x_4-x_5=13 \end{cases}$的通解.

解　首先写出方程组的增广矩阵$\begin{pmatrix} 0 & 1 & 2 & 2 & 6 & 24 \\ -1 & -1 & -1 & -1 & -1 & -7 \\ 3 & 2 & 1 & 1 & -3 & -3 \\ 5 & 4 & 3 & 3 & -1 & 13 \end{pmatrix}$，

然后作行初等变换，由增广矩阵产生行阶梯形阵

$$\begin{pmatrix} -1 & -1 & -1 & -1 & -1 & -7 \\ 0 & 1 & 2 & 2 & 6 & 24 \\ 3 & 2 & 1 & 1 & -3 & -3 \\ 5 & 4 & 3 & 3 & -1 & 13 \end{pmatrix} \xrightarrow{r} \begin{pmatrix} -1 & -1 & -1 & -1 & -1 & -7 \\ 0 & 1 & 2 & 2 & 6 & 24 \\ 0 & 0 & 0 & 0 & 0 & 0 \\ 0 & 0 & 0 & 0 & 0 & 0 \end{pmatrix}.$$

继续作行初等变换，得到增广矩阵的行等价标准形

$$\begin{pmatrix} -1 & 0 & 1 & 1 & 5 & 17 \\ 0 & 1 & 2 & 2 & 6 & 24 \\ 0 & 0 & 0 & 0 & 0 & 0 \\ 0 & 0 & 0 & 0 & 0 & 0 \end{pmatrix} \xrightarrow{r} \begin{pmatrix} 1 & 0 & -1 & -1 & -5 & -17 \\ 0 & 1 & 2 & 2 & 6 & 24 \\ 0 & 0 & 0 & 0 & 0 & 0 \\ 0 & 0 & 0 & 0 & 0 & 0 \end{pmatrix}.$$

从行等价标准形得到同解方程组 $\begin{cases} x_1 - x_3 - 4x_4 - 5x_5 = -17 \\ 2x_2 + 2x_3 + 2x_4 + 6x_5 = 24 \\ 0 = 0 \\ 0 = 0 \end{cases}$

将自由未知数移到右边，得 $\begin{cases} x_1 = x_2 + x_4 + 5x_5 - 17 \\ x_2 = -2x_3 - 2x_4 - 6x_5 + 24 \\ 0 = 0 \\ 0 = 0 \end{cases}.$

将自由未知数取值0，计算约束未知数的值，即得非齐次方程组的一个特解

$$\boldsymbol{\eta} = (-17，24，0，0，0)^{\mathrm{T}}.$$

根据推论1，还需要求导出组的基础解系.

注：如果删除增广矩阵的最后一列，就是系数矩阵. 在作行初等变换之后，如果删除增广矩阵的行等价标准形的最后一列，也就是系数矩阵的行等价标准形. 如果将非齐次方程组的同解方程组的常数项变成0，就是它的导出组的同解方程组. 用前面的方法，可得基础解系

$$\boldsymbol{\xi}_1 = (1，-2，1，0，0)^{\mathrm{T}}，\boldsymbol{\xi}_2 = (1，-2，0，1，0)^{\mathrm{T}}，\boldsymbol{\xi}_3 = (5，-6，0，0，1)^{\mathrm{T}}.$$

于是，非齐次线性方程组的通解的矩阵表示为 $\boldsymbol{x} = \boldsymbol{\eta} + k_1\boldsymbol{\xi}_1 + k_2\boldsymbol{\xi}_2 + k_3\boldsymbol{\xi}_3$，其中 k_1，k_2，k_3 是任意常数.

例2 解非齐次线性方程组 $\begin{cases} x_2 + 2x_3 + 2x_4 + 6x_5 = 24 \\ -x_1 - x_2 - x_3 - x_4 - x_5 = -7 \\ 3x_1 + 2x_2 + x_3 + x_4 - 3x_5 = -2 \\ 5x_1 + 4x_2 + 3x_3 + 3x_4 - x_5 = 13 \end{cases}.$

解 这个方程组的增广矩阵为 $\begin{pmatrix} 0 & 1 & 2 & 2 & 6 & 24 \\ -1 & -1 & -1 & -1 & -1 & -7 \\ 3 & 2 & 1 & 1 & -3 & -2 \\ 5 & 4 & 3 & 3 & -1 & 13 \end{pmatrix}$，

通过行初等变换，得到行阶梯形阵 $\begin{pmatrix} -1 & -1 & -1 & -1 & -1 & -7 \\ 0 & 1 & 2 & 2 & 6 & 24 \\ 0 & 0 & 0 & 0 & 0 & 1 \\ 0 & 0 & 0 & 0 & 0 & 0 \end{pmatrix}.$

在这里，有一个非零行的首元素在最后一列. 当从行阶梯形阵出发，得同解方程组时，该行对应矛盾方程：$0=1$. 因此，同解方程组无解. 于是，原线性方程组无解. 反之，如果不出现这种情况，则用前面的方法可以求出通解.

非齐次线性方程组有解的充分必要条件：它的增广矩阵的行阶梯形阵的非零行的首元素不出现在最后一列（常数项）. 下面的定理用矩阵的秩表述这个结论.

定理　非齐次线性方程组有解的充分必要条件：它的系数矩阵的秩等于它的增广矩阵的秩.

证明　在增广矩阵的行阶梯形阵中，首元素不出现在最后一列的充分必要条件为：增广矩阵的行阶梯形阵的非零行的个数等于系数矩阵的行阶梯形阵的非零行的个数，即系数矩阵与增广矩阵有相同的秩.

推论2　非齐次线性方程组有唯一解的充分必要条件：它的系数矩阵的秩等于其列数，且等于增广矩阵的秩.

证明　综合上述定理和10.2节推论1，即可证得推论2.

例3　当a，b取何值时，非齐次线性方程组$\begin{cases} x_1+x_2+x_3+x_4=0 \\ x_2+2x_3+2x_4=0 \\ -x_2+(a-3)x_3-2x_4=b \\ 3x_1+2x_2+x_3+ax_4=-1 \end{cases}$有唯一解，无解，有无穷多解？对后者求通解.

解　对增广矩阵作行初等变换，得

$$\begin{pmatrix} 1 & 1 & 1 & 1 & 0 \\ 0 & 1 & 2 & 2 & 1 \\ 0 & -1 & a-3 & -2 & b \\ 3 & 2 & 1 & a & -1 \end{pmatrix} \xrightarrow{r} \begin{pmatrix} 1 & 1 & 1 & 1 & 0 \\ 0 & 1 & 2 & 2 & 1 \\ 0 & -1 & a-3 & -2 & b \\ 0 & -1 & -2 & a-3 & -1 \end{pmatrix}$$

$$\xrightarrow{r} \begin{pmatrix} 1 & 1 & 1 & 1 & 0 \\ 0 & 1 & 2 & 2 & 1 \\ 0 & 0 & a-1 & 0 & b+1 \\ 0 & 0 & 0 & a-1 & 0 \end{pmatrix} \xrightarrow{r} \begin{pmatrix} 1 & 0 & -1 & -1 & -1 \\ 0 & 1 & 2 & 2 & 1 \\ 0 & 0 & a-1 & 0 & b+1 \\ 0 & 0 & 0 & a-1 & 0 \end{pmatrix}.$$

根据上述定理，当$a=1$，$b\neq-1$时无解.

当$a=1$，$b=-1$时，非齐次线性方程组的特解为$\boldsymbol{\eta}=(-1,\ 1,\ 0,\ 0)^{\mathrm{T}}$，导出组的基础解系为$\boldsymbol{\xi}_1=(1,\ -2,\ 1,\ 0)^{\mathrm{T}}$，$\boldsymbol{\xi}_2=(1,\ -2,\ 0,\ 1)^{\mathrm{T}}$，通解为$\boldsymbol{x}=\boldsymbol{\eta}+k_1\boldsymbol{\xi}_1+k_2\boldsymbol{\xi}_2$，其中$k_1$，$k_2$是任意常数.

当$a\neq1$时有唯一解

$$\boldsymbol{\eta}=\frac{1}{a-1}(b-a+2,\ a-2b-3,\ b+1,0).$$

例4　设$\boldsymbol{A}$是n阶方阵，且$|\boldsymbol{A}|\neq0$. 将$\boldsymbol{A}$分块$\boldsymbol{A}=(\boldsymbol{B},\ \boldsymbol{C})$，其中$\boldsymbol{C}$是$\boldsymbol{A}$的最后一列，求证：线性方程组$\boldsymbol{Bx}=\boldsymbol{C}$无解.

证明　线性方程组的增广矩阵就是$\boldsymbol{A}$，由$|\boldsymbol{A}|\neq0$，增广矩阵的秩等于n. 而线性方

程组的系数矩阵$\boldsymbol{B}$只有$n-1$列，它的秩不大于$n-1$. 根据定理，线性方程组$\boldsymbol{Bx}=\boldsymbol{C}$无解.

推论3 设$\boldsymbol{A}$是n阶方阵，则线性方程组$\boldsymbol{Ax}=\boldsymbol{b}$有唯一解的充分必要条件为：行列式$|\boldsymbol{A}|\neq 0$.

证明 （1）充分性. 设$|\boldsymbol{A}|\neq 0$，则方阵$\boldsymbol{A}$的秩等于其列数n. 又方程组的增广矩阵$(\boldsymbol{A}, \boldsymbol{b})$只有$n$行，于是，由前例，有

$$n=\operatorname{rank}(\boldsymbol{A})\leqslant \operatorname{tank}(\boldsymbol{A},\boldsymbol{b})\leqslant n.$$

根据推论2，方程组有唯一解.

（2）必要性. 设方程组$\boldsymbol{Ax}=\boldsymbol{b}$有唯一解，根据推论2，方阵$\boldsymbol{A}$的秩等于其列数$n$. 于是，行列式$|\boldsymbol{A}|\neq 0$.

条件$|\boldsymbol{A}|\neq 0$保证方阵$\boldsymbol{A}$可逆. 用$\boldsymbol{A}$的逆阵左乘$\boldsymbol{Ax}=\boldsymbol{b}$，得$x=\boldsymbol{A}^{-1}\boldsymbol{b}$. 这个公式是用逆阵表示线性方程组的唯一解. 从这个公式出发，可以得到另一个公式

$$\boldsymbol{x}=\boldsymbol{A}^{-1}\boldsymbol{b}=\frac{1}{|\boldsymbol{A}|}\boldsymbol{A}^{*}\boldsymbol{b},$$

其中方阵$\boldsymbol{A}^{*}$是$\boldsymbol{A}$的伴随阵. 计算这个矩阵等式的第j行的元素，得

$$\boldsymbol{x}_j=\frac{1}{|\boldsymbol{A}|}\left(\boldsymbol{A}_{1j}\boldsymbol{b}_1+\boldsymbol{A}_{2j}\boldsymbol{b}_2+\cdots+\boldsymbol{A}_{nj}\boldsymbol{b}_n\right)\quad(j=1,\ 2,\ \cdots,\ n),$$

根据前述定理，等式右边的括号可以看作：用常数矩阵$\boldsymbol{b}$代替系数行列式$|\boldsymbol{A}|$的第j列所得的行列式，按照第j列的展开式. 将这个行列式记作$\boldsymbol{D}_j$，又将$|\boldsymbol{A}|$改写作$\boldsymbol{D}$，则上式为

$$\boldsymbol{x}_j=\frac{\boldsymbol{D}_j}{\boldsymbol{D}}\ (j=1,\ 2,\ \cdots,\ n),$$

这个公式是用行列式的商表示线性方程组的唯一解，称为克拉默法则.

习题10.3

（1）设列矩阵$\boldsymbol{\eta}_i$（$i=1,\ 2,\ \cdots,\ m$）是非齐次线性方程组$\boldsymbol{Ax}=\boldsymbol{b}$的特解，数$k_i$（$i=1,2,\ \cdots,\ m$）满足$k_1+k_2+\cdots+k_m=1$，求证：列矩阵$k_1\boldsymbol{\eta}_1+k_2\boldsymbol{\eta}_2+\cdots+k_m\boldsymbol{\eta}_m$也是方程组$\boldsymbol{Ax}=\boldsymbol{b}$的特解.

（2）求下列非齐次线性方程组的通解：

① $\begin{cases} x_1+x_3-x_4=-3 \\ 2x_1-x_2+4x_3-3x_4=-4 \\ 3x_1+x_2+x_3=4 \\ 7x_1+7x_3-3x_4=3 \end{cases}$； ② $\begin{cases} x_1-2x_2+3x_3-4x_4=4 \\ x_2-x_3+x_4=-3 \\ x_1+x_3-2x_4=-2 \end{cases}$；

③ $\begin{cases} x_1+2x_2+2x_3=2 \\ 3x_1-2x_2-x_3=5 \\ 2x_1-5x_2+3x_3=-4 \\ x_1+4x_2+6x_3=0 \end{cases}$； ④ $\begin{cases} x_2+x_3+\cdots+x_{n-1}+x_n=1 \\ x_1+x_3+\cdots+x_{n-1}+x_n=2 \\ \cdots\cdots \\ x_1+x_2+\cdots+x_{n-2}+x_{n-1}=n \end{cases}$，其中$n>1$.

(3) 求证：线性方程组$\begin{cases} x_1+2x_2+x_3-x_4=2 \\ x_1+x_2+2x_3+x_4=3 \\ x_1-x_2+4x_3+5x_4=2 \end{cases}$无解.

(4) 求b的值，使得线性方程组$\begin{cases} 2x_1-x_2+x_3+x_4=1 \\ x_1+2x_2-x_3+4x_4=2 \\ x_1+7x_2-4x_3+11x_4=b \end{cases}$有解，并求其通解.

(5) 当a，b，c，d满足什么条件时，线性方程组$\begin{cases} x_1+x_2=a \\ x_3+x_4=b \\ x_1+x_3=c \\ x_2+x_4=a \end{cases}$有解？并求其通解.

(6) 当a，b取何值时，线性方程组$\begin{cases} x_1+2x_2+3x_3=1 \\ x_1+3x_2+6x_3=2 \\ 2x_1+3x_2+ax_3=b \end{cases}$有唯一解，无解，有无穷多解？并求其通解.

*(7) 设$\boldsymbol{A}$是n阶方阵，$\boldsymbol{b}$是$n\times 1$矩阵，且分块方阵满足$\operatorname{rank}\begin{pmatrix} \boldsymbol{A} & \boldsymbol{b} \\ \boldsymbol{b}' & 0 \end{pmatrix}=\operatorname{rank}(\boldsymbol{A})$，求证：非齐次线性方程组$\boldsymbol{Ax}=\boldsymbol{b}$有解.